鉄道車両と設計技術

復刻版

復刻版の刊行にあたって

「鉄道車両と設計技術」の初版を発売したのは，1980年12月である．その後，順調に重版を重ね，翌年には第2刷，翌々年には第3刷に達した．

当時の鉄道技術を振り返ってみると，1976年に日本国有鉄道（JNR）における定期旅客列車としての蒸気機関車の運転終了，1977年に超電導リニアの実験開始，1981年に世界初の無人運転方式による神戸新交通ポートアイランド線開通など，まさに鉄道技術の転換期であったといえる．

本書の執筆陣は，当時の鉄道分野の第一線で活躍していた機械技術者らである．発売後, 鉄道車両メーカーの設計技術者や, 鉄道事業者の技術部門, また機械工学の研究者などからも，高度かつ詳細な技術書として迎えられた．

しかしながら，その後も技術発展は目覚ましく，いつしか本書も内容の陳腐化が進み，次第にその役目を終わらせることとなった．すでに1980年代後半には店頭より姿を消している．

時は過ぎ，21世紀に入ると，いわゆる「団塊の世代の大量定年退職問題」が顕在化し，鉄道産業においても技術継承の重要性が叫ばれはじめた．そのような中，当時の技術資料のひとつとして本書があらためて注目された．

そして今般，これらを背景として鉄道界や機械工学分野からの要望に応える形で復刻版として発行することになった．その経緯から初版と内容は同一となっているが，図版に関しては最新の印刷技術を用いて見やすいものとした．その意味では，専門家だけではなく，鉄道愛好家など一般の方々の座右に置いていただける一冊ともなり得よう．

本書が1980年前後の鉄道技術の記録として，各位の参考に供していただければ幸いである．

2018年1月

株式会社大河出版　編集部

鉄道車両と設計技術

大河出版

目次

第1章

鉄道車両の運動力学 10

日本国有鉄道　杉山武史

すぎやま　たけし　1930年生まれ．東京大学工学部機械工学科卒　日本国有鉄道鉄道技術研究所車両運動研究室長兼車両構造研究室長．

鉄道車両の運動……10
脱線に対して……14
(1)競合脱線……14
(2)脱線の種類……14
(3)乗り上がり脱線に対するQ/Pの限界値……15
(4)飛び上がり脱線に対するQ/Pの限界値……16
(5)脱線係数の許容値……16
(6)脱線現象解明の努力……17
車両運動シミュレーション……17
転覆……19
乗心地……21

第2章　車体設計

電気機関車の車体設計 26

川崎重工業　一木幹生・清水健作

いちき　みきを　1940年生まれ．大阪府立布施工業高校電気科卒．川崎重工業(株)車両事業部設計部設計課(機関車設計)

*

しみず　けんさく　1942年生まれ．早稲田大学理工学部機械工学科卒．川崎重工業(株)車両事業部設計部設計課(機関車設計)

電気機関車とその構成……26
車体の構造……27
車体の強度計算……29
車体の設計実例……32
最近の車体設計への要求……35

旅客車の車体設計 36

日本車輌製造　石田昌彦

いしだ　まさひこ　1929年生まれ．東京工業専門学校機械科卒．日本車輌製造(株)車両機器本部技術部．

電車車体の特徴と種類……36
車体の主要寸法……36
車体の構造……37

ゆのむら　こうぞう　1933年生まれ．群馬大学工学部機械工学科卒．日本国有鉄道車両設計事務所次長．

＊

おかもと　いさお　1945年生まれ．早稲田大学理工学部機械工学科，同大学院卒．日本国有鉄道車両設計事務所補佐(貨車)．

たつた　きみお　1927年生まれ．早稲田大学理工学部機械工学科卒．東急車輛製造(株)本社車両工場設計部部長．

ふじた　ひろし　1923年生まれ．新居浜工業専門学校機械科卒．川崎重工業(株)車両事業部設計部部長．

旅客車のインテリア設計 73

ほしや　しゅんじ　1939年生まれ．電気通信大学電波工学科卒．日本国有鉄道車両設計事務所をへて，同小倉工場技術部次長．

*

たかばやし　もりひさ　1923年生まれ．名古屋工業専門学校航空機科卒．日本リクライニングシート(株)取締役設計部長．

日本国有鉄道 星谷俊二・日本リクライニングシート 高林盛久

旅客車というもの……73
客室のレイアウト……73
通勤車のインテリア……74
特急車のインテリア……76
寝台車のデザイン……78
食堂車のデザイン……80

第3章　動力と動力伝達装置

車両用主電動機の種類と特性 82

ぬまの　としお　1941年生まれ．東京工業大学電気工学科卒．日本国有鉄道車両設計事務所主任技師(電気車)．

日本国有鉄道　沼野稔夫

主電動機の条件と種類……82
主電動機の特性……83
温度上昇と絶縁種別……86
直流直巻電動機……88
(1)通風方法……88
(2)電機子……89
(3)整流子……90
(4)ブラシ……90
(5)磁気わく……90
(6)軸受……92
直流複巻電動機……92
その他の主電動機……93

鉄道車両用ディーゼル機関の特性とその設計 94

にしさこ　しゅんじ　1929年生まれ．東京工業大学工学部機械工学科卒．技術士(機械部門)．神鋼造機(株)技術本部第一設計部部長．

神鋼造機　西迫俊二

鉄道車両用ディーゼル機関の現状……95
鉄道車両用ディーゼル機関の設定……98
(1)燃料室形式……98
(2)クランク軸……100
(3)クランクピン軸受……100
(4)防火対策……101

(5)低温始動性…………………………………… 102

電気車両の
動力伝達装置 104

高砂熱学工業　久保田　博

くぼた　ひろし　1924年生まれ．大阪大学工学部機械工学科卒．高砂熱学工業(株)技師長．

動力伝達装置の設計の基本……………………… 104
動力伝達装置の種類と特徴……………………… 105
(1)つりかけ式動力伝達装置……………………… 105
(2)ばね上装荷式動力伝達装置…………………… 105
(3)クイル式動力伝達装置………………………… 106
(4)リンク式動力伝達装置………………………… 107
(5)カルダン式動力伝達装置……………………… 108

ディーゼル機関車の
動力伝達装置 112

三菱重工業　野元秀昭・高田聖望

のもと　ひであき　1934年生まれ．鹿児島大学工学部機械工学科卒．三菱重工業(株)三原製作所設計部車両輸送機器設計課課長．

*

たかだ　せいぼう　1931年生まれ．岡山県立笠岡第一高校機械科卒．三菱重工業(株)三原製作所設計部車両輸送機器設計課主任．

歯車式動力伝達装置……………………………… 112
液体式動力伝達装置……………………………… 114
電気式動力伝達装置……………………………… 117
(1)直流発電機と直流電動機による方式………… 119
(2)交流発電機と直流電動機による方式………… 119
(3)交流発電機と誘導電動機による方式………… 120

第4章　走り装置およびその他の機器

変遷史からみた
旅客車用台車の問題点 130

川崎重工業　高田隆雄

たかだ　たかお　1909年生まれ．東京工業大学工学部機械工学科卒．川崎重工業(株)車両事業本部顧問．

旅客車用台車と貨車用台車……………………… 130
台車の構造………………………………………… 131
軸箱支持方式……………………………………… 132
(1)軸ばり式………………………………………… 133
(2)アルストム式…………………………………… 133
(3)円筒軸箱案内式………………………………… 134
(4)ミンデン式……………………………………… 135
(5)ゴムサンドイッチ式…………………………… 136
台車用ばねの選定………………………………… 138

鉄道車両用 ブレーキ装置 144

日本国有鉄道　永瀬和彦

ながせ　かずひこ　1938年生まれ．慶応義塾大学工学部機械工学科卒．日本国有鉄道車両設計事務所をへて同鉄道技術研究所車両性能研究室主任研究員．

輪軸の 設計 156

住友金属工業　菅原繁夫

すがわら　しげお　1941年生まれ．山形大学工学部機械工学科卒．住友金属工業(株)製鋼所技術部第1設計課課長．

鉄道車両用 軸受 166

エヌ・テー・エヌ東洋ベアリング　浅野光一

あさの　こういち　1936年生まれ．名古屋大学工学部機械工学科卒．エヌ・テー・エヌ東洋ベアリング(株)技術本部応用設計部鉄道車両技術課課長．

集電装置の構造と 集電系の問題点 176

東洋電機製造　日高冬比古

ひだか　ふゆひこ　1924年生まれ．早稲田大学専門部工科機械工学科卒．東洋電機製造(株)相模工場技術部．

各種連結器の
構造と性能　184

日本製鋼所　若木幸蔵

わかき　こうぞう　1943年生まれ．広島県立呉工業高校機械科卒．(株)日本製鋼所広島製作所機械設計部産業機械設計課．

連結器の種類と構造……184
連結器の機能と性能……187
連結器の最近の動向……189

緩衝器の
構造と特性　190

日本製鋼所　高山誠司

たかやま　せいじ　1945年生まれ．静岡大学工学部機械工学科，同大学院卒．(株)日本製鋼所横浜製作所油圧研究室．

緩衝器の種類と構造……190
緩衝器の性能……192
緩衝器の開発例……195

第5章　制御システム

電車の
動力制御　198

日本国有鉄道　岩本謙吾

いわもと　けんご　1947年生まれ．東京大学工学部電気工学科卒．日本国有鉄道車両設計事務所をへて，同鷹取工場機関車課課長．

主電動機の制御……198
電圧制御……199
(1)抵抗制御……199
(2)チョッパ制御……201
(3)タップ切換制御……202
(4)位相制御……203
弱め界磁制御……203
電気ブレーキ制御……205

電気機関車の
動力制御　206

東京芝浦電気　大手靖之

おおて　やすゆき　1940年生まれ．早稲田大学理工学部電気工学科卒．東京芝浦電気(株)府中工場車両部制御装置設計担当主査．

粘着性能……206
動力の種類と制御方式……207
制御の特徴……212
(1)バーニヤ制御……212
(2)軸重移動補償……213

(3)空転検知と再粘着制御…… 214

ディーゼル動車の動力制御 216

新潟鉄工所　小林一夫

こばやし　かずお　1942年生まれ．新潟大学工学部精密工学科卒．(株)新潟鉄工所車両事業部大山工場設計室係長．

速度制御の機構…… 216
燃料制御装置…… 218
リンク機構…… 219
燃料制御回路…… 220
(1)機関始動時の燃料制御回路…… 220
(2)変速運転時の燃料制御回路…… 222
(3)直結運転時の燃料制御回路…… 225

自動列車停止システムと自動列車制御システム 226

日本国有鉄道　佐藤芳彦

さとう　よしひこ　1945年生まれ．東京工業大学，同大学院（制御工学）卒．日本国有鉄道車両設計事務所補佐(電気車)．

ＡＴＳシステム…… 228
(1)種類…… 228
(2)ＡＴＳ－Ｓ形…… 228
(3)ＡＴＳ－Ｐ形…… 230
ＡＴＣシステム…… 233

自動列車運転システム 236

日立製作所　高岡　征

たかおか　ただし　1938年生まれ．電気通信大学電波工学科卒．(株)日立製作所水戸工場車両部主任技師．

ＡＴＯシステムとは…… 236
(1)システムの概要…… 236
(2)ＡＴＯシステムの機能と動作…… 238
(3)ＡＴＯによる制御例…… 239
ＡＴＯ車上装置…… 241
今後の動向…… 244

磁気浮上リニアモータカー…… 121

レイアウト：小和田勲・扉イラストレーション：真鍋　博

鉄道の歴史は長い．1804年にトレシビックが，レールの上を走る最初の蒸気機関車を公開して以来，およそ2世紀にわたって，人間はいろいろなアイデアを生み出し，そしていろいろな形で実現させてきた．動力ひとつ取ってみても，蒸気から電気，ディーゼル式へと形を変え，それがつくり出すスピードもはるかに大きくなった．

現在の鉄道技術は，そうした長い時間のあいだに着実に積み上げられ，体系化されてきたものの延長にあり，その設計に生かされている．とりわけわが国は，スタートこそ遅れをとったが，今や世界で最も進んだ技術を確立し，名実ともにトップの地位を築き上げた．

本書は，現在の最も新しい鉄道車両設計技術のすべてを紹介するものである．

第1章は，鉄道車両の運動力学をいろいろな角度から解明した．第2章は,旅客車,電気機関車はじめ特殊貨車などの車体設計問題を，第3章は動力および伝達装置の特色とその設計についてみてみた．また第4章は，台車をはじめ，ブレーキ，軸受，連結器，パンタグラフなど，各要素のメカニズムと設計について取り上げた．

さらに第5章では，鉄道車両の動力制御と運行制御の最新技術を紹介した．

鉄道車両設計上の基本的な考えかた，車両構造の特色や材料の新しい動き，またいろいろな機械システムのメカニズム，高速大量輸送システムとしての鉄道運行制御の実際など，これらの興味ある技術のすべてを理解していただければ，本書の役目は十分に果たされたことになる．

なお本書は,「応用機械工学」が1980年1月号で全冊特集した「鉄道車両技術のすべて」を全面的に編集し直したもので，特殊貨車設計，ディーゼル機関，輪軸の設計，パンタグラフ設計は，それぞれ新しく追加している．また，他のテーマについても一部追加訂正し，内容をさらに充実させた．

この単行本化に当たり，原稿の訂正や校正などいろいろな面でご協力いただいたご執筆者のみなさん，国鉄はじめ関係各社に対して，ここで改めてお礼を申し上げます．

1980年10月　「応用機械工学」編集部

第1章

鉄道車両の運動力学

鉄道車両はレールの上を走り，それとの相互作用によって振動する．その運動は乗っている人々に影響を与え，また激しいときにはレールからはずれ，脱線ともなりうる．それに対し運動力学の面から考察し，乗心地をよく，また脱線しないようにすることが，車両運動力学に課せられた要務である．

これらは集電現象も含め，車両だけの勉強ではなく，それと密接な関係のある軌道および電車線，あるいは空気力学の面からも考えていかなければならない．

1 鉄道車両の運動

(1)輪軸の運動

鉄道車両の輪軸は，一般に一対の左右の車輪踏面に，**図1**，**図2**にみられるようなゆるやかなテーパを持っており，レールの上を転走するとき，右なり左なりに傾いた場合には，元へ戻す力が働く．

図1で，もしこの輪軸が向かって左へ少しずれて寄った場合，左側車輪は右のそれより直径が大きい部分で転がるようになる．そうすると同じ回転数で，左側

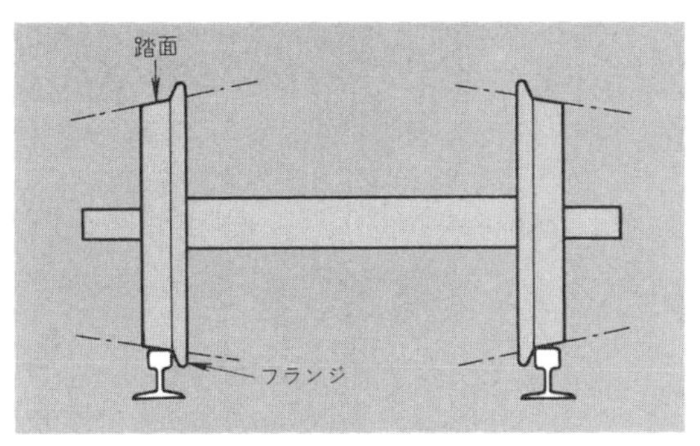

図1　鉄道車両の輪軸

の車輪のほうが長く進むことと，位置が少し上がることにより右へ輪軸を戻す力が生ずる．右へかたよった場合はその逆である．つまり，テーパ踏面を持つ輪軸は常に中央に向かう力が働いて安定に走行する．

このテーパの効果は，

①曲線を通過するときに，外側車輪は内側車輪より長い距離を走るわけだが，テーパにより無理なく進む．

②左右車輪の直径の摩耗とか製作精度によるわずかの差をカバーし，無理なく進む．

③いったん片側へ押し付けられた輪軸は，元へ戻り，バランスしながら走る．

などであるが，これらのことから，車輪踏面が円錐形

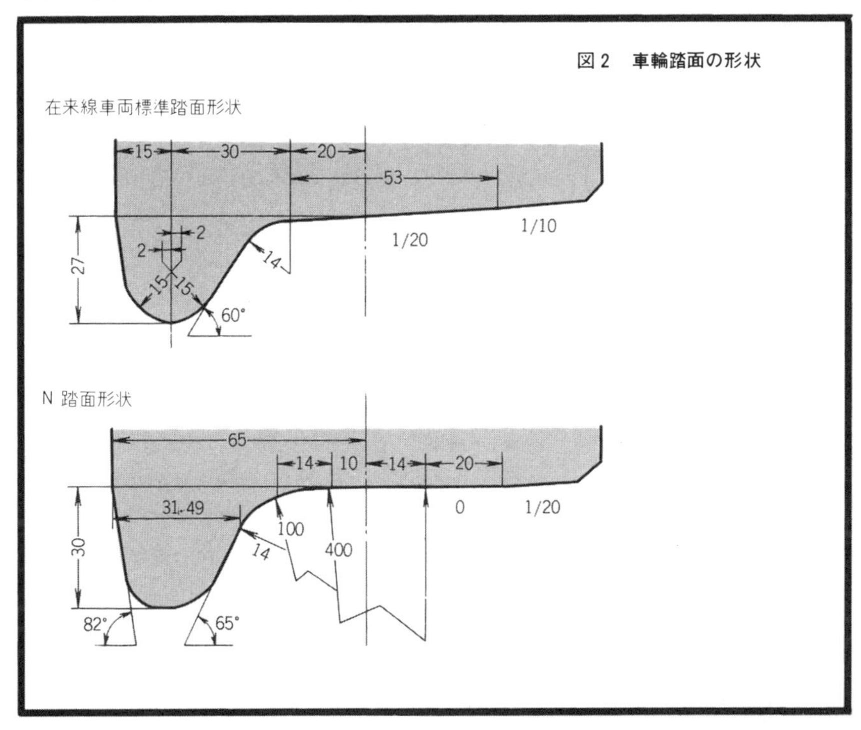

図2　車輪踏面の形状

になっていることは，走行安定のうえで大切なことである．しかし欠点としては，行き過ぎを戻そうとすることの繰り返しにより自励振動になり，**図3**に見るように蛇行動になりやすいことがある．この振動が原因で，車体も横揺れ，ヨーイング，ローリングを生じたり，レールとの衝突により摩耗，破損，ひどくは脱線することもある．

この蛇行動は**図3**に見るような正弦波状になり，理論上その波長は車輪踏面の形状によって幾何学的に決まり，次の式で与えられる．

$$S_1 = 2\pi\sqrt{\frac{br}{\gamma}} \quad \cdots\cdots(1)$$

ここに，

b：左右の車輪のレールとの接触点間の距離の½

r：その接触点における車輪半径

γ：接触点付近における車輪の平均踏面こう配

国鉄標準の踏面形状車輪でみると，$2b=1.12\mathrm{m}$，$r=0.43\mathrm{m}$，$\gamma=1/20$であるから，$S_1 \fallingdotseq 13.8\mathrm{m}$となる．しかし踏面やレールが摩耗していたりすると$\gamma$は大きくなり，蛇行動の波長は一般に短くなる．

2軸台車，2軸車のように，台車わくまたは車体によって前後の2軸の相対変位を拘束すると，1軸としての蛇行動は生じないが，台車または2軸車両としての蛇行動が生じる．この場合の波長の理論式は**図4**を参照し，

$$S_2 = 2\pi\sqrt{\frac{br}{\gamma}\left(1+\frac{a^2}{b^2}\right)} \quad \cdots\cdots(2)$$

となる．たとえば軸距 2.1m のボギー台車の場合，前記輪軸を使って$S_2=29.33\mathrm{m}$，軸距5.3mの2軸車では，$S_2=66.75\mathrm{m}$となる．

これらの式でもわかるように，この蛇行動の波長は軌間が広いほうが，あるいは車輪直径が大きいほうが長くなる．また車輪踏面勾配がゆるいほうが長くなる．蛇行動は幾何学的には前記のように決まり，これは速度に関係ない．

しかし，速度を増すと**図5**のように，振動慣性力の作用により，さらに条件が悪くなる．これにより波動を続けるごとに慣性力が大きくなり，輪軸がレールに

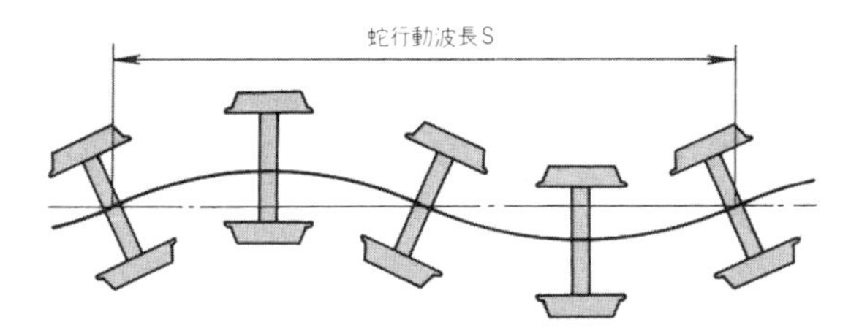

図3　輪軸の蛇行動

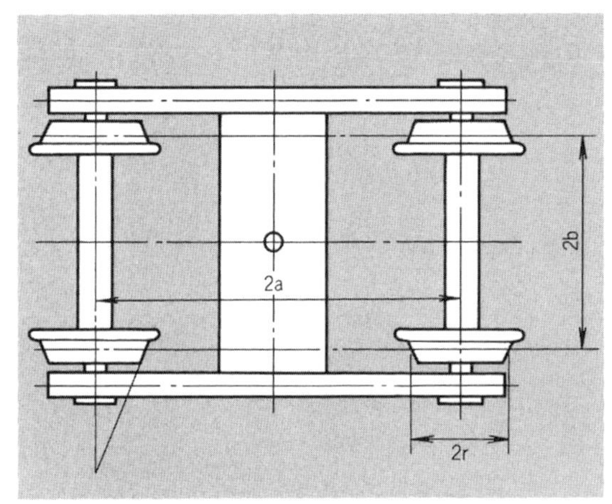

図4　2軸ボギー台車

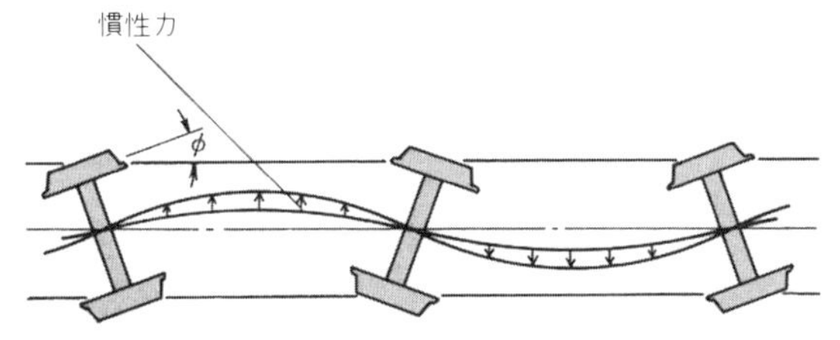

図5　輪軸の蛇行動と振動慣性力

当たる角度が大きくなり，運動の振幅も大きく発散の形になり，輪軸はフランジとレールの衝突を続けながら走り，発生する横圧は大きく，車体振動に与える影響も大きくなる．

蛇行動を防ぐ方法は，踏面の勾配を小さくして，幾何学的蛇行動波長を長くし，一定走行速度における蛇行動の振動数を減らすこと，1軸蛇行動を生じないように，台車からの輪軸支持を強いものにし，さらにその輪軸支持に適当なばねダンパなどを用いて共振しないようにする，などである．

そのため，台車からの輪軸支持，あるいは車体と台車のつながりにはいろいろと苦心が払われている．

(2)車両の振動

車両の振動は運転状態に応じて変化する．その振動を進行方向：X，左右方向：Yおよび上下方向：Zに分け，時間的な関係などで分類すると**表1**にあらわす

表1　走行状態に対する加速度の加わりかた

運転状態	加速度方向とかかりかた								
	X			Y			Z		
	S	C	V	S	C	V	S	C	V
一般走行時			○			○			○
加減速時	○	○							
曲線通過時				○	○	○			
分岐器通過時					○	○			
縦曲線通過時							○		○

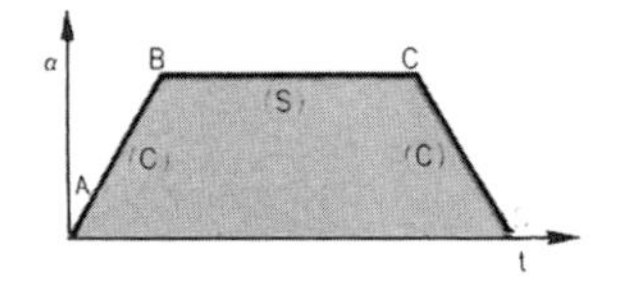

図6　加速度の加わりかた

ことができる．ここで加速度のかかりかたというのは，加速度の時間的変化を表わすもので，たとえば減速時のモデル化したものが**図6**である．ＢＣ間は加速度が定常の領域であり，これをＳで表わし，ＡＢ間またはＣＤ間を加速度が変化する領域といってＣで表わす．また中立点を中心に，短時間に変動するものを振動といってＶで表わす．

次に車両の振動を方向とその性質によって分類すると**図7**になる．方向は前記と同じとして，そのＸ,Ｙ,Ｚ方向に対し，直進するものと回転するものとあり，全車体振動はその組み合わせで表わすことができる．

2　脱線に対して

(1)競合脱線

競合脱線とは，車両とか軌道等に単独の原因があったための脱線ではなく，それらにとくにはっきり原因と目されるものがみられないが，それらの相互作用により脱線となる場合をいい，この脱線事故防止のための研究は，車両運動力学のもっとも重要なテーマのひとつである．

(2)脱線の種類

その競合脱線を，車輪とレール間で起こる現象で大別すると，乗り上がり脱線およびすべり上がり脱線，

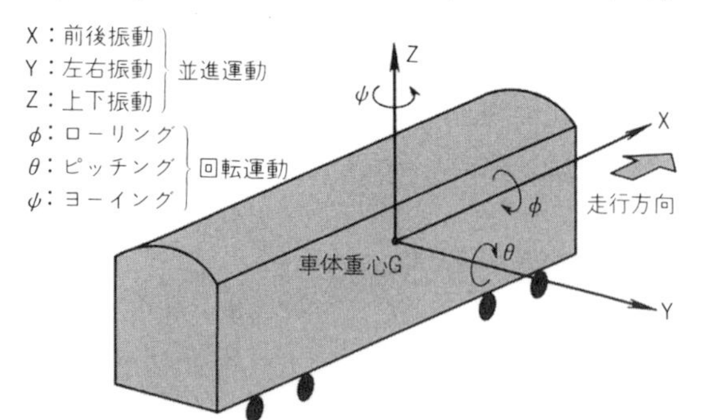

図7　車体振動の形態

飛び上がり脱線に分けられる．

前者は車輪フランジが回転しながらレールに接触して乗り上がり，またはすべり上がって行くものであり，主に曲線で生ずる．後者は車輪フランジがレールに衝突し，その勢いで車輪が飛び上がって脱線するもので，とくに高速で生ずる．

これらの脱線に対する安全性は車輪がレールを横方向に押す力（これを横圧といい一般にQで表わす）と，上下方向に押す力（これを輪重といい一般にPで表わす）の比Q/P（これを脱線係数という）で判定される．Qが増しPが減るほど，つまりQ/Pが大きいほど，脱線の可能性は増すことになる．

(3)乗り上がり脱線に対するQ/Pの限界値

車輪が横方向の力を受け，そのフランジ部でレールと接触し，乗り上がりかけている状況は**図8**のようになる．この場合，A点で車輪は横圧Qと輪重Pをレールに加える．この力の比が脱線に至るかどうかの限界における脱線係数となる．**図8**から脱線の限界においては次の釣り合い条件が成立する．

$$\left.\begin{aligned} N &= P\cos\alpha + Q\sin\alpha \\ P\sin\alpha - Q\cos\alpha &= \pm\mu N \end{aligned}\right\} \qquad \cdots\cdots(3)$$

ここにμ：車輪とレールの間の摩擦係数

α：車輪とレール接点での水平線となす角度

これらからNを消去すると，

$$\left(\frac{Q}{P}\right)_{cr} = \frac{\tan\alpha \pm \mu}{1+\mu\tan\alpha} \qquad \cdots\cdots(4)$$

となる．

これが有名なNadalの式である．この(4)式で上号は摩擦力が上向きに働く乗り上がり脱線で，下号は摩擦力が下向きに働くすべり上がり脱線である．

(4)式によって，現在の標準踏面のフランジ角度$\alpha=60°$の場合と，その近辺の限界をみると**図9**になる．これによると乗り上がり脱線のほうが限界値は低く，その場合，車輪とレール間の摩擦係数が大きいほうが低く，さらにフランジ角度は急なほど限界値が高いことがわかる．また，標準的に考えて$\alpha=60°$，$\mu=0.25$の場合，$Q/P \fallingdotseq 1$が限界値であることもわかる．

実際には走行角の影響，車輪のクリープ現象なども研究されているし，くわしくはそれらを加味しなければいけないが，実用的には(4)式程度で十分である．

図8　車輪とレールの間に働く力

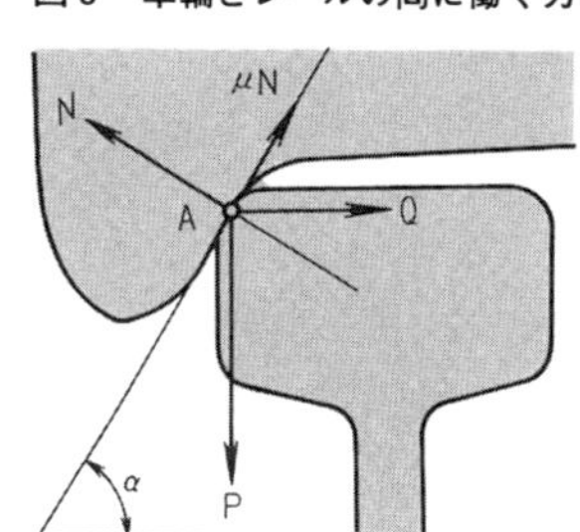

図 9　Nadal の式による脱線係数限界値

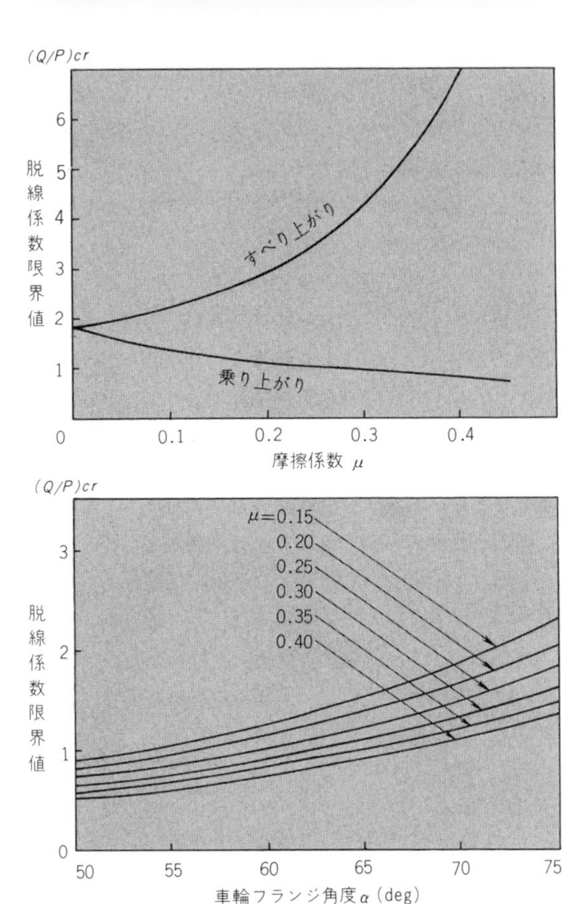

(4)飛び上がり脱線に対するQ/Pの限界値

国鉄の鉄道技術研究所において，模型実験と理論解析により，飛び上がり脱線の状況が明らかになった．これによると，横圧は非常に短い時間だけ作用して，Q/Pの限界値は，普通に使用される車輪では，次式で表わされる．

$$\frac{Q}{P} \fallingdotseq 0.05\frac{1}{t_1} \cdots\cdots(5)$$

ここに t_1：横圧の作用する時間

(5)脱線係数の許容値

脱線に対する $Q／P$ の許容値は(4)，(5)式により表わされるわけだが，実際には今までの経験を参考として20%の余裕を持たせ，次の(6)，(7)式をとって安全の限界とし，**図10**のようにみている．

横圧が比較的長い時間かかる場合，

$$\left(\frac{Q}{P}\right)_{cr} = 0.8 \cdots\cdots(6)$$

横圧が衝撃的に短時間かかる場合,

$$\left(\frac{Q}{P}\right)_{cr}=0.04\frac{1}{t_1} \quad \cdots\cdots(7)$$

(6)脱線現象解明の努力

脱線現象を解明し，原因を分析して対策を立てることは，脱線を減らして輸送の信頼度を上げるために，たゆまず進めなければならない．

とくに国鉄では,理論解析，模型による転送などの実験，本線での走行試験，実験線における実物貨車を脱線させる試験などを積み重ね，一歩一歩車両や軌道の改良を進めた結果，昭和43〜44年頃には年間十数件あった脱線事故も現在は年間3〜4件に減っている．また，さらに新しい手法の車両運動シミュレーションなど高度の研究も進んでいる．

3 車両運動シミュレーション

現車走行試験は，それが実験線で行なわれても，莫大な時日，人手，費用などを要するので，ひんぱんに行なうわけにはいかない

これに対し，理論解析により紙上で車両を模疑走行させて，現車走行による測定結果と同様の効果を出させるのが，車両運動シミュレーションで，これによれば，脱線事故発生の再現実験，車両や軌道を変えての走行試験を簡単に行なえ，脱線事故の原因究明，対策確立に大いに役立つ．

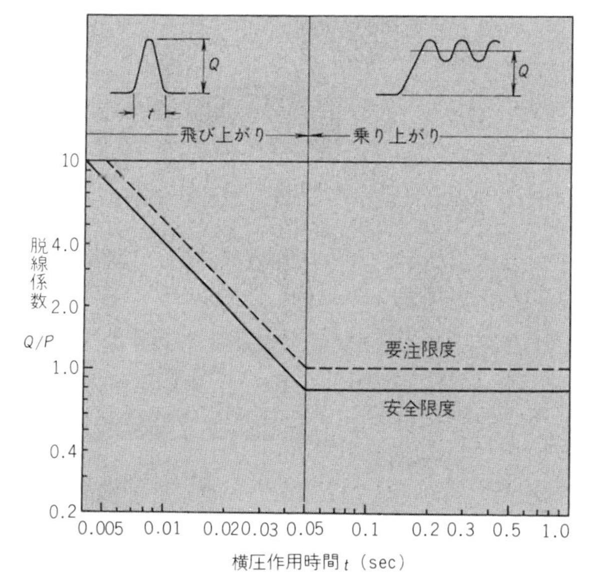

図10 脱線係数による安全限度

図11　ハイブリッド計算による車両運動シミュレーション概念

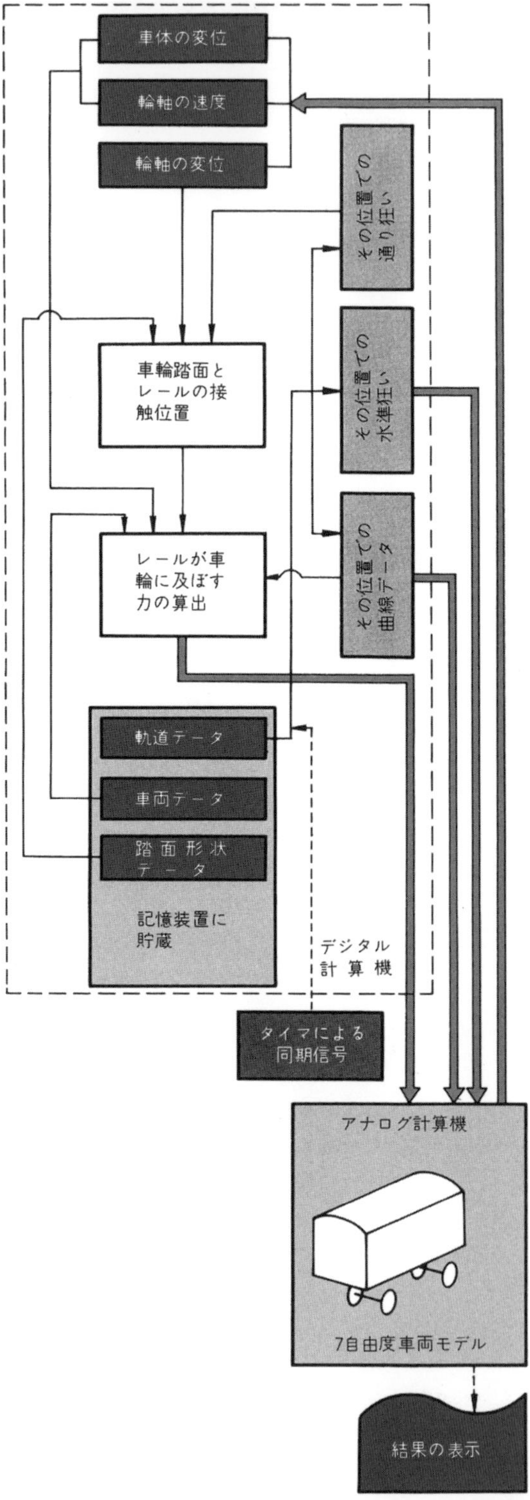

車体の変位
輪軸の速度
輪軸の変位
その位置での通り狂い
車輪踏面とレールの接触位置
その位置での水準狂い
その位置での曲線データ
レールが車輪に及ぼす力の算出
軌道データ
車両データ
踏面形状データ
記憶装置に貯蔵
デジタル計算機
タイマによる同期信号
アナログ計算機
7自由度車両モデル
結果の表示

軌道上を走行する鉄道車両の運動を力学的に解明することは非常にむずかしい．その理由は，

①鉄道車両はその運動に自由度があり，それらが相互に複雑に連成している．

②車両のばね，支持系には，すきま，摩擦，非線型ばね特性などが多い．

③車輪とレール間に働く力もクリープなどにより複雑である．

などであり，運動方程式が求められても，解析的に解を求めることは不可能で，ある程度簡単化が必要である．そこで，それらの非線型要素は折線などに置き換えることにした．さらに微分方程式を解き，並列計算のでき，さらに，所要時間の短いアナログ計算機と，代数計算を行なうのが確実で，各種制御のできるデジタル計算機を組み合わせ，ハイブリッド方式とした．

軌道・車両・踏面形状などの計算に必要なデータはデジタル部に入力し，デジタル部はアナログ部から，車両モデルの状態を読み込み，そのときの軌道狂いの状態を合わせて車輪踏面に作用する力を計算し，その結果をアナログ部に与える(**図11**)．結果の表示はアナログ表示できる．

図12　車両に加わる外力と転覆限界

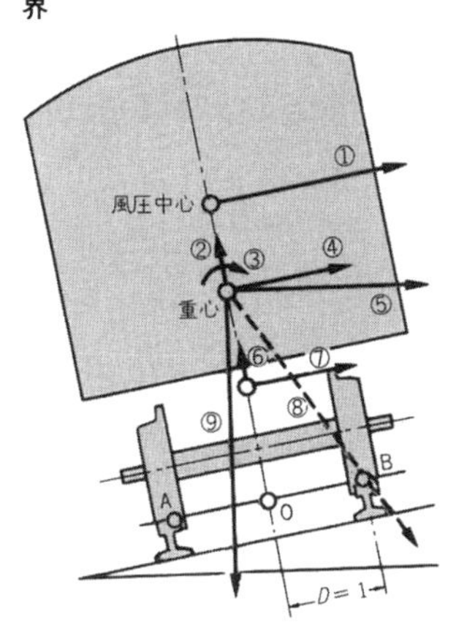

①風圧力
②上下振動慣性力
③回転振動慣性力
④横振動慣性力
⑤遠心力
⑥自連力の上下成分
⑦自連力の左右成分
⑧転覆限界合力の方向
⑨重力

4　転覆

(1)転覆に対する危険度

曲線を高速で走行する車両に働く外力を**図12**に示す．これらの外力のうち，転覆に対して影響の大きいのは①横方向に働き，ときに大きな力になる車体に対する風圧力，②走行により生ずる横振動慣性力，さらに，③曲線通過時の遠心力であり，それらと重力による合力の方向が，左右車輪のレールに乗っている点A，Bの間にあればよいが，破線のように片方の車輪の乗っている点(B)を通るときには，反対側(A)の輪重は0になり，さらに外へ向くと浮上がり，転覆になる．

車両の転覆に対する危険率をDで表わすと，**図12**の破線のような場合，$D=1$で，合力が軌間の中央を通るときは$D=0$である．実際の設計では，$D=1$まではなく，安全をみてもう少し低い値で考える．

(2)転覆に関する理論式

図13に，カントのある曲線を進行中のボギー車の車体側面に垂直な横風が作用している状態を示す．この

図13　風圧を受けた車両

ただしYは左方，Zは下方，Mは反時計回りを正とする．記号は，

W_B	：車体重量/2	kg
W_T	：台車重量	kg
R	：曲線半径	m
g	：重力の加速度＝9.8	m/s²
v	：走行速度	m/s²
θ	：カント角度	
G	：車輪接触点間隔	m
ρ	：空気密度	kg-s²/m⁴
u	：風速	m/s
S	：車体の横投影面積/2	m²
C_Y	：横風に対する車体の抵抗係数	
α_y	：走行中の車体の重心位置における横振動加速度	g 単位
e	：車体重心と風圧中心距離	m

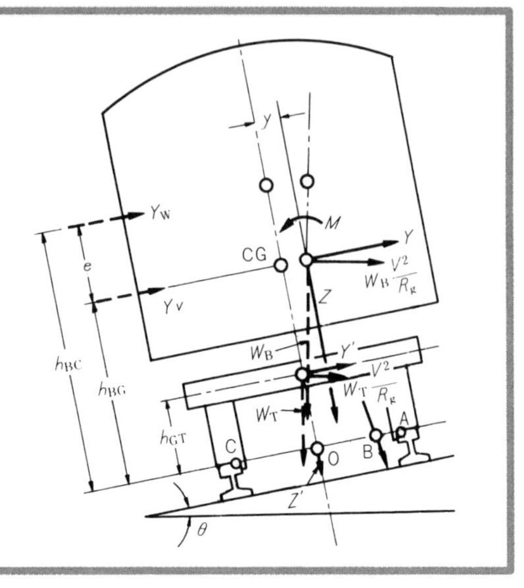

図で，Y_w：風圧力，Y_v：走行中の車体の振動による慣性力とすると，Y：車体に作用する水平力，Z：同垂直力，M：車体の重心まわりのモーメント，Y', Z'：台車に作用する水平，垂直力であり，横方向作用力やモーメントを受けたとき，支持装置のばねたわみにより，車体重心がyだけ横移動することを考慮して転倒危険度を計算すると，次式を得る（記号は図13）．

$$D=\frac{2h'_G}{G}\left(\frac{v^2}{Rg}-\frac{C}{G}\right)+\frac{2h'_G}{G}\left(1-\frac{\mu}{1+\mu}\cdot\frac{h_{GT}}{h'_G}\right)\alpha y+\frac{h'_{BC}\,\rho\,u^2 S C_Y}{W\,G}\cdots\cdots(8)$$

ここに $\mu=\dfrac{W_T}{W_B}$

$$h_G=\frac{W_B h_{GB}+W_T h_{GT}}{W}=\frac{h_{GB}+\mu h_{GT}}{1+\mu}\quad\cdots\cdots(9)$$

$$W=W_T+W_B$$

$$h'_G=h_G+\frac{1}{1+\mu}C_y W_B\quad\cdots\cdots(10)$$

$$h'_{BC}=h_{BC}+(C_y-C_{y\phi}e)W_B\cdots\cdots(11)$$

(10),(11)式は，車体支持ばねたわみにより重心高さや風圧中心高さが見かけ上高くなると見られる理論式で，

C_y：単位の横力当たりの重心の横変位 m/kg

$C_{y\phi}$：単位のモーメント当たりの重心の横変位 1/kg

であり，yとの関係は次の通りである．

$$y=C_y Y+C_{y\phi}M\cdots\cdots(12)$$

(8)式の右辺1項目は超過遠心力による影響，2項目は振動慣性力による影響，3項目は風圧力による影響で，(8)式は曲線の外側へ転覆する場合を表わし，$D=1$が外側転覆限界である．曲線の内側へ転覆する場合は，右辺2,3項の＋を－とし，$D=-1$が転覆限界になる．安全に許容速度を上げるにはh'_Gを小さくすることが効果的であり，h'_{BC}を小さくすること，それらのためにC_yW_Bを小さくすることも必要である．

(8)式を変形し，風速uを求める式とすると，

$$u=\sqrt{\frac{WG}{h'_{BC}\,\rho\,SC_Y}}\times\sqrt{D-\frac{2h'_G}{G}\left\{\left(\frac{v^2}{Rg}-\frac{C}{G}\right)+\left(1-\frac{\mu}{1+\mu}\cdot\frac{h_{GT}}{h'_G}\right)\alpha_y\right\}} \tag{13}$$

となる．(8)式，(13)式で，特別の条件に対しては式中の値を特別なものにするとよい．たとえば，直線区間ならば$R\to\infty$，$C/G=0$，停車中は$v=0$，$\alpha_y=0$，横風のない場合は$u=0$になる．

α_yは，図13に示すように走行中の車体の重心位置における横振動加速度をg（重力加速度）単位で表わしたもので，今までの経験，測定例から，

$$\alpha_y=0.00125V \quad (V\leqq 80\mathrm{km/h})$$
$$=0.1 \quad (V>80\mathrm{km/h})$$

とみればよい．

なお，国鉄では風に関する運転規制は運転取扱基準規程に定めてあり，風速が30m/s以上と認められるときは，列車の運転を見合わせることになっている．

5　振動乗心地

乗客が快適に思うか不快を感ずるかは，振動の大きさ，性質などによってある程度決まってくる．しかし，振動の性質など機械的なものと，人の感覚との結びつきは，研究分野が違うこともあってまだ完全ではなく，今後両方向から攻めていかなければならない．

(1)国鉄における研究と基準

乗客に対する走行時の加速度の限度として，その加速度が乗心地上許せないとする人の割合によって，これでよいか悪いか決めなければならない．

国鉄では本線上でいろいろな実験，調査などを行ない，また振動台に人を乗せて実験し，その成果により現在の基準をつくって，各運転状態に対する適用法を，

表2　乗心地係数と評価

区分	乗心地係数	評価
①	1以上	非常に良い
②	1〜1.5	良い
③	1.5〜2	普通
④	2〜3	悪い
⑤	3以上	非常に悪い

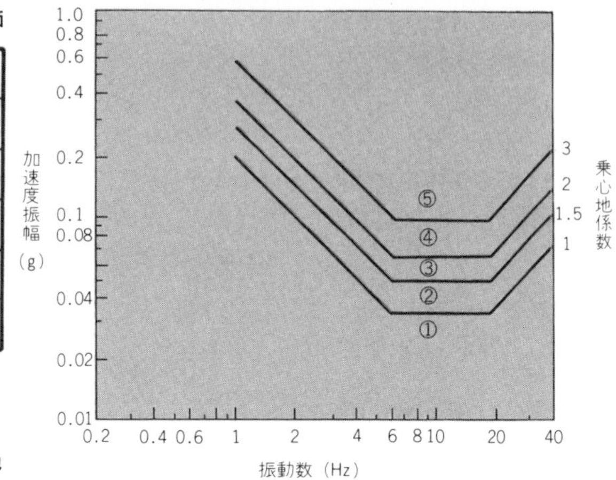

図14　上下振動と乗心地

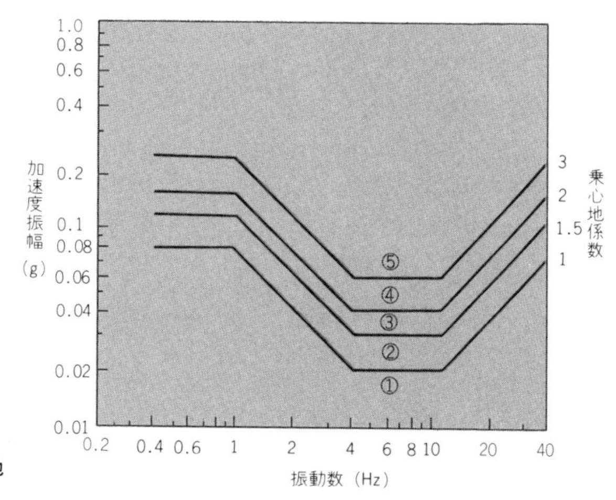

図15　左右振動と乗心地

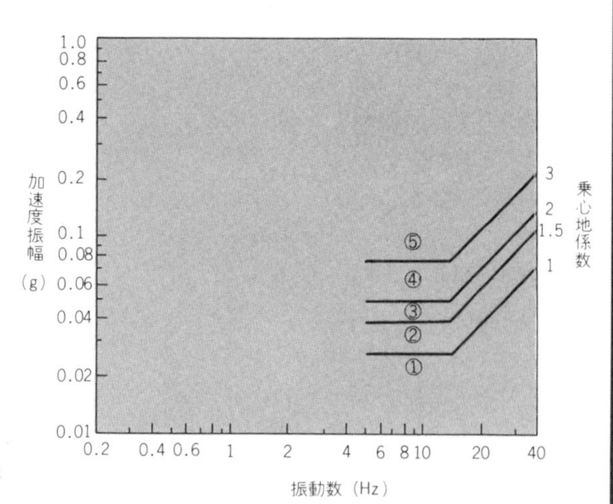

図16　前後振動と乗心地

(a) 加減速度

(b) 曲線通過

(c) 分岐器通過

(d) 縦曲線通過

などに対して考えている.

(2)国鉄の振動加速度に対する乗心地基準

国鉄では鉄道技術研究所が人体実験, 現車におけるアンケートを行ない, それらに基いて基準を決めている.

その結果, 上下振動に対しては, アメリカの自動車技術協会でJanewayが提案した限界を参考とし, 左右, 前後振動に対しては独自のものになっている. それを**図14～図16**に示すが, 上下, 左右, 前後に分かれて, それぞれ基準加速度線を1として, その同じ振動数で振動加速度の大きさに応じ, **表2**に従った線をつくって区分を決めている.

(3)ISOで提案されている基準

全身で振動を受ける場合の許容限度を, 国際的に定めようとする動きが1970年代にはいって起こり, 国際標準化機構(ISO)で試案が作成され, 1974年に草案が発表された. その内容を**図17**と合わせて次に示す.

①振動方向を垂直振動と水平振動とに分ける.

②振動範囲を1Hzから80Hzまでとする.

③次の3種の基準とする.

(a) 不快限度

(b) 作業能率減退限度

(c) 耐久限度

それぞれの限度は振動数に対する関係は同じで, 不快限度に対して作業能率減退限度は3.15倍, 耐久限度は6.3倍になっている.

④基準値として実効振幅を用いる.

⑤振動を受けている時間, つまり暴露時間の長さで限度の値は変わる. 時間として1分から24時間の範囲で9段階を定める.

(4)乗心地基準に対する考えかた

必ずしも今までの基準だけに固執するわけでなく, 常に研究を続け, 少しでも乗客に喜ばれるような走行を提供するための乗心地評価を考えている.

現在, 委員会をつくって研究もしているが, 顕著な揺れかたを基にした国鉄基準と, 時間平均的揺れかたによるものと両方を加味したものが必要であろうと考える．今後はその両方向から，機械的なものだけでなく，人の感覚とのつながりを十分に考慮して進めていくべきだと考えて研究を続けている．

鉄道車両の運動力学は軌道など関連分野が多く，振動など難解な現象の解明もあり複雑であるが，ここでは根本的な車両の振動と脱線および転覆だけを示した．

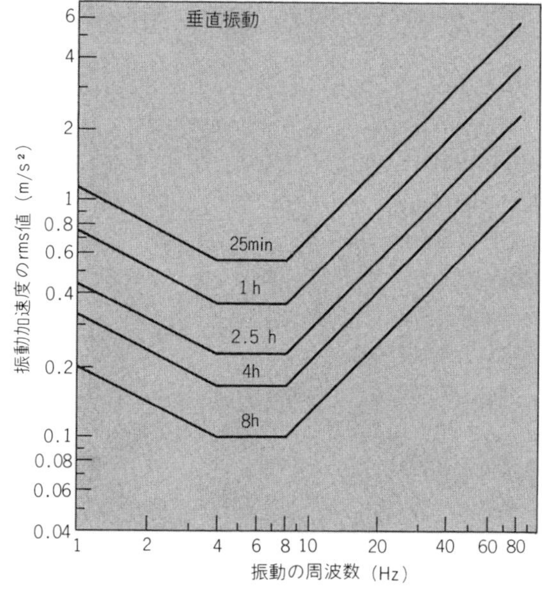

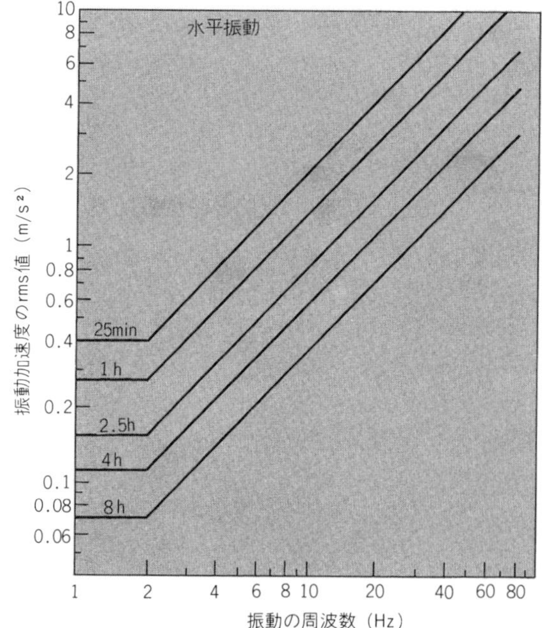

図17　ISO提案の振動に対する不快領域における周波数と加速度の関係

第2章
車体設計

電気機関車の車体設計

電気機関車とその構成

電気機関車は，客車や貨車で編成されている数百トンの荷重をもつ列車を牽引するため，頑丈なこと，および大牽引力が得られることが望まれる．また供給される電気方式により，直流電気機関車，交流電気機関車，両方式を併用する交直流電気機関車に大別される．国鉄で使用されている新鋭電気機関車として，

- 直流方式……EF64，EF65，EF66
- 交流方式……ED75，ED76，ED77
- 交直流方式…EF30，EF80，EF81

などがある．

電気機関車は，大きな牽引力を後部車両に伝えることが必要なので，車体構造もこの牽引力に耐える頑丈なものにしなければならない．台車側に設けてある主電動機で発生する牽引力を後部車両に伝える方式として，次の2つがある．

①台車と車体を結合する心皿を介して車体に伝え，車体に設けてある連結器によって伝える．

②台車相互間を結合する引張棒を介して，両端台車に設けてある連結器によって伝える．

後者の方式の場合，車体に牽引力を伝えないので，軸重移動が少なくなり機関車の性能が向上することや，車体は牽引力に対する剛性を必要としないため簡単な構造でよい，などの特徴があるが，その反面，台車に大きな剛性を必要とするため，台車重量が重くなり，結果的に機関車全体の重量も重くなってしまう．国鉄の旧式直流電気機関車ＥＦ15，ＥＦ58などはこの方式が用いられている．

前者の方式の場合，車体に牽引力が伝わるため，車体に大きな剛性を必要とするが，車体の側構(がわかまえ)や機器取

写真１　ＥＦ65型直流電気機関車の車体外観および内部

付台などを有効的に強度部材とするなどの方法で，機関車全体として軽量化がはかれる．最近の電気機関車では大出力が要望されるため，積載部品の重量が増加する傾向なので，もっぱらこの方式が用いられている．

電気機関車を構成する主要部品としては．次のようなものがある．

- 電気部品……集電装置，主回路機器，主抵抗器（直流および交直流機），主変圧器(交流および交直流機)，主電動機，補助電気品，制御部品
- 機械部品……連結器，動力伝達装置，ブレーキ装置，空制部品

主要部品は車体と台車に分けて積載しており，前述の前者の方式の場合，車体には集電装置，主回路機器，主抵抗器あるいは主変圧器，補助電気品，制御部品，連結器および空制部品が，また，台車には主電動機，動力伝達装置およびブレーキ装置がそれぞれ積載されている．さらに，急勾配線区で使用される電気機関車では発電ブレーキ用の抵抗器が，また，客車牽引用の電気機関車では冬季列車暖房用の電源装置などが，必要に応じて車体に積載されている．

車体の構造

電気機関車の車体は，車体台枠，側構，外板および仕切壁によって構成されている．また，車体には，屋根部に大形積載部品取出用の，大きな開口部および取りはずし屋根を，車体正面や側面に窓や乗務員の出入口用の開口部および機器冷却用の空気を取り入れるエアフィルタ用の開口部を，車体台枠に機器取付架台や主電動機冷却用の風道をそれぞれ設けておく必要がある．ＥＦ65形直流電気機関車の車体を**写真１**に示す．

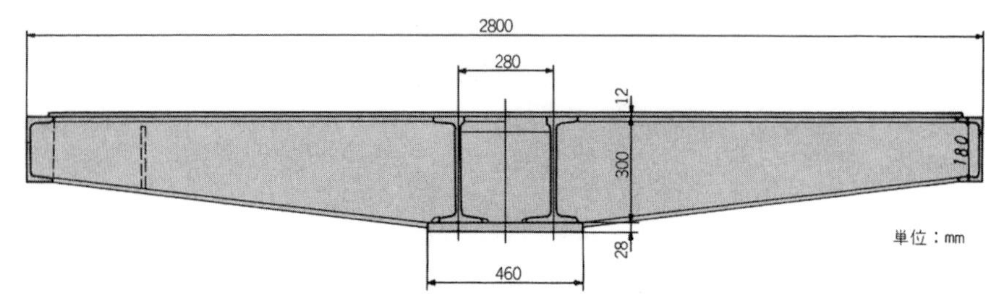

図1　中梁を持った車体台枠の断面図

機関車の牽引力を車体に伝える方式の車体構造には，

①重い車体台枠で頑丈な構造の1本の梁とし，車体が受ける荷重を台枠だけで負担させ，側構を強度部材と考えない．

②軽い車体台枠と側構でラーメン構造とし，車体が受ける荷重を車体全体で負担させる．

の2つがある．

前者は車体重量を重くすることができる場合に，後者は車体重量を軽くする必要がある場合にそれぞれ採用されている．したがって，車体構造を決めるに当たっては，車体の重量をどのくらいにすることができるか，ということが大きな意味を持っている．電気機関車の全体重量に対する各部の割合は，おおよそ，

- 台車全体重量(主電動機を含む)　50%
- 車体全体重量　50%

であり，また車体全体の内訳は，

- 車体台枠，側構および外板　13～20%
- 車体付属品および空制部品　12%
- 電気部品(主電動機を除く)　15～22%
- 車体艤装(配線，配管など)　3%

となっている．電気部品重量の占める割合に幅があるのは，直流式（15～18%），交流および交直流式（18～20%），それに発電ブレーキ装置や列車暖房装置を積載する場合（20～22%）などによって重量が異なるからである．車体全体の重量は動輪数と許容軸重から決まるので，電気部品の重量増減は車体重量の増減で対応することになる．

仮りに電気機関車の全体重量を100 ton とすると，車体は13～20 ton の重量で構成することになる．この重量範囲で，車端に設けられている連結器から受ける牽引力や連結時の衝撃力，車体に積載されている部品重量による力，に対応する車体構造となるよう，車体構造の選択や側構の構成方法を考えるわけである．

車体の強度計算

(1)台枠だけで車体荷重を負担させる場合

この方式は車体重量が重くなるので，直流電気機関車の積載部品重量の軽い場合に採用されている．この方式の台枠は頑丈な中梁を車体全長にわたって引き通すため，構造が簡単で製作も容易なので，車体重量に余裕のある場合は，できるだけこの方式を採用する．**図1**に頑丈な中梁を持った車体台枠の断面図を示す．

このような車体台枠では台枠を1本の梁と考え，梁の断面係数を求め，車体台枠の応力σを求める．

$$\sigma = P_0/A_0 \pm M/Z$$

ただし，P_0＝車体の長手方向の荷重

A_0＝台枠の断面積

M＝曲げモーメント

Z＝台枠の断面係数

この計算方式で明らかなように，車体側構や外板はまったく無視している．しかし，実際には，それらも荷重の一部を負担するので，車体の実際の応力値は，上式で求めた値より小さい値になる．

(2)車体全体で車体荷重を負担させる場合

この方式は，車体重量を軽くすることができるので，積載部品重量の重い交流および交直流電気機関車や発電ブレーキあるいは列車暖房装置を積載する直流電気機関車に採用されている．この方式の台枠は頑丈な構造とする必要がないので，台枠の強度部材である中梁を省略することが可能であり，床下の艤装空間が確保できる，という特徴がある．**図2**に車体全体を強度部

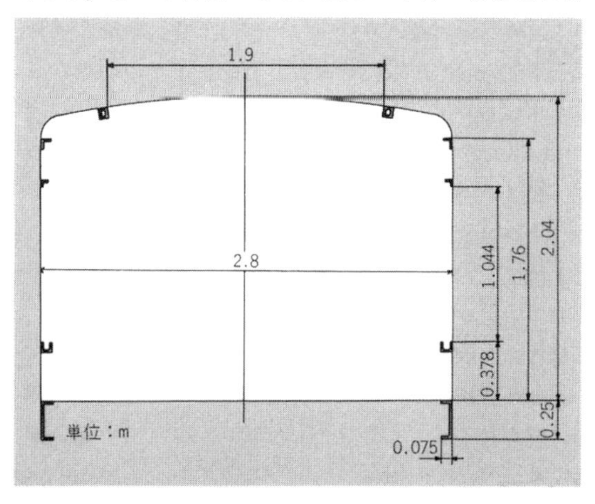

図2　車体全体を強度部材とする車体断面図

図3　基本モデル

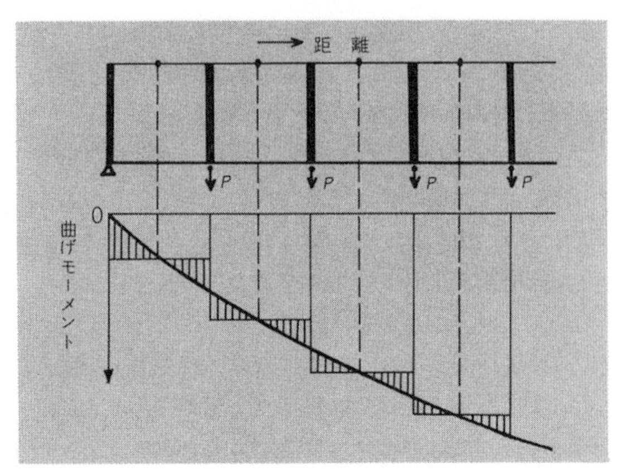

材とする場合の車体断面を示す.

機関車の車体は，旅客車や電車の車体のような軽量構造とすることができず，車体の側構には頑丈な強度部材が必要である．これは，連結時の衝撃力が車体に作用するためである．それゆえ，旅客車や電車の車体強度計算に用いられている，ラーメン構造化モデルによるSutter法，Poulin法，吉峯法および有限要素法などの精度の高い計算は用いず，機関車の車体に許される条件や仮定を用いて，機関車特有のラーメン構造のモデルを考え，応力の安全率を高く設定し，簡略化した計算で計算の労力を軽減している.

この計算方式の基本となるラーメン構造のモデルを**図3**に示す．これは対称な節点荷重だけを受ける対称性のあるラーメンを想定している．ここで，柱の曲げ剛性を無限大とし，かつ，各部材の軸方向の伸縮を無視している．したがって，上下の梁は各柱との結合点の中央に弾性線の変曲点を持つものとする.

この断面での曲げモーメントを上下梁の距離で割れば上下梁の軸力が求められる．この上下梁の軸力対がなす曲げモーメントは各区間内では一定値で，これと車体の曲げモーメント図が与える曲げモーメントとの差（**図3**の斜線で示す）を上下梁の断面2次モーメントの比に分配して，これらを上下梁の曲げモーメントとすれば，上下梁の応力は，比較的簡単な数値計算で求めることができる.

車体の実際の梁は3本以上である．その場合の剛性の大きい柱を持つラーメン構造のモデルに相当する側構の柱の剛性については，柱の剛性をK，任意の梁の剛性をK_iとすると，

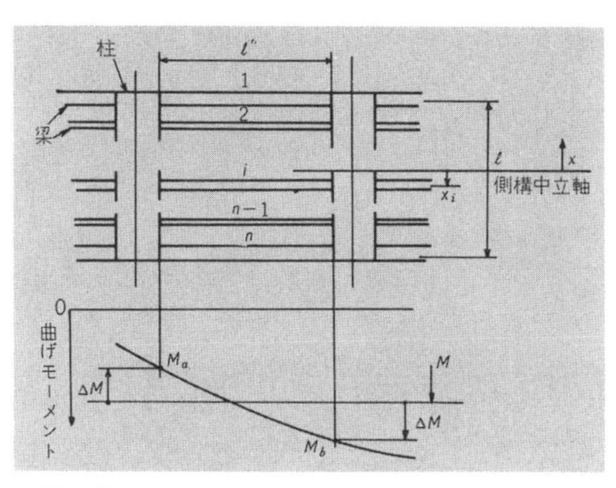

図4　ラーメンと曲げモーメント（側構片側分）

$K = E \cdot I / \ell$

ただし，I：断面2次モーメント

E：縦弾性係数

ℓ：部材の長さ

$K / \Sigma K_i > 1.2$

になる程度の剛性を柱に与えることが必要である．

図4のようなラーメン構造の側梁で，任意の梁 i に働く軸力 P_i と曲げモーメント M_i は，

$P_i = M \cdot X_i / (\Sigma X_i^2)$

$M_i = \Delta M \cdot I_i / (\Sigma I_i)$

ただし，X_i：梁の中立軸より側構中立軸までの距離

I_i：梁の断面2次モーメント

M：車体の平均曲げモーメント

ΔM：Mと車体曲げモーメントの差

また，求める応力 σi は，

$\sigma_i = P_O / A_O + P_i / A_i \pm M_i / Z_i$

ただし，P_O：側梁全体に働く長手方向荷重

A_O：側梁全体の断面積

A_i：梁の断面積

Z_i：梁の断面係数

で計算することができる．この方法で計算する場合の注意点を次にまとめてみる．

①応力計算をする前に，各荷重条件における曲げモーメントの状態を確実に把握すること．

②実際に計算してみるとわかることであるが，最大応力を求めるために，ラーメンの各格子において，応力を計算する必要はなく，M および ΔM の絶対値が最大となる格子についてだけ計算すれば大体の最大応力は予想できる．通常の状態で，車体を単純な梁と仮定

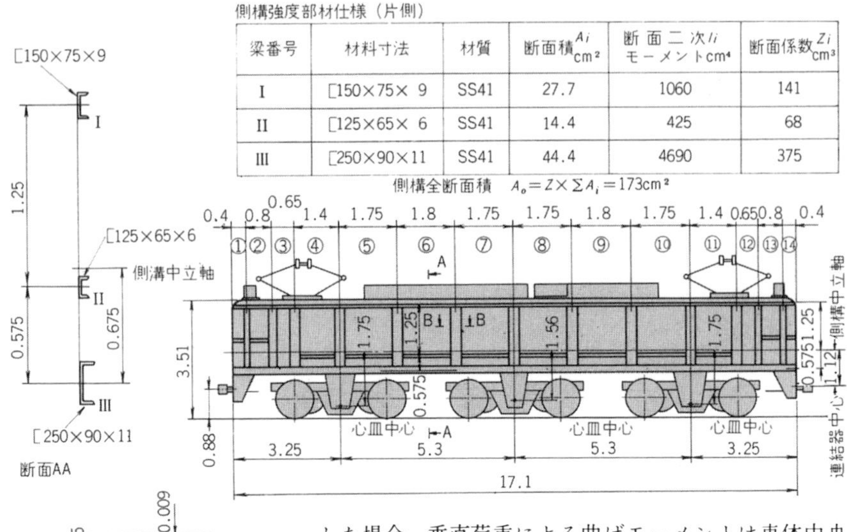

側構強度部材仕様（片側）

梁番号	材料寸法	材質	断面積 A_i cm²	断面二次モーメント I_i cm⁴	断面係数 Z_i cm³
I	[150×75× 9	SS41	27.7	1060	141
II	[125×65× 6	SS41	14.4	425	68
III	[250×90×11	SS41	44.4	4690	375

側構全断面積　$A_o = Z \times \sum A_i = 173\text{cm}^2$

図5　車体の基本寸法と側構の構造

した場合，垂直荷重による曲げモーメントは車体中央部分で最大となるが，柱に剛性を持たせたラーメンでは，梁に生ずる曲げモーメントの最大値は，必ずしも車体中央部分ではなく，車体支持点付近となる傾向がある．

この計算方式でも，外板や機器取付架台の剛性は無視している．しかし，実際には，それらも荷重の一部を負担するので，車体の実際の応力値は，上式で求めた値より小さい値になる．

車体の設計実例

車体の設計には車両限界からくる寸法，軌条の許容軸重からくる重量の2つの制約条件に拘束される．車両限界は地上側の建設物などから制限されているので，むやみに大きな車体寸法にはできない．軌条の許容軸重は線路状態によって定められており，脱線事故を防ぐため，許容軸重値以上にすることはできない．

ここでは次のようなF型機関車の場合の車体を想定し，車体の応力計算をしてみる．

- 使用線区……国鉄　甲線区間
- 許容軸重……16 ton
- 軸配置………$B_0-B_0-B_0$（6軸）
- 機関車重量…96 ton
- 台車全重量…48 ton
- 車体全重量…48 ton
- 電気方式……直流．発電ブレーキ，列車暖房装置付

車体の重量は，前に述べたように全体重量の13～15%になるので，12.5～14.5 tonの範囲で設計しなければならない．この重量範囲では，軽量車体としなければならないので，車体構造は，車体全体で車体荷重を負担させる方式になる．また，車体の基本寸法，車体側構の構造は**図5**に示すようなものにする．

車体の長さ方向に対する重量分布は，車体鋼体重量や車体付属品，それに艤装部品などによる分布荷重と，積載部品などによる集中荷重とにわける．この集中荷重は機関車のすべての動軸に同じように分布するような，積載部品の配置になるよう配慮する．**図6**に重量の分布状態を示す．機関車の車体強度計算では，**表1**に示すような荷重条件と，それに対応する許容応力値とを用いている．

図6に示す車体荷重をもとに，**表1**に示す各荷重条件において，車体にかかる曲げモーメントの図を描き，この図をもとに，各条件で，曲げモーメントの変化率ΔMが最大で，かつ，平均曲げモーメントMが最大になる荷重状態の一番きびしい部位を見つけ出し，先に示した応力計算式で応力値を求めてゆく．

このようにして計算した，平常時の応力値を**表2**に，牽引時の応力値を**表3**に，車端衝撃時の応力値を**表4**に，車体吊上時の応力値を**表5**にそれぞれ示す．

表1　荷重条件と許容応力

荷重条件					
区分	平常時	牽引時		車端衝撃時	車体吊上時
条件	上下振動付加荷重 0.3g	上下振動付加荷重 0.3g	粘着係数 0.3	車端衝撃 100 ton	
許容応力（使用材料 SS41） kg/mm²	12	12		20	20

図6　重量分析

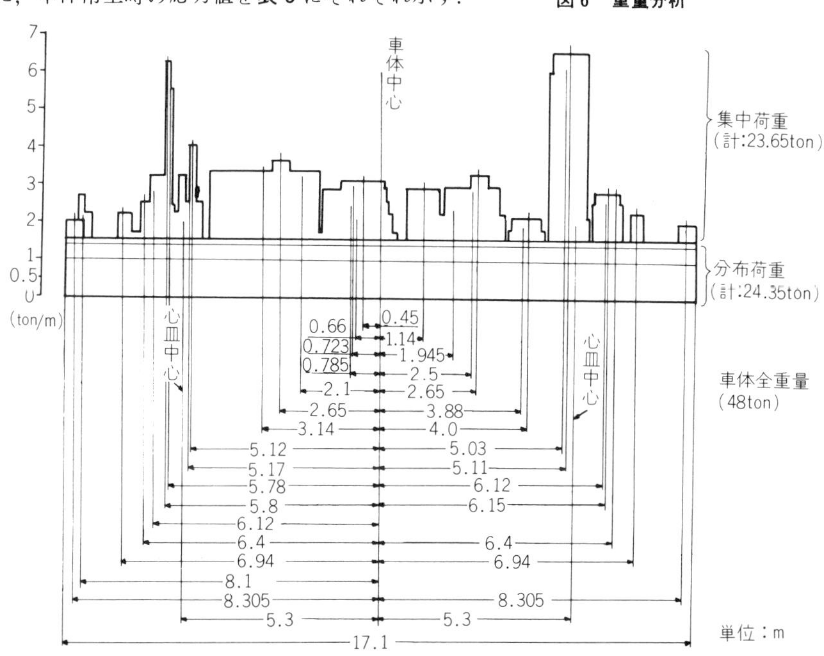

表2　平常時（格子⑤）

注(1)全荷重の50%が側構の片側に作用するとしてP_i，M_iを算出
(2)側梁番号は図5の断面AAで示した側梁番号と対応

側梁	場所	P_i kg	$\sigma_2=P_i/A_i$ kg/mm²	M_i kg mm²	$\sigma_2=M_i/Z_i$ kg/mm²	$\sigma_1+\sigma_2$ kg/mm²
I	左上	2451	0.885	0.52×10^6	3.69	4.58
	左下			-0.52×10^6	−3.69	−2.81
II	左上	− 212	−0.147	0.21×10^6	3.01	2.94
	左下			-0.21×10^6	−3.01	−3.24
III	左上	−1434	−0.323	2.28×10^6	6.08	5.76
	左下			-2.28×10^6	−6.08	−6.40

表3　牽引時〔押付〕（格子⑪）

注(1)全荷重の50%が片側の側構に作用するとしてP_i，M_iを算出
(2)側梁番号は図5の断面AAで示した側梁番号と対応

側梁	場合	P_i kg	$\sigma_1=P_i/A_i$ kg/mm²	M_i kg mm²	$\sigma_2=M_i/Z_i$ kg/mm²	$\sigma_3=P_O/A_O$ kg/mm²	$\sigma_1+\sigma_2+\sigma_3$ kg/mm²
I	左上	14000	5.06	0.344×10^6	2.44	−1.66	5.84
	左下			-0.344×10^6	−2.44		0.96
II	左上	−1214	−0.84	0.14×10^6	2.06		−0.44
	左下			-0.14×10^6	−2.06		−4.56
III	左上	−8188	−1.84	1.52×10^6	4.05		0.55
	左下			-1.52×10^6	−4.05		−7.55

表4　車端衝撃時〔圧縮〕（格子⑤）

注(1)荷重の50%が側構の片側に作用するとしてP_iを算出した
(2)側梁番号は図5の断面AAで示した側梁番号と対応

側梁	場合	$\sigma_1+\sigma_2$ kg/mm²	P_i kg	$\sigma_3=P_i/A_i$ kg/mm²	$\sigma_4=P_O/A_O$ kg/mm²	$\sigma_1+\sigma_2+\sigma_3+\sigma_4$ kg/mm²
I	左上	4.58	36129	13.04	−5.78	11.84
	左下	−2.81				4.45
II	左上	2.94	−3131	−2.17		− 5.01
	左下	−3.24				−11.19
III	左上	5.76	−21132	−4.76		− 4.78
	左下	−6.40				−16.94

表5　車体吊上時（格子⑤）

注(1)全荷重の50%が側構の片側に使用するとしてP_i，M_iを算出
(2)側梁番号は図5の断面AAで示した側梁番号と対応

側梁	場所	P_i kg	$\sigma_1=P_i/A_i$ kg/mm²	M_i kg mm²	$\sigma_2=M_i/Z_i$ kg/mm²	$\sigma_1+\sigma_2$ kg/mm²
I	左上	−129	−0.047	0.86×10^6	6.1	6.05
	左下			-0.86×10^6	− 6.1	− 6.15
II	左上	10	0.007	0.35×10^6	5.14	5.15
	左下			-0.35×10^6	− 5.14	− 5.13
III	左上	75	0.017	3.8×10^6	10.13	10.15
	左下			-3.8×10^6	−10.13	−10.11

なお，平常時はモーメント図によると，区分⑤（**図5**）の側構の格子の荷重状態が最もきびしいと考え，牽引時には，区分⑪が最もきびしく，車端衝撃時は区分⑤，車体吊上時も区分⑤が最もきびしいと考えて計算した．また，車端衝撃時の計算では，車端衝撃が車体全長に，一様に働くものとすれば，平常時最大応力値（**表2**の$\sigma_1+\sigma_2$）に車端衝撃で発生する曲げモーメントによる応力値σ_3と，圧縮応力値σ_4を重ね合わせたものを最大応力値とした．一例として，**図7**に牽引時の曲げモーメント図を示しておく．

このようにして，求めた各荷重条件における最大応力値は，**表1**で示した許容応力値よりも低い値になっ

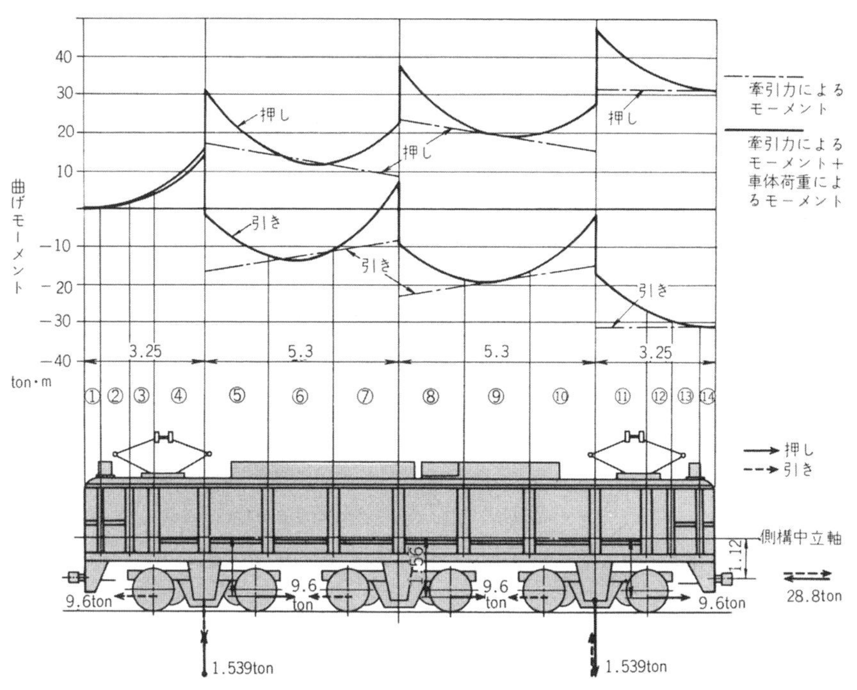

図7　牽引時(押し，引き)曲げモーメント図

ている．したがって，与えられた機関車の仕様に対して，この車体は十分満足しているものである，と判定するわけである．

なお，これまでに求めてきた応力値は，車体全体のラーメン構造に対するものであって，外部から直接に荷重を受ける連結器取付部や台車心皿受部，台車の車体支持部などについては，その部分単独で，外力に耐える強度を持つよう構成しなければならない．

最近の車体設計への要求

最近の機関車の設計に当たっては，乗務員の環境改善や，防音効果を持たすこと，それに車両事故時の車体の変形による乗務員の負傷を防ぐことなどが望まれている．また，積載部品の保守の省力化のため，回転機器は，半導体を用いた静止機器に置き換えられている．この静止機器は，従来の回転機器に比べ，重量が重く，体積も大きい．以上の理由で最近の機関車では，積載品重量の増加や車体長さが長くなる傾向にあり，車体重量をさらに軽くする必要にせまられている．

したがって，車体の構成は旅客車に近い軽量構造になる．このような場合は，簡略計算法ではなく，有限要素法など精度の高い計算方法を用いるべきであろう．

参考文献

(1)吉峯鼎：車両技術81(昭31－11)
車両技術32(昭31－12)

旅客車の車体設計

旅客車は機関車で牽引する客車，電車，気動車の3種類に大別されるが，旅客輸送を目的とする車体構造は大同小異であり，ここでは電車について紹介する．

電車車体の特徴と種類

電車車体の特徴としては次のものがあげられる．

①床下，屋根上などに多数の電気機器が取り付けられるので，台わく，屋根などはそのための強度を確保する必要がある．

②電車車体は保安上不燃化構造が要求され，車体を全金属製とし，内装，設備品に対しても不燃または難燃の材料を使用している．

③客車に比べ，騒音，振動源が多いので，必要に応じて防音，防振を考慮している．

電車の車体は通勤形，近郊形，中長距離形など，その使用目的によって構造が異なる．また，編成列車として考えた場合には，先頭車，中間車の別，機能的分類では電動車，制御車，付随車の別がある．

さらに，運転台，客室，出入台，便所，洗面所などの室内配置による車体割付けの相違，および電気機器などの積載が異なるために，台わく，屋根構造に違いがでてくる．

車体の主要寸法

車体の外形寸法は，各鉄道に対して規定されている車両限界内に収めることが第1条件になる．**表1**に車体の主要諸元の比較を示す．

(1)車体の幅と車体の長さ

車体の幅，車体長さ，台車中心間距離は相互に関連があり，曲線上における車体の変位がその曲線部の車両限界拡大量の範囲内に収まるように，それぞれの寸

項目＼車種	国鉄 103系 M車	国鉄 113系 M車	国鉄 183系 M車	京王6000系 M_1車	新京成8000系 M_1車	名鉄 100系 M_1車
車体長mm	19500	19500	20000	19500	17500	19300
車体幅mm	2800	2900	2946	2780	2780	2730
車体高(レール面より)mm	3674	3654	3475	3600	3610	3500
床面高(レール面より)mm	1200	1225	1200	1130	1150	1150
台車中心距離mm	13800	14000	14150	13800	12000	13600
側出入口数(片側)	4	3	2	4	3	4
側出入口幅mm	1300	1300	700	1300	1300	1300
側窓形式	上窓上昇式 下窓上昇式	上窓上昇式 下窓上昇式	固定窓	1枚下降式	上窓上昇式 下窓上昇式	固定窓
腰掛形式	長手	長手 横形	横形・回転リクライニング	長手	長手	長手
定員人	144	128	68	170	150	140
構体重量 ton	10.21	9.09	8.49	10.40	8.64	9.70
記事	通勤形	近郊形	中長距離形(特急用)	通勤形	通勤形	通勤形

表1　車体の主要諸元

法を決定する．なお，曲線部における車体の変位量は通常**図1**によって求められる．

(2)車体の高さ

車体は乗客，荷物の重量，車輪の摩耗などによる沈み，走行中の上下振動によって変位を生じた場合にも車両限界を犯さぬように，あらかじめ考慮した車体高さ寸法としている．

車体の構造

(1)車体の骨組

車体の骨組の一例として**図2**に国鉄103系通勤電車の構体を示す．

台わく，側構(がわかまえ)および屋根が一体になって構体を構成

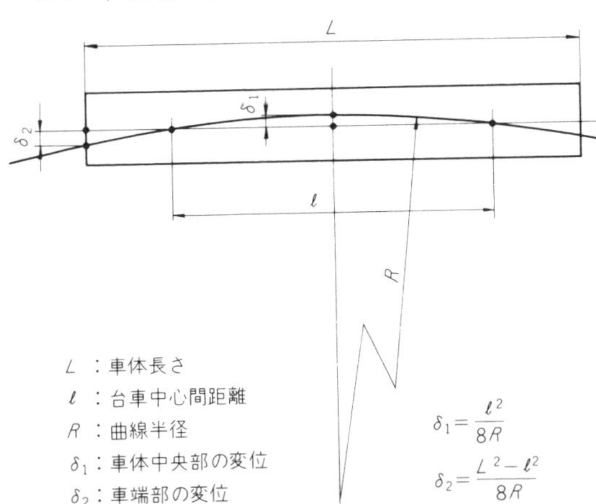

$$\delta_1=\frac{\ell^2}{8R}$$

$$\delta_2=\frac{L^2-\ell^2}{8R}$$

図1　車体の変位

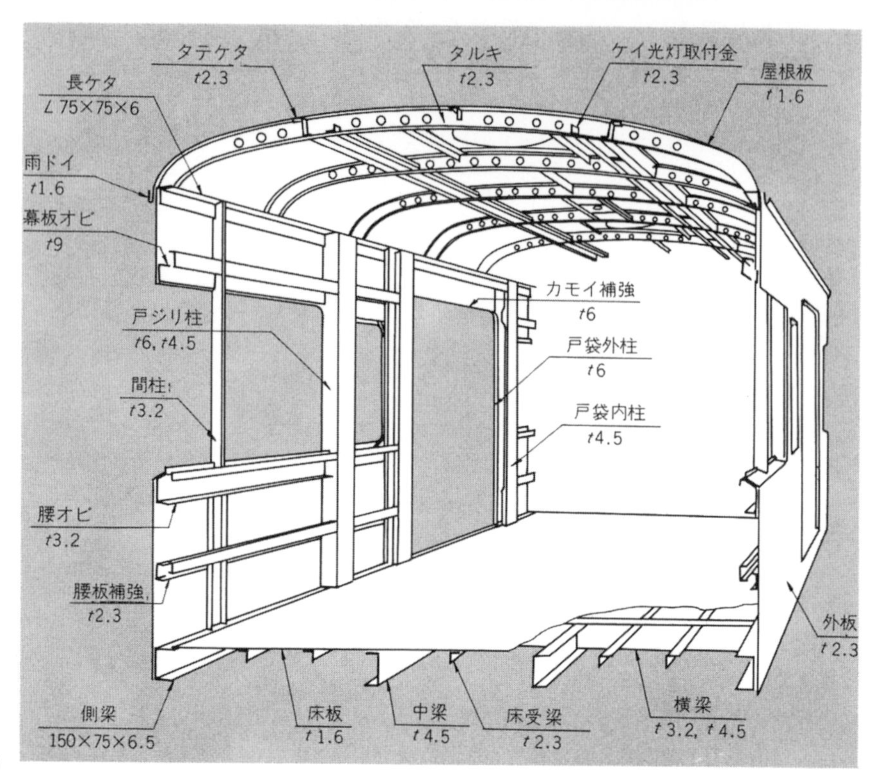

図 2　通勤電車の構体の例（国鉄103系）

している．台わくは長手方向に側(がわ)はり，中はり，床(ゆか)受はりが通り，横方向には両車端部に端(たん)はり，台車取付部に枕(まくら)はりがあるほか横はり，床受はりがある．また，床下機器を取り付けるための受金などが設けられる．台わくは側構とともに垂直荷重を受け持つほか，前後衝撃荷重を受ける強度メンバーとして車体の重要な土台である．台わく上面には床板を構成するために鋼板を張っている．

側構は長手方向に長けた，幕板帯，腰帯および腰板補強があり，上下方向の間柱，戸じり柱，戸袋外柱，戸袋内柱によって台わくの側はりと結合し，外板とともに車体の剛性を保つ重要な部材になっている．

屋根構(かまえ)はたるき，たてけたの骨組に屋根板を張った構成で，蛍光灯取付金，通風器取付座，天井板受などが設けられ，たるきには電線用配管の穴があけてある．

構体の部材には形鋼，鋼板プレス物，軽量形鋼を使用し，溶接で組み立てられている．

写真 1 は富山地方鉄道14760形電車の構体内部で，客室から運転室方向を見たもの．**写真 2** はその外観である．

写真１　構体内部（富山地方鉄道14760形）

写真２　14760形の構体外観

⑵内装

構体に床敷物，内羽目板，天井板を張った後，窓および戸，腰掛，その他の設備品を取り付けて完全な車体になる．

図３に車体断面の一例として小田急5200形の場合を示す．屋根上に冷房装置を取り付け，天井裏のダクトを通して冷風を客室に吹き出す方式をとっている．側窓は１枚下降式でバランサがついている．天井板および内羽目板はアルミニウムベースのメラミンプラスチック化粧板で，これは電車の一般的な材料である．床構造は台わく上面に鋼板 $t=2.3$mmを張り，その上に $t=5$mmの塩ビ製床敷物を使用している．

このほかに**図４**に示すように，台わく上面に波形鋼板を張り，焼石粒をエポキシ樹脂などによって固めた詰物（ユニテックス）を使用し，その上に塩ビ製床敷物を張る構造も一般に使用されている．これは鋼板床に比べ，断熱ならびに遮音効果が大きい利点がある．

⑶前頭形状

前頭部形状は機能的な条件を満足し，美しく魅力的なものが要求される．この電車の顔はいかにしてユニ

図 3　車体断面の例（小田急5200形）

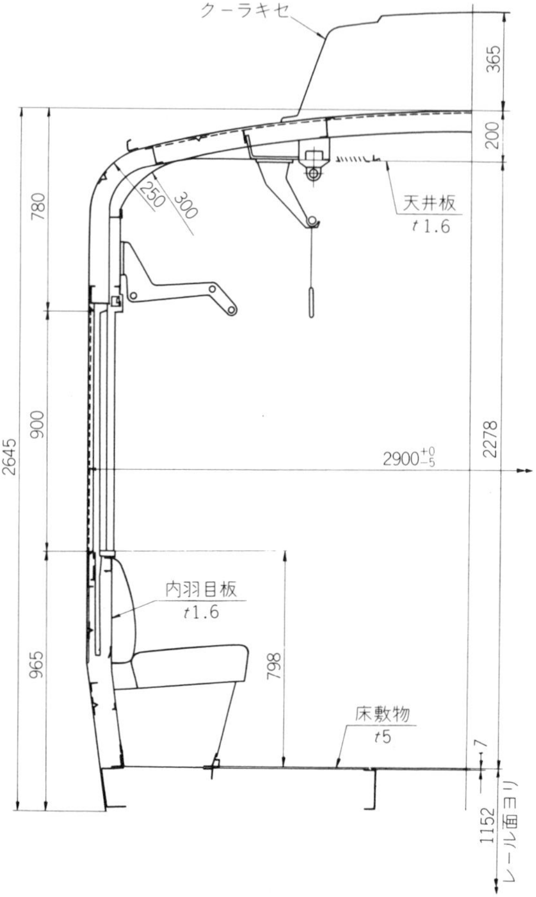

ークさを発揮し，しかも製作容易にするかが設計者のもっとも苦心するところであり，また楽しみのひとつでもある．

前頭部は機能上分類すると貫通式と非貫通式に区分される．地下鉄に使用される車両は運転保安上貫通式とするよう規定されている．また，車両運用上必要に応じ貫通式が採用される．前頭部は形状とともに塗分け，灯具，方向幕，その他のアクセサリーによって完成される．最近の車両の前頭例を**写真 3**〜**写真 7** に示す．

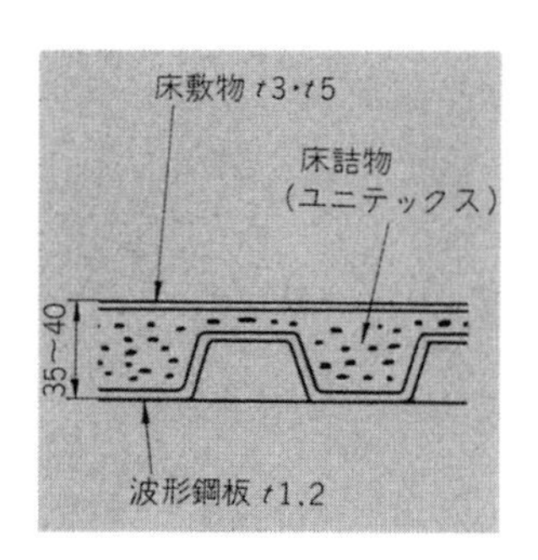

図 4　断熱，遮音効果の大きい床構造

車体の強度

車体全長を L，台車中心間距離を ℓ_2，単位長さ当たりの等分布荷重を w とすると，側構にかかるせん断力および曲げモーメントは**図 5** のようになる．垂直荷重は，自重に最大乗車人員重量（1 人当たり50kg）を加えたものから台車重量を差し引いた静荷重に対して，上下振動加速度として0.1g～0.3gの割増しを行なったものを使用する．

水平圧縮荷重は電車の場合には，機関車に牽引される客車に比べて車端衝撃が少なくなるので，ふつう30～50tonとしている．

図6に京王6000形の構体荷重試験結果を示す．車体長さ19.5m，定員167人，自重38.8tonの電車で都営地下鉄10号線に乗入れする車両である．(a)が垂直荷重による変位，(b)が車端圧縮荷重による変位，(c)は車体の一端を固定し，他端にねじりモーメントを加えたときの変位を表わす曲線である．

強度上問題になるのは，側構の開口部，すなわち出入口および窓のすみ部に生ずる応力，台わく枕はりと中はりの接合部，あるいは枕はりと側はりの接合部の応力集中で，一般に補強を施している．

車体の剛性と固有振動数

(1)剛性

車体各部の強度が十分許容範囲内にあっても剛性が小さいと，走行中に車輪やレールに起因する振動を受けたときに，車体の振動の振幅が大きくなり乗心地に影響する．

車体の剛性を示す目安として，相当曲げ剛性，およ

写真3　国鉄201系

写真4　富山地方鉄道14760系

写真5　京王帝都電鉄6000系

写真6　名古屋鉄道100系

写真7　新京成8000系

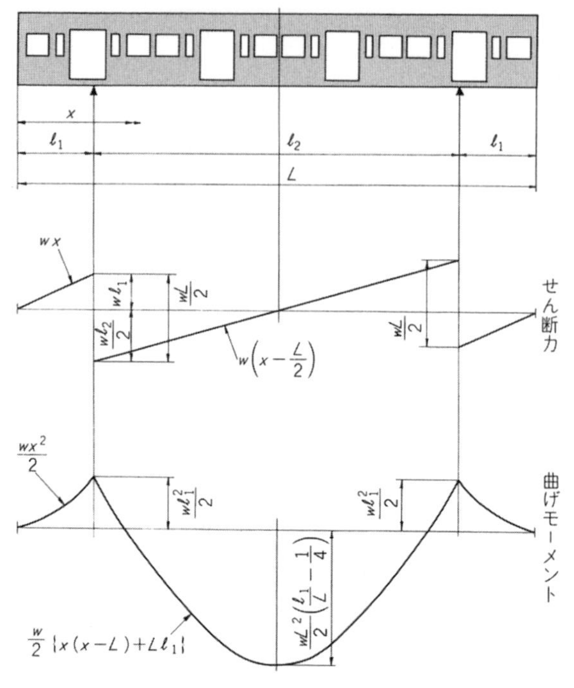

図5　車体のせん断力および曲げモーメント

び相当ねじり剛性がある．

相当曲げ剛性は，車体を台車中心部で支えられ等分布荷重を受けた単純はり，とみなした場合の曲げ剛性で表わし，一般に次式によっている．

$$EIeq=\frac{w\cdot \ell_2{}^2}{384\,\delta}\left(5\,\ell_2{}^2-24\ell_1{}^2\right)$$

ここで，

$EIeq$：相当曲げ剛性（kg・mm²）

w：単位長さ当たりの荷重（kg/mm）

δ：構体下部中央のたわみ（mm）

ℓ_1：台車中心間の距離（mm）

ℓ_2：台車中心から車端までの長さ（mm）

最近の代表車種の相当曲げ剛性を**表2**に示す．

相当ねじり剛性についても同様の考えで，ねじりを受けた丸棒とみなし，荷重試験から得たねじれ角を使用して求める．

$$GJeq=\frac{M\cdot\ell}{\theta}$$

ここで，

$GJeq$：相当ねじり剛性（kg・mm²/rad）

M：ねじりモーメント（kg・mm）

ℓ：ねじりを加えた2点間の長さ（mm）

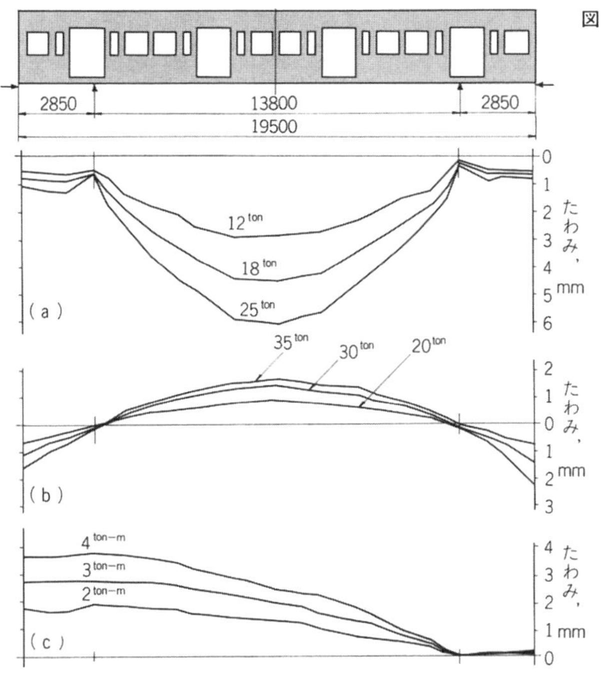

図 6　鋼体荷重試験結果の例

θ：ねじれ角 (rad)

代表車種の相当ねじり剛性を**表 2** に示す.

(2)固有振動数

車体の相当曲げ剛性または相当ねじり剛性から，近似的に車体の固有振動数を算出することもあるが，実際には，荷重試験時に垂錘を落下させて測定しており，1 次曲げまたはねじり振動の周波数Hzで表わす. 代表的車種の曲げ固有振動数およびねじり固有振動数を**表 2** に示す.

普通鋼を使用した電車車体についてみてみたが，軽量化，耐食性の向上などを目的に，ステンレス鋼製，アルミ合金製車体が，近年大幅に採用されている.

表 2　剛性と固有振動数

車　種	相当剛性		固有振動数(Hz)		記　事
	曲げ 10^{14}kg-mm^2	ねじり 10^{12}kg-mm^2/rad	曲げ	ねじり	
国鉄 モハ101	1.26	47.7	10.0	6.0	
京王 6000系	0.75	19.7	10.3	3.7	
小田急 9000系	1.09	33.2	11.0	——	
京浜 800形	1.05	32.0	13.4	4.4	
国鉄 201系	1.76	55.2	12.0	8.9	試作車
北総開発7000形	0.95	44.3	13.9	8.7	外板ステンレス
東急 8000形	0.91	22.4	11.0	3.2	オールステンレス
帝都営団6000系	0.78	——	11.8	——	アルミ

物資別適合貨車の設計

貨車は旅客車と異なり，その積載する物資の形状，寸法，比重，性状が千差万別であり，これらを効率的に輸送するためには，それぞれの物資に適合した構造が必要になる．現在までに数多くの物資別適合貨車がつくられているが，なかでも最も両数が多く，代表的なタンク貨車と，現在開発中で設計的にも興味深い問題を含んでいる小径車輪付低床貨車について述べる．

タンク貨車

(1)タンク貨車の特徴と種類

タンク貨車は，主に化学薬品や石油製品など化成品，およびセメントなどの粉粒体を運ぶ．しかし，これら化成品のなかには，危険性の高いものがあり，タンク貨車の設計に当たっては，化成品を安全に輸送するための車両構造上の配慮が必要である．

現在，タンク貨車で輸送している貨物は，約130品目あるが，この積載貨物を，その性状により，**表1**の

表1　タンク貨車の用途別種類

種類	用　途	代　表　例
1種	主として可燃性の液体および揮発性の低い液体	石油類(ガソリンを除く)，ラテックス，エチレングリコール，カプロラクタム
2種	主として引火性が強く，揮発性の高い液体	ガソリン，アルコール，ベンゾール，酢酸ビニル
3種	主として酸類，アルカリ類および腐食性の強い液体	カセイソーダ液，濃硫酸，塩酸，ホルマリン，希硝酸，濃硝酸
4種	主として爆発性および有毒性の大きい液体	二硫化炭素，メタノール
5種	1~4種以外の液体(最高使用圧力 2kg/cm² をこえるものおよび特殊な液体)	白土液
6種	高ガス取締法の適用を受けるもの	LPガス，液化塩素，液化アンモニア，液化塩化ビニル
7種	液体以外の粉体，その他	アルミナ，セメント，テレフタル酸

ように1種から7種まで7種類に分類し，各種別に対応して構造を規制している．

タンク貨車の新製費，保守費を低減するためには，タンクの形状，構造などを統一化することが望ましい．しかし，積載貨物の化学的性質，物理的性質はいろいろで，各積載貨物に最適なタンク貨車としては，タンクの大きさ，形状，構造などがそれぞれ異なったものになる．さらに，同一の積載貨物であっても，比重の違い，地上の荷役設備の関係などから，タンクの大きさや車両構造が違ってくる場合もある．

このように，タンク貨車の設計では，タンクなどの標準化は非常にむずかしい．しかし，タンクや車体台わくの基本構造，台車および基本的な車両部品については，従来から設計基準を定め，標準化を進めている．さらに，製作両数が多い場合には，標準形式車を決めて，車両構造の統一化をはかっている．

写真1はタキ38000形式車で，新しい保安対策を盛り込んだ今後のガソリン専用タンク貨車の標準形式車である．**写真2**はタキ7750カセイソーダ専用タンク貨車で，標準形式車になっている．**写真3**は，タキ25000 ＬＰガス専用タンク貨車である．従来，このＬＰガス専用タンク貨車は，タンク体内の温度を40℃以下に保つ必要から，タンクに断熱装置を取り付けていた．しかし，各種の試験の結果，断熱装置がなくてもタンク内の液温を40℃以下に保てることが確認され，この裸タンクのＬＰガス専用タンク貨車の標準形式車が誕生

写真1　タキ38000形

写真2　タキ7750形

写真 3　タキ25000形

写真 4　タム9600形

した．**写真 4** はタム9600LNG（液化天然ガス）専用タンク貨車で，－163℃の超低温でLNGを輸送するため，タンク内筒と外筒の２重にし，その間を高真空に，さらに断熱材を充塡した特殊構造にしている．

⑵タンク貨車の構造

タンク貨車は，タンク，車体台わく，走行装置の３つの主要な部分から構成されている．そこで，この主要構成要素について，設計上留意すべき事柄を解説する．なお，高圧ガスタンク貨車のタンク構造は，高圧ガス取締法，容器保安規則などで規制されているので，ここでは触れない．

①タンク――現在，使用されているタンクの材料は，SS41，SMA41C（溶接構造用耐候性圧延鋼材），SPA-H（高耐候性圧延鋼材），SUS304，SUS304L，SUS316，SUS316Lおよび純アルミ，アルミクラッド材などである．タンク体には，その積載物に対して耐食性のある材料を選定し，必要な場合には，適当なライニングもしくはコーティングを施す．

タンクの最小板厚は，積載物の危険度，タンクの材料，形状，最高使用圧力などによって定められているが，タンクを設計するときには，次の圧力容器の板厚の計算式により，タンク胴板，鏡板の板厚を検討する．

円筒タンクの胴板板厚　$t=\dfrac{P \cdot D_1}{200 \cdot \sigma_a \cdot \eta - 1.2P}$

皿形の鏡板板厚　$t=\dfrac{P \cdot R \cdot W}{200 \cdot \sigma_a \cdot \eta - 0.2P}$

半楕円体形の鏡板板厚　　$t=\dfrac{P\cdot D_2\cdot K}{200\cdot\sigma_a\cdot\eta-0.2P}$

t：板の計算厚さ(mm)

P：設計圧力(kg/cm^2)

D_1：くされ後の円筒胴の内径(mm)

D_2：くされ後の鏡板内面で測った楕円の長径(mm)

R：くされ後の皿形鏡板中央部内面の半径(mm)

σ_a：材料の許容引張応力(kg/mm^2)

η：溶接効率

W：皿形の形状による係数　　$W=\dfrac{1}{4}\left(3+\sqrt{\dfrac{R}{r}}\right)$

（r：皿形鏡板のすみの丸みのくされ後の半径mm）

K：半楕円体の形状による係数　$K=\dfrac{1}{6}\left[2+\left(\dfrac{D_2}{2h}\right)^2\right]$

（h：くされ後の鏡板の内面で測った楕円の短径の½mm）

タンクには，通常，安全弁を備えなければならない（積荷の性質などにより省略できる）．安全弁の設定圧力は，１種が$1.0kg/cm^2$，２～４種が$1.8kg/cm^2$である．またタンクの耐圧試験圧力は$4kg/cm^2$である．

タンクの温度上昇や積載物の化学反応により，タンク上部の気相部の圧力が上がり，安全弁から蒸気や積載液が吹き出すのを防ぐため，タンク上部には，空容積を設けなければならない．空容積は最低３％から，危険度の高いものでは17％を定めている．また，空容積が確保されていることを確認できるように，液面指示板，過積検知器などを取り付けてある．

②台わく――台わくの材料は通常，SS41，SMA41C，SPA-Hなどを用いる．台わくは安全を考慮して，垂直荷重のほかに，150tonの車端前後力に耐えられるものでなければならない．また，事故時などに，他車の自連で鏡板が破壊されるのを防ぐため，１種（石油類など），２種，３種，４種，６種，７種（粉体危険物）のタンク貨車では，タンクからの台わく突出量500mm以上の台わく緩衝長を設ける．

③タンクと台わくの結合――**図１**に，タンクと台わくの組合わせを示す．タンクと台わくとは，**図２**に示すセンタアンカ方式によって打込みボルトを用いて結合する．さらに，タンクの上下方向の移動を防止するため，タンクに溶接付けした受台を，まくらばりの位置で押さえ金によって固定する．

図1　タンクと台わくの組合わせ

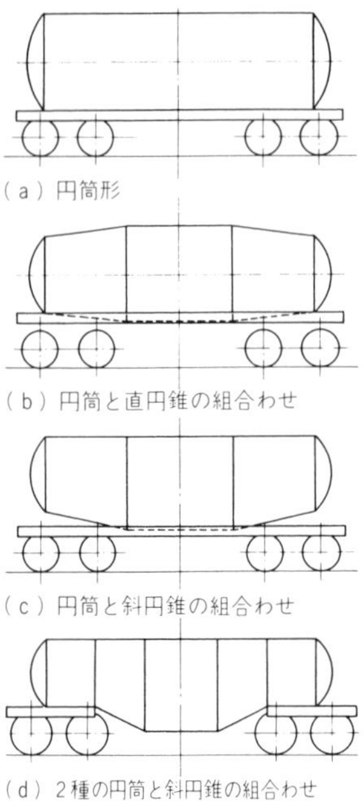

（a）円筒形

（b）円筒と直円錐の組合わせ

（c）円筒と斜円錐の組合わせ

（d）2種の円筒と斜円錐の組合わせ

ただし，1種（石油類などを除く），5種，7種（粉体危険物を除く）では，タンクと台わくを溶接して一体とし，また台わくの一部を省略することができる．

④走行装置——タンク貨車の走行装置としては，良好な走行性能を持つとともに，構造が簡単で保守が容易なものでなければならない．また空車時と積車の荷重の差が大きいので，ばね装置の選定がむずかしい．

新製タンク貨車は，すべて2軸または3軸台車が使われている．TR41C台車は，枕ばねに板ばねを，軸受に平軸受を用いており，構造が簡単で，製作費，保守費が安いという長所を持ち，タンク貨車用台車として長い間使用されてきた．しかし，左右の台車わくが，つなぎばりで相互に拘束されていないので，台車中心間距離の短いタンク貨車では，軌道との関係で，走行性能が低下する場合があった．そこで，台車中心間距離が短く，重心の高いタンク貨車には，板ばねをばね定数の小さいコイルばねに変えて，軌道の狂いに対して追随性を良くしたTR41D台車が使用された．

その後，枕ばねにコイルばねを，軸受に密封ころ軸受を用いたTR225台車が開発されたが，最近の新製タンク貨車で台車中心間距離の短い車には，さらに走行性能を向上させるため，TR213 C台車をはかせている．この台車は，左右の台車わくをつなぎばりで拘束し，台車わくの菱形変形を防いでいる．また，大径心皿を用いて台車の回転抵抗を増し，蛇行動を抑えるとともに，車体のローリングも抑制している．高圧ガスタンク貨車には，安全性を考慮して，より走行性能の良いTR216台車を使用する．

(3)タンク貨車の保安対策

タンク貨車では，危険な化成品も輸送しているので

図2　タンクと台わくの結合方法

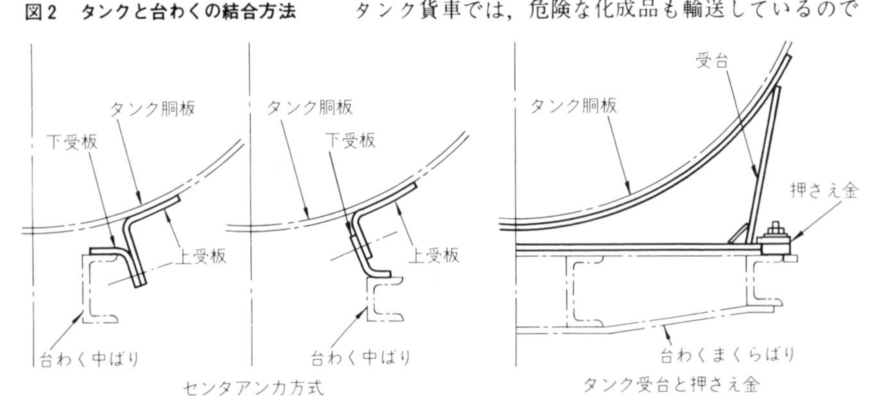

走行性能を向上させるとともに,脱線などの異常時に,タンクや弁類が破損しないような設計上の配慮が必要である.

保安対策としては,万一の事故の際に,タンクや弁類が破損して積載液が漏れるのを防ぐため,タンクの板厚を増やし,安全弁や吐出弁をタンクのなかに内蔵化したり,保護わくを強化している.また,台わく緩衝長を長くしたり,緩衝器の容量を大きくして,衝突時にタンクが破損するのを防ぐ配慮も必要である.

また,高圧ガスタンク貨車に取付けられている緊急遮断弁は,荷役中に荷役ホースがはずれたり,火災が発生した際,荷役を手動でまたは自動的に緊急遮断して,災害の拡大を防ぐためのものである.

低 床 貨 車

(1)低床貨車の必要性と種類

鉄道車両は,車両限界内で設計しなければならないという宿命がある.積荷の最大幅は車両限界で一義的に制限されるが,最大高さは車両限界と床面高さの差で決まるので,床面を低くすればそれだけ高い積荷を積むことができる.そのため,以前から床面を下げるくふうがなされてきた.たとえば,変圧器などの大物を積む大物車では,弓はり式と呼ぶ車両中央部を下げた構造の貨車が用いられている.

しかし,車両中央部の床面を下げる方式であるため,台車上部はデッドスペースになり,積載効率が悪い欠点がある.そこで床面全体を低くしたいが,現在の貨車の標準車輪径は 860 mmで,これにばねのたわみ,床支持部材寸法などを加えると,レール面上床面高さは1,000mm以下にすることはできない.したがって,さらに床面を下げるには,車輪径を小さくすることを考えなければならない.

(2)小径車輪の問題点

現在の客貨車の標準車輪径は,明治初期に輸入された客貨車の車輪径が2′−10″(≒860mm)であったのを踏襲したといわれている.経験的にも車輪径のあまり小さなものは,分岐器で脱線するなどの不都合があったため,日本国有鉄道建設規程では最小車輪径を730mmと定めている.

小径車輪の技術的問題点には,次のような点があげ

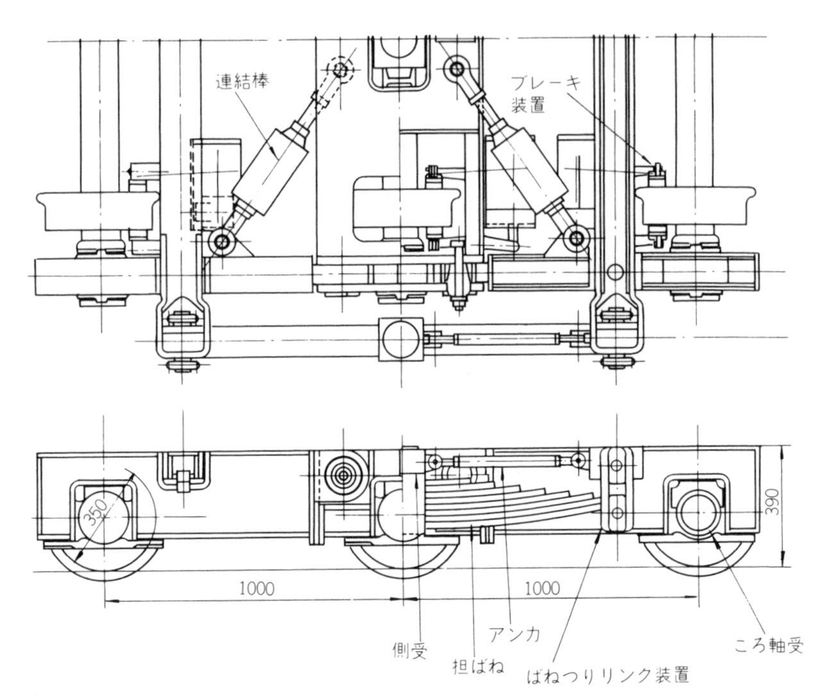

図3　小径車輪付き3軸台車(TR901形式)

られる.

①分岐器通過時の安全性の低下——分岐器には欠線部があるが,通常は片側車輪が欠線部にはいるときには,もう一方の車輪が欠線部を通過し,常にいずれかの車輪がレールにガイドされて安全に分岐器を通過できるようになっている.しかし,車輪径がいちじるしく小さくなると,いずれの車輪もガイドされない部分(不案内部または無誘導長という)を生じ,異線進入や脱線のおそれが出てくる.

②車輪踏面摩耗の増加——車輪踏面とレール面はいずれも曲面であるから,接触面は楕円になる.車輪径が小さいほど接触面積は小さくなり,したがって接触圧力(ヘルツ圧力という)が大きくなる.また,車輪径が小さいほど同一距離を走行するのにレールと接する回数が多くなる.これらの理由から,小径車輪は踏面の摩耗が標準車輪より増加する.

③軸受回転数の増加——同一速度の場合,車輪径が小さいほどその回転数は増加するから,ころがり軸受も通常用いられるグリース潤滑が困難になり,油潤滑の必要が出てくる.

④ブレーキ設計上の問題——ブレーキには,踏面ブレーキとディスクブレーキがあるが,小径車輪は回転数

が高い反面，熱容量が小さいので，いずれの方法でも温度上昇の問題がある．また，床下スペースが狭いため，ブレーキ装置の艤装がむずかしくなる．

(3)小径車輪付台車の設計例

こうした問題点を解決するために設計した小径車輪付特殊台車の設計例を**図3**に示す．この台車は3軸の連接構造台車で，車輪径350mmの小径車輪を用いている．

①の問題を解決するために3軸とし，1軸が不案内部にあるときは他の2軸の車輪でガイドし，異線進入のおそれをなくしている

②の問題に対しては輪重を3tonと小さくし（通常の貨車は6ton強），踏面には，当初から摩耗時の踏面形状に近い形状にした摩耗踏面を用いて，ヘルツ圧力を極力小さくした（約120kg/mm²）．

③の問題に対しては，最高速度を95km/hとした場合，グリース潤滑の限界に近いが，荷重を小さくしてグリース潤滑とした．

④の問題に対しては，車輪輪心をブレーキ面とするディスクブレーキとし，3軸全軸をブレーキ軸として熱負荷を小さくした．

そのほか，台車高さを低くするため，従来の台車のようなゆれ枕をなくして，リンク機構で左右支持剛性を下げたこと，連結台車わくをピン結合にすることによって，多軸台車の欠点である曲線通過時の横圧増加と軌道の平面性狂いに対する追随性の不足の問題を解消したことなどが，この台車の特徴である．

この台車は100km/hの走行試験を行ない，安定性を確認している．

(4)低床貨車の設計例

低床貨車の用途のひとつに大形トラック積み専用貨車が考えられ，ヨーロッパ諸国ではすでに実用化されている．たとえば，スイス国鉄が最近開発したものは355mm径の車輪を用いた4軸台車を装備している．

日本の場合，自動車の最大幅2500mm，最大高さ3800mmと定められており，これを低床貨車に積載したときのトラックの積載可能高さを**表2**に示す．

これからわかるように，在来線限界では350mm径の小径車輪を用いても積載可能なトラック高さは約3160mm（車体中央部で3650mm）である．

表2　在来線のトラック積載可能高さ

車輪径	床面高さ	積載可能高さ
860	1050	2564
700	850	2714
500	650	2964
350	450	3164

*積載可能高さは上部限界をR＝1850の半円としたときの直線部の限界高さ（単位mm）

ステンレス車両の軽量化設計

写真 1　東京急行電鉄デハ8400形

写真 2　東京急行電鉄デハ8500系

写真 3　南海電鉄6200系

鉄道車両の軽量化については，1950年ころから国鉄をはじめ各私鉄において研究され，国鉄のナハ10形客車，東京急行電鉄のデハ5000形など，普通鋼による軽量車両が誕生した．さらに軽量化とメインテナンスフリーの見地から，ステンレス鋼や軽合金の車両構体への採用について，各社で試験，研究の結果，1957年11月に東急車輌が，わが国初のセミステンレス車両デハ5200形を，1961年にオールステンレス車両デハ7000系をそれぞれ東京急行電鉄に納入した．また，1962年に川崎車輌(現川崎重工)が，わが国初のアルミ車両2000系を山陽電鉄に納入した．以来，国鉄をはじめ多くの私鉄などで，軽合金車両やステンレス車両が採用され，現在では多数運転されている．とくに，東京急行電鉄，京王帝都電鉄，南海電鉄などではオールステンレス車両を採用し，軽量化による運転電力費の節減，線路補修費の減少などのほか，外板の無塗装化による設備費軽減と作業環境の向上，定期検査時の在場日数の減少などのメリットを得ている

オールステンレス車両では，構体重量をアルミ車両なみに近づけるため，車両構体をより軽量化し，かつ必要な強度，剛性を確保し，遊んでいる部材を省き，すべての部材が有効に荷重を分担するという，合理的な限界設計が必要になってきた．

鉄道車両の構体強度解析法については，わが国でも1950年ころから新しい解析法が開発された．これらはいずれも平面的な解析法で，垂直荷重に対しては側構体がすべてを負担し，これを平面ラーメン構造として計算し，水平荷重に対しては，その大部分を台わくで負担すると仮定して計算し，それぞれ強度および剛性を推定していた．

しかし，この平面解析法では，計算結果の精度，面外変形，ねじり荷重に対する解析などについては無理があり，最終的には構体荷重試験との対比によって確認し，強度上弱い部分だけ補強を行ない，強度上十分以上の部分はそのまま，というのが実情であった．

近年，鉄道車両でも，航空機，船舶，自動車などの強度解析と同様，大形電算機を使用し，有限要素法の利用により構体を半張殻構造として種々の条件を入力し，平面的な2次元だけでなく，立体的な3次元構造物として取り扱うことが可能になり，垂直，圧縮，ねじり荷重などに対する関連が明らかになった．

東急車輛では，1976年に新幹線車両 22次車（側窓が小さくなった車両）の21形式(先頭車)，1978年に東京急行電鉄デハ8400形新オールステンレス車両（**写真1**）などの解析で実用に供し，計算値と，構体荷重試験結果との対比から，十分満足すべき精度が得られている．

ここでは，とくに通勤用オールステンレス車両の構体設計について，ステンレス鋼の材料，溶接法などを含め，有限要素法（平面および立体解析）による強度解析法の概要について述べる．

ステンレス車両とは

ステンレス車両には，オールステンレス車両とセミステンレス車両の2種類がある．オールステンレス車両は，東京急行電鉄の7000系や8500系（**写真2**），南海電鉄の6200系（**写真3**）などのように，構体強度部材のうち，台わくの端はり,緩衝中はり，枕はりなど，厚板溶接構造部材に，普通鋼(ＳＳ41など)，あるいは高耐候性鋼(SPA−H, CORTENなど)を使用する部分を除き，高抗張力ステンレス鋼を使用した車両である．

セミステンレス車両は，東京急行電鉄のデハ5200形や，交通営団東西線の5000系などのように，主に外板や一部の骨組にステンレス鋼を使用した車両である．

ステンレス鋼は，長年月使用しても腐食を考慮する必要がないので，オールステンレス車両は鋼製車両と比較して，最初から強度上，必要最小限の板厚まで各部材を薄くし，断面を設計することができるので，無塗装化とともに，軽量化が可能になった．

通常，ステンレス車両の構体の外板のコルゲーション（波形）板は0.8～1.0mm，平板は1.5mm，屋根のコルゲーション板は0.4～0.5mm，床のコルゲーション板は0.6～0.8mm，側柱は1.2～2.0mm，たるきは1.0－1.5mmなどの板厚を使用する．

オールステンレス車両は，ステンレス鋼の薄板を多く使用するとともに，工作上もコイル材を引抜成形ロールによって長尺成形したドロー材や，板材，あるいはプレス材を使用し，主として抵抗スポット溶接により組立を行なう．

このように鋼製車両と比較して，構体で1.5～２ton の軽量化が可能であるが，有限要素法による強度解析の結果，前述の東京急行電鉄デハ8400形は，従来以上に軽量化に対する合理的な限界設計がなされ，従来の車両と変わらない剛性を持ち，同様の鋼製車両と比較して構体重量で３～4tonの軽量化が可能になり，アルミ車両構体との重量差も約1.5tonになった．

ステンレス鋼

オールステンレス車両(以下ステンレス車両という)の構体に要求されるステンレス鋼は，高い応力に耐え，溶接性，プレスなどの加工性の良いことが条件である．この条件に適合するステンレス鋼として，**表１**に示すオーステナイト系ステンレス鋼のＳＵＳ 301，ＳＵＳ 304，あるいはＳＵＳ201を，冷間圧延により調質して使用する．なお，ＳＵＳ201 は需要が少ないので，現在わが国ではほとんど使用してない．

オーステナイト系ステンレス鋼は，Feに約18％のCrと，約８％のNiを含んだＳＵＳ 304やＳＵＳ 302 が基本になっているが，Ni およびCrをやや減少させ，冷間加工によって容易にマルテンサイト組織を生ずるよ

表１　ステンレス車両用ステンレス鋼の化学成分と機械的性質

種類	化学成分％							機械的性質(注)				
	C max.	Si max.	Mn max.	Ni	Cr	S max.	P max.	調質	引張強さ kg-f/mm²	0.2％耐力 kg-fmm²	伸び ％	曲げ試験 180°
SUS 301	0.15	1.00	2.00	6.00～8.00	16.00～18.00	0.03	0.04	HT	105以上	77以上	10以上	2 t
								MT	88以上	52以上	25以上	1 t
								ST	77以上	42以上	35以上	½ t
SUS 201	0.15	1.00	5.50～7.50	3.50～5.50	16.00～18.00	0.03	0.06	LT	53以上	21以上	40以上	密着
SUS 304	0.08	1.00	2.00	8.00～10.50	18.00～20.00	0.03	0.04	LT	53以上	21以上	40以上	密着

（注）調質のHT，MTはそれぞれJISの½H，¼Hに相当する．機械的性質はSUS301，SUS201共通である

うにした，高抗張力のSUS301を主として使用する．ただし，これらの材料も化学成分中で，Cの含有量が多いと溶接性に悪影響を与えるので，0.1 %以下が望ましい．

ステンレス鋼は普通鋼（ＳＳ41など）と異なり，高耐候性鋼（ＳＰＡ－Ｈなど）や，アルミ合金と同様，引張試験を行なった場合，フックの法則に従わず，明確な降伏点を示さない材料なので，通常，1933年米国材料試験協会で定めた，0.2％の永久ひずみの生ずる応力を，降伏強さまたは耐力としている．

ステンレス鋼の焼鈍材（ＬＴ材）は，一般に降伏比（σ_y / σ_τ）が低いのが特色であるが，破断強さは十分高く，伸びも大きいので，ＳＵＳ 304ＬＴ材を構造部材として使用する場合は，局部的変形を生じやすいので，とくに注意を要する．

また，冷間圧延されたステンレス鋼は，圧延方向によって引張試験と圧縮試験の結果，圧縮残留応力を内在しているために異なった値を示す．一般に長手方向の圧縮によるＳ－Ｓ(stress-strain)線図が最下位で，直角方向の圧縮によるＳ－Ｓ線図が最上位である．したがって冷間圧延で調質したＭＴ材，ＨＴ材などを使用する場合は，柱，板などの座屈について十分考慮しなければならない．

また，ステンレス鋼の初期弾性係数E_0は，圧縮度の大きい材料ほど低くなる傾向があり，ＬＴ材で1.9～2.0×10^4kg/mm²，ＨＴ材で1.8×10^4kg/mm²となる．したがって，通常設計に用いる弾性定数は次の通りである．

弾性係数…………$E=1.8\times10^4$kg/mm²
せん断弾性係数…$G=0.7\times10^4$kg/mm²
ポアソン比………$\nu=0.3$

ステンレス鋼の溶接

ステンレス車両に使用するオーステナイト系ステンレス鋼は，1100℃前後の温度に加熱して炭化物をオーステナイト中に固溶させた後，常温まで急冷して処理する．これを550℃～850℃で加熱すると，過飽和のＣがCr炭化物として結晶粒界に析出して，粒界付近のCr量が減少して耐食性が低下し，腐食環境にさらされると残留応力も加わって，結晶粒界部が腐食するいわゆる粒界腐食を起こし，亀裂の原因になる．

ステンレス鋼の溶接設計に当たっては，物理的，冶金的特性をよく理解し，検討したうえで溶接方法を選択すべきで，とくにオーステナイト系ステンレス鋼は，大きい入熱の溶接方法を適用すると，熱影響部に，前述の粒界腐食割れを起こす可能性があるので，十分注意を要する．したがって，ステンレス鋼の溶接には，可能な限り抵抗溶接によるスポット溶接，シーム溶接，ローラスポット溶接などを使用するとともに，一般に加圧力を増し，電流値を下げて溶接する．

スポット溶接継手部の設計に当たっては，通常リベット継手と同様の考えかたを用いるが，ある枚数の組合わせがあった場合，その外側の薄いほうの板厚を基準として強度を考え，重ね合わせの枚数は4枚を限度とする．

ステンレス車両は，前述の通り構体構造の一部に，普通鋼や高耐候性鋼を使用しており，それら鋼材とステンレス鋼との溶接，あるいはステンレス鋼どうしでも，スポット溶接作業の不可能な部分には，アーク溶接を使用している．

しかしながら，ステンレス鋼の溶接には，前述のように溶接部の割れ，粒界腐食などを考慮して極力熱影響を少なくするために，アーク溶接は穴溶接（プラグ溶接）を原則とし，冷却水を使用して少なくとも2分以内に溶接部を常温まで下げるという工作法により，良好な結果を得ることができる．また，溶接棒の選択にも十分留意し，低炭素系でNi含有量の多い溶接棒を使用する．

荷重条件および剛性目標値

車両の軽量化設計を進めるに当たっては，構体各部の応力とともに，従来の車両と変わらない剛性を持った構体でなければならない．ステンレス車両のように降伏比の大きい材料を用いて設計する場合，応力値よりも剛性値が問題になる場合が多い．すなわち，剛性の低下により，垂直荷重によるたわみ量が大きくなり，また，車体の曲げ固有振動数が下がり，台車の固有振動数に近づくと共振を起こし，乗心地を害し，強度上にも悪影響を及ぼすので，下記の条件および目標を定めて設計を行なう．

(1)荷重の種類

車体の設計には，振動割増荷重を含んだ垂直(上下)荷重，水平（前後）荷重，左右荷重およびねじり荷重を考慮して設計，解析を行なう．

(2)剛性目標値

車体中央部のたわみ量δの限界としては，「旅客車のたわみ量は，所定の荷重に対して支点間距離$2\ell_1$の1/1000を超えないこと」(ドイツ）があるが，これ以外にはとくに規定されたものはない．

車体の曲げ固有振動数f_bについてもとくに限界値として規定したものはないが，通常，速度110km/h以下の車両については，上下振動による乗心地の関係から，$f_b=8.0$Hz以上が望まれている．

しかし，δとf_bとの関係から検討すると，$\delta=2\ell_1/1000$では，f_bは非常に低くなるので，δは目安とし，f_bで規定するほうが良いようである．したがって，完成車両の固有振動数が8Hzであるためには，構体時では10Hz以上になる．

相当曲げ剛性についてもとくに規定した値はないが，車体の固有振動数との関連を考慮し，乗心地を悪くしないということで剛性を高くすることが望ましい．したがって，各種車両の荷重試験の実測値，走行試験値などから，設計目標値は次の値により計画する．

車体中央部たわみ量…max.$\delta<2\ell_1/1000$

曲げ固有振動数………$f_b\geqq 10$Hz（構体時）

相当曲げ剛性…………$Eeq\geqq 0.6\times 10^{14}$kg・mm^2（構体時）

構体の強度解析法

ステンレス車両の構体設計の要点は，ステンレス鋼の特徴である腐食しないこと，高い強度を持つことを生かし，できるだけ熱影響の少ないスポット溶接で組み立てられる構造にする点にある．

この目的のために，構体の主要部材断面は薄肉の開き断面(⅂⌊,⎍など）を用いるが，そのために剛性不足，あるいは座屈強度不足にならないように，十分考慮しなければならない．したがって，構体設計を進めるに当たっては，強度設計と，剛性設計の両面を考慮しながら解析を行ない，これら両面が最適の設計値になることが望ましい．

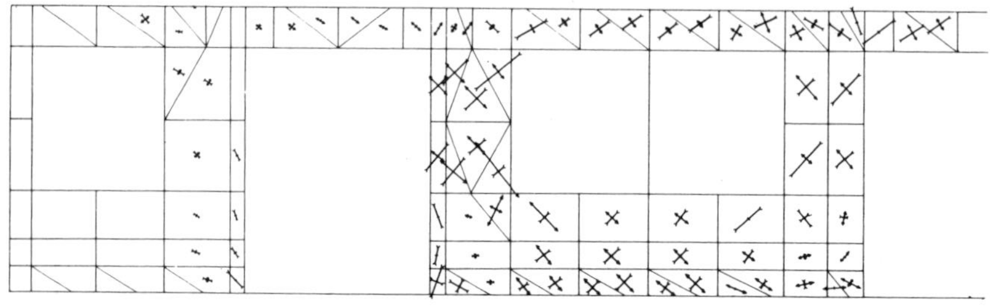

図１　側構体の応力線図

しかし，これを基本計画設計の段階で実現させるには，精度の良い構造解析法が確立されており，さらに，それを短時間の間に何回も繰り返し駆使できる計算システムが完成されていなければ，非常にむずかしい．

鉄道車両の設計で考慮すべき主な負荷荷重は，

①車体自重と乗客重量などによる垂直荷重

②連結器，衝突時などからの水平荷重

③走行中や保守作業などのときに受ける左右およびねじり荷重

などであるが，このなかでとくに問題になるのは①の垂直荷重である．とくに通勤電車の場合は，車体の側面に出入口のような大きい開口部がふつう，3～4か所もあり，しかも乗客荷重が大きいので，これの負荷条件によって設計が進められる．

垂直荷重に対する強度解析法は，台わくの側はりを含む側構体が，この全荷重の大部分を負担するものとして解析を行なう平面解析法と，構体全部で負担するものとして，解析を行なう立体解析法がある．前者の平面解析法には，２つの方法がある．

ひとつは従来からの方法で，側構体を平面ラーメン構造に置き換えて，マトリックス法によって計算するものである．この解析法によると，柱部材も幅の広い板場も１つのはりと見なすので，軽量構造になると最も重要な板についての解析が得られず，その結合部の取扱い方法によって，計算結果に大きな開きが生じてくる．応力の計算結果を実験値に合わせるようにすると，たわみが実験値より25％くらい小さく出る傾向にあり，計算段階ではある修正係数をかけて使用しなければならないので，ステンレス車両のように，たわみを重視する設計の場合には不適当である．

もうひとつは東急車輛で完成したプログラムで，有限要素法を用いた平面解析法でALPS（Analyzer of Plane Structure）と呼び，幅の広い板場は現車通りにはり要素との結合構造としてモデル化し，解析する方法である．この解析結果は，平面ラーメン計算と比較して実験値と良く合い，精度が向上した．ただし，たわみが約10%くらい大きくなる傾向にあるが，これは側構体に100%荷重を負担させたためである．

また，はり要素の軸力，モーメント，応力，板要素の主応力とその方向，節点におけるたわみなど，応力状態の詳細な解析ができるので，ステンレス車両のような薄い外板の応力外皮構造の構体における圧縮座屈および，せん断座屈の対応が容易になった(**図1**)．

さらに，ＡＬＰＳでは**図2**に示すようなズーミング（部分解析）と呼ぶ，構体の一部分を拡大することも可能になり，この結果，集中応力の発生する部分を拡大し，各要素を細分化して，強度や座屈に対する確認を行なうことができる．

立体解析法は，平面解析法と異なり，構体全部，すなわち台わく，側構体，屋根構体および妻（つま）（車端）構体で構成された構造物として，X,Y,Z方向の解析をすることができるので，精度の良い結果が得られる．

立体解析用のプログラムとしては，ボーイング社開発のASTRA(Advanced Structural Analyzer)，あるいはNASA開発のNASTRANなどがあるが，いずれも大形電算機が使用される．

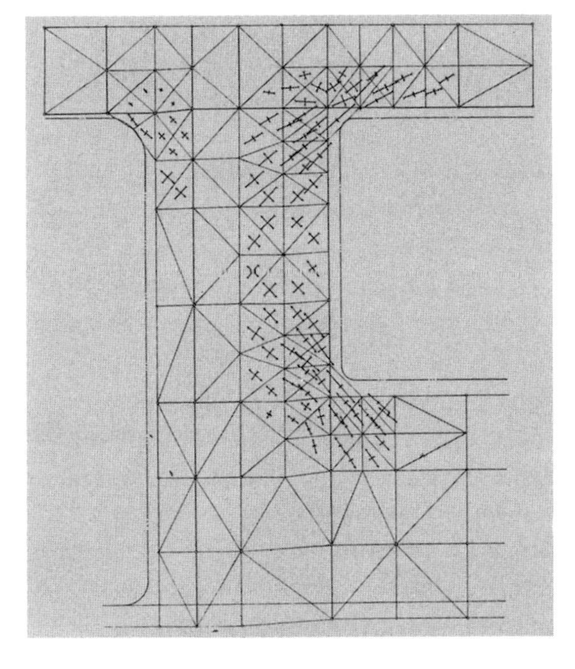

図2　応力線図のズーミング

図3　立体解析による構体，垂直荷重時における変形

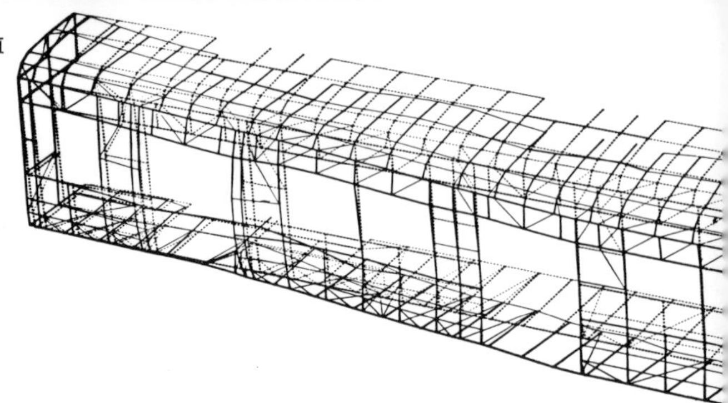

立体解析法では，各部分の板要素とはり要素にモデル化する．すなわち，構体の節点は通常はり部材の結合部に設けるが，必要であれば任意の点に定義できる．しかし，細かく節点を設ければより現車に近くなるが，節点の取りかたいかんによって，演算時間が大きく左右されるので注意を要する．構体は板で囲まれているので，これらの板を節点により囲まれた三角形，または四角形の等方性板要素（平板の場合），あるいは異方性板要素（波形の場合）に分割する．

また，側柱，たるき，長けた，腰おび，横はりなどすべてのはり要素は，オフセットビームで定義し，はりは節点間で2分割されるものとする．オフセットビームは節点当たり，6自由度（X, Y, Z, θx, θy, θz）を持つ部材で，部材中立軸と節点の間にオフセットがあるときに使用する．

解析結果として，板要素については主応力の大きさとその方向，はり要素については軸力および主軸まわりのモーメントが得られる．変位については垂直変位のほか，平面解析では得られない面外変位や，その力などが解析され，各断面変形もつかむことができる．そして，構体全体の変位を，平面，断面，透視図的にいろいろな視点から見ることができる（**図3**）．これによって出入口部や，側窓部などの変位関係を事前に確認することができる．

しかし，立体解析法はその入力データ量が多く，入力するまでの時間がかかり，計画設計時の試行錯誤的な計算方法には適当でない．したがって，東急車輛ではこれら解析を効率的に進めるために，次の設計計算システムによって実施している．

すなわち，1978年に，前述のデハ8400形を製作したが，これは，強度，剛性などを設計目標値に従って各

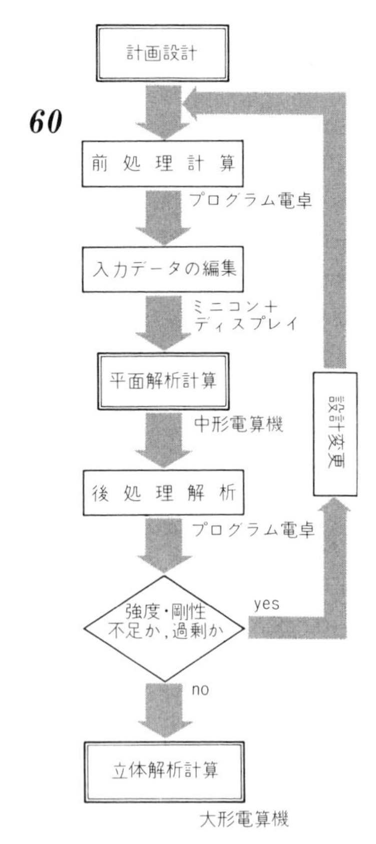

図4　設計計算システム

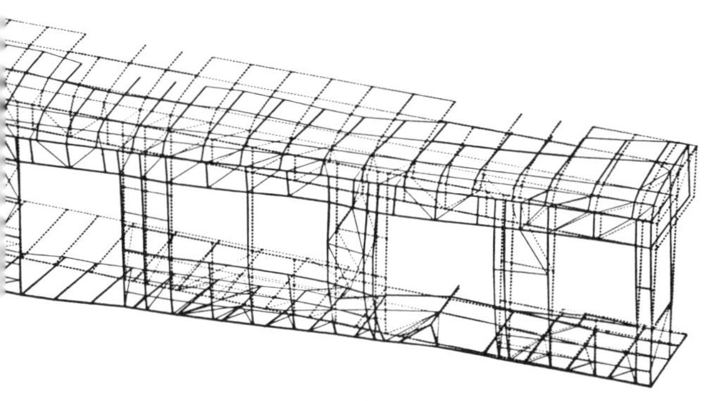

部材にかかる荷重条件を求め，それに必要な最小断面形状を求めた．また，構体を構成する各部材の形状を定め，ALPSによる平面解析を何回も反復計算して計画設計を進め，目標値に達したところで詳細な構体設計を始めた．同時に立体解析を行ない，剛性の確認と，各部分の詳細な強度計算を行ない，さらに構体荷重試験で確認し追求した結果である．

しかし，これを可能にさせた点のひとつは，前述の精度の良い解析法の完成であるが，もうひとつは，それを中心とした入力データ作成のための前処理計算，計算結果の後処理解析，あるいは再計算時のデータ編集などの設計計算システムを効率化したことにある．この前処理計算の主なものは，部材の断面特性計算，梁の計算などであり，後処理計算の主なものは，板の座屈，補強の算出などがある．そして，これらの計算はすべて，磁気カード付きプログラム電卓による計算システムが活用されている．

また，データ編集はミニコンによるディスプレイ装置との対話形式で行なわれている．この結果，**図4**に示すように，断面特性計算などは電卓レベルで，平面解析の入力データの編集はミニコン直結のディスプレイ装置で，平面解析は中形電算機で行ない，チェックをして断面変更をするというループが完成し，最終的に大形電算機による立体解析を行なうシステムである．

このシステムによって，設計者自身が直接設計変更の結果を短時間に知ることができ，また，各部材の細部にわたる強度分析が可能になり，ステンレス車両の最適な軽量設計が，すみやかにできるようになった．

● 鉄道車両構体の有限要素法による構造解析の文献

(1)江口ほか,「鉄道車両構体の3次元構造解析」東急車輛技報No.31(昭51.9)
(2)江口,「ASTRAによる鉄道車両構造解析」FACOM ジャーナルNo.27（昭52.5）
(3)松井，江口,「鉄道車両の構体設計に対する有限要素の適用」日本機械学会誌No.713（昭53.4）
(4)田中ほか,「輸出向地下鉄電車の開発」日立評論VoL.61No.5（昭54.5）
(5)田中ほか,「軽合金とFRP使用の新形軽量電車車体」車両技術No.144（昭54.6）
(6)Mr Botham「グラスゴー地下鉄の設計」Railway Engineer International.（1978. 5/6）
(7)Mr.Tanaka 「高速郊外電車用軽量車体」Hitachi Review Vol. 29（1980）No.1

軽合金車両の設計

軽合金を鉄道車両に取り入れることは，まず部品からはじまった．外国では1923～1930年ころから扉，内張材などに使用された．わが国では京浜急行電鉄の140形電車の荷だな板として使用されたのが最初である.[1)]
しかし，これらはいずれも車両の内装，艤装部品に対する使用であり，量的には少ないものであった．

本格的に構造材として軽合金が使用されたのは1952年のイギリス・ロンドン地下鉄電車が最初であり，つづいて1954年にカナダ・トロント地下鉄電車に使用されている．わが国では山陽電鉄の2000系電車が1962年に初めて軽合金製電車として登場した．以後国鉄の地下鉄乗入れ通勤形301系電車，帝都高速度交通営団の5000系，6000系，7000系 電車，大阪市営地下鉄30系，60系電車，国鉄の951形高速試験電車， 591形振子試作電車，京阪5000系5扉電車，札幌市営地下鉄案内軌条式ゴムタイヤ電車，国鉄381系振子電車，神戸市営地下鉄1000系電車，大阪市営10系電車，東北・上越新幹線 962形試作電車などが製作された．

軽合金車両の特徴

鉄道車両も一般の構造物と同じように鋼製構造としての長い歴史をへて進歩してきた．部材厚さの減少による軽量化には限度があり，より以上の軽量化の要求に対しては，鋼に比較して強度重量比の高い材料を使用しなければ解決は困難になってきた．この要求を満足させる材料として軽合金が認められてきた．軽合金車両はこの流れによって発展してきたのである．

このように車両を軽量化して，これによって電力消費量などの運用費用の節減をはかる目的で軽合金車は増加してきた．とくに地下鉄の場合，電力消費量の節減はトンネル内の温度の上昇防止にも役立つこと，お

材料 (JIS H4000 H4100)	主要化学成分%								機械的性質			記事
	Si	Fe	Cu	Mn	Mg	Zn	Cr	Ti	引張強さ kg/mm²	耐力 kg/mm²	伸び %	
A5052P A5052S	<0.25	<0.40	<0.10	<0.10	2.2～2.8	<0.10	0.15～0.35	—	A5052S－H112 18<	6.5<	20<	屋根骨組 戸
A6063S	0.20～0.60	<0.35	<0.10	<0.10	0.45～0.9	<0.10	<0.10	<0.10	A6063S－T1 12<	6.0<	12<	雨とい，戸窓わく押え面
A5083P A5083S	<0.40	<0.40	<0.10	0.40～1.0	4.0～4.9	<0.25	0.05～0.25	<0.15	A5083P－0 28< 36>	13<	16<	構体骨組 外板
A5005P	<0.30	<0.7	<0.20	<0.20	0.50～1.1	<0.25	<0.10	—	A5005P－H14 14～18	11<	3<	屋根板 床板
A6061P A6061S	0.40～0.8	<0.7	0.15～0.40	0.15	0.8～1.2	<0.25	0.04～0.35	<0.15	A6061P－T6 30<	25<	10<	リベット結合の場合の構体
A7N01P A7N01S	<0.30	<0.35	<0.20	0.20～0.7	1.0～2.0	4.0～5.0	<0.30	<0.20	T4 32< T5 33<	20< 25<	11< 10<	台わく
A7003S	<0.30	<0.35	<0.20	<0.30	0.50～1.0	5.0～6.5	<0.20	<0.20	T5 28<	24<	10<	台わく

表1　鉄道車両に使用される主な軽合金材料

よび車体外板を無塗装で使用することによって工場の塗装設備が不要になり，メインテナンス面での節減も大きいことなどの利点が取りあげられるようになった．このことから新たに建設される地下鉄には，軽合金車が多く投入されるようになってきた．

また東北・上越新幹線用962形試作車は雪寒害防止対策および騒音等公害防止対策としての新機能の増強などのため，新設備，すなわち積載重量が増加することになり，これらの重量を吸収して高性能を発揮させるために，構体は軽合金製として十分な重量軽減を行ない，なお強度剛性の増大をはかる構造として計画し製作された．

軽合金車両の新造費は押出形材の利用などによる製作費の低減を考慮に入れてもなお鋼製車より高価である．しかし軽量化による消費電力量の節減も13%程度は期待できるので，ランニングコストの節減を合わせたトータルコストでは軽合金車が有利であることが認められている．

車両に使用される軽合金材料

鉄道車両の寿命は，航空機，自動車などに比べてはるかに長いために構体構造に使用される軽合金材料は，機械的性質が高いこと，耐食性が良好なこと，溶接性

使用箇所	新標準車両	
	形状	材質
台わく側はり	押出形材	5083
台わく横はり	〃	Al-Zn-Mg
台わく中はり	〃	Al-Zn-Mg
台わく枕はり	〃	Al-Zn-Mg
台わく枕はり	板厚5mm	Al-Zn-Mg
キーストンプレート	〃	5005
長土台	押出形材	5083
側出入口柱	〃	5083
戸尻柱	〃	5083
側窓上帯	〃	5083
側窓下帯	〃	5083
横体強補	〃	5083
乗務員室入口柱	〃	5083
長けた	〃	5083
軒けた	〃	Al-Zn-Mg
たるき	〃	5052
屋根たてけた	〃	6063
けい光灯受座	〃	6063
妻たて雨とい	〃	6063
すみ柱	〃	5083
外柱	板厚2.5mm	5083
屋根板	板厚1.6mm	5005
妻柱	押出形材	Al-Zn-Mg

表2　台わく・構体使用材料（営団6000系の場合）

および押出性の良いことが要求される．車体の外板については，とくに耐食性の良好な材料を使用して，その特性を生かして無塗装外板で使用される車両が多い．現在車両に使用されている軽合金材料[2)]を**表1**に，構体各部の材料使用区分を**表2**に示す[3)]．これらの材料は車両用の特殊材ではない．その材料特性はつぎの通りである．

(1) A7N01（Al-Zn-Mg）系

この材料は溶接構造用合金であって，熱処理合金であるが常温時効性があり，溶接部の強度回復性が良好である．構体構造用材料として広く利用されており，わが国の軽合金車両の発達はこの材料の開発に負うところが多大であるといってよい．

(2) A5083（Al-Mg）系

この材料は耐食性，溶接性のきわめて良好な非熱処理合金である．機械的性質も良好で車体構造用として十分な強度をもっているが，加工硬化しやすい材料であるため押出性にやや難がある．構体の外板，骨組に好んで使用される．

(3) A5052, A5005（Al-Mg系）

この材料は耐食性のきわめて良好な中強度の材料である．屋根，床板などの部材用に使用される．

(4) A6061（Al-Mg-Si系）

この材料は耐食性も良好であり，強度も高く，押出性も良好である．したがって構造用材としては良い材料であるが，熱処理合金であるので，主としてリベット構造の構体に適している．

(5) A6063（Al-Mg-Si系）

この材料は押出性のきわめて良好な材料であるから複雑な形状の押出形状に適しており，内装用材料として広く使用されている．構造用としては雨とい，窓外

表3　軽合金と軟鋼の機械的性質の比較

	SS41	A5052P−H14	A5083P−O	Al-Zn-Mg*(T4)	Al-Zn-Mg*(T6)
引張強さ　σ_B kg/mm²	41	23	27	36	37
伸び　%	17	6	18	16	13.5
降伏点（耐力）　σ_y kg/mm²	24	19	13	25	31
比重　$\sigma\ \rho$	7.85	2.8	2.8	2.8	2.8
ヤング率　E kg/mm²	21×10^3	7×10^3	7×10^3	7.6×10^3	7.8×10^3
σ_B/ρ	5.2	8.2	9.6	12.9	13.2
σ_y/ρ	3.1	6.8	4.6	8.9	11.0
E/ρ	2.7×10^3	2.5×10^3	2.5×10^3	2.7×10^3	2.8×10^3

＊A社データ　板厚6mm

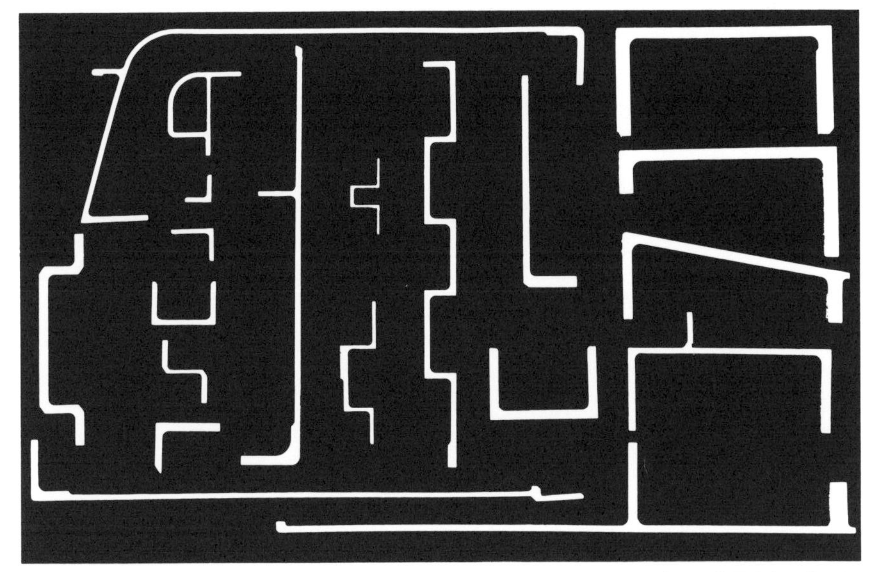

写真1　車両に使用される大形軽合金押出形材の一例（札幌市営地下鉄東西線の場合）

わくなど複雑な断面のものに使用される.

軽合金車両の構体構造

構体材料として軽合金を使用するのは，軽量化をはかるのが主目的である．軽合金は通常の金属のなかでは強度重量比の高い材料であるから，局部集中応力に対する適当な考慮をはらえば，軽量化を行なっても強度的に不ぐあいになることはない．しかし**表3**[4]に示すように軽合金は鋼に比べて，縦弾性係数，比重は約1/3と低いので，すべてを鋼製車と同一関係にすれば比重の差だけ軽くなるが，構体の相当曲げ剛性が低くなり，この点で問題がある.

そこで断面2次モーメントを大きくする工夫が必要である．すなわち，断面積をあまり増さないで断面2次モーメントを大きくし，剛性をあまり低下させないで軽量化をはからねばならない．外板の厚さは鋼製車の板厚の約1.4倍にとれば,せん断力による座屈条件が等しくなるので，鋼板の1.6㎜厚に対して2.5㎜の軽合金板で同等の安定度が得られる.

なお，局部の発生応力については，その発生箇所は荷重試験によって側構の大きな開口部である側出入口および側窓のすみ部であることが明らかであるので，この箇所に大きなRをつけ，適当な補強を取り付けるなどの配慮が必要である.

また，軽合金は押出しによる形材の製作が容易であ

鉄道名および車種		構体重量	車体長	台車中心間隔	単位車長当り重量	相当曲げ剛性	相当ねじり剛性	曲げ固有振動数	ねじり固有振動数
		ton	m	m	ton/m	$Eleq \times 10^{14}$ kg/mm^2	$GJ \times 10^{12}$ $kgmm^2/rad$	Hz	Hz
軽合金車	西独国鉄客車(WMD)	4.87	26.1	19.0	0.186	0.98		7.2	
	西独KBE電車	3.85	23.5	16.3	0.164	0.8			
	トロント地下鉄	6.29	22.3	16.5	0.281				
	山陽2000系	3.8	18.0	12.3	0.211	0.62	28.0	15	6.7
	山陽3000系	3.805	18.3	12.3	0.208	0.60	29.5	12.1	5.8
	営団5000系	5.17	19.5	13.8	0.265	0.60	21.1	14.1	5.51
	国鉄301系	4.6	19.5	13.8	0.235				
	国鉄高速試験車	10.1	44.2	14.15	0.228	0.79	22.3	12.5	6.9
	国鉄新幹線試験電車	7.5	24.9	17.5	0.3	2.8	58.	13.0	11.0
	大阪市交通局30系	4.08	18.0	11.5	0.226	0.5	28.8	11.3	9.5
	大阪市交通局60系	4.43	18.2	11.8	0.234	0.41	24.0	10.0	7.5
	営団6000系1次試作車	5.0	19.5	13.8	0.256	0.75	28.7	17.0	8.0
	営団6000系2次試作車	4.36	19.5	13.8	0.224	0.89	20.4	12.0	4.2
	営団6000系量産車	4.10	19.5	13.8	0.21	0.81		17.0	
	京阪5000系	4.0	18.0	12.0	0.222	0.54	25.4	12.0	5.3
鋼製車	国鉄新幹線電車	8.93	24.9	17.5	0.359	1.73	42	11.3	5.7
	国鉄101系	9.6	19.5	13.8	0.49	1.26	47.7	10.0	6.0
ステンレス車	営団5000系	9.5	19.5	13.8	0.488	1.15	25.4	11.0	5.0
	東急7200系	7.3	17.55	12.0	0.416	0.54	14.3	9.0	2.8
	大阪市交通局30系	8.02	18.0	11.5	0.445	0.645	33.8	13.3	6.0

表4　車両の構体重量と諸特性

るので，**写真1**に示すような押出形材を使用することによって，製作工数の低減をはかることができるばかりでなく，部材肉厚の合理的な配分が可能である特性を生かして，軽量化をはかることができる．**表4**[4]に軽合金車両の構体重量とその諸特性値の一覧表を示す．この表で明らかなように軽合金車の重量は鋼製車の約1/2である．

また，相当曲げ剛性も軽量鋼製車にほぼ近い値を示している．なお乗心地に影響の大きい曲げ固有振動数については，軽合金車の構体の試験値は比較的高い値を示している．これは乗客が加わった定員乗車の重量になったとき，同じ条件の鋼製車とほぼ同等の値を示すものである．

構体の強度，剛性については設計段階で強度計算を行なって部材寸法を決定する．最近は有限要素法による3次元構造解析により，さらに詳細な計算方法が実用化されており，構体荷重試験の結果との比較から従来以上の軽量化に対する合理的設計がなされるようになってきた．

構体の構成法についてはリベット組立構造，溶接組立構造などが考えられるが，鋼製車の製作がリベット構造から，より能率的な溶接構造へ進歩してきた経験からも，軽合金車の製作も当然溶接構造によるべきであり，わが国においては当初より溶接構造を前提として開発が進められた．また，溶接技術の向上と溶接構造用材の開発改良もあって，溶接構造構体の製作は安定なものになった．**図1**に構体構造の代表例を示す．

一般車両の構体構造の詳細はつぎの通りである．

(1)台わくおよび床構造

台わくは，ある程度のたわみは許容できる部分で，剛性よりも強度を優先して重量軽減をはかるべきであり，耐力の高い材料を使用して，できるだけ部材の断面積を小さくすることが望ましい．この目的に合う台わく部材にはAl-Zn-Mg (7NO1) が多く用いられる．

床構造は軽量鋼製車の基本となっている国鉄形のキーストンプレートのフォーミングロール機で成形したA5005 Pのキーストンプレートを使用している．

(2)側構体および妻構体

側構体は窓，扉などの可動部分がその構成のなかに含まれるので，これらの開閉機能を円滑にするためにたわみをあまり許容できない部分である．したがって，剛性の高い構造を考えるべきであり，このために主要部材の外板は平面外板を使用し，骨組とは抵抗スポット溶接による結合として応力外被構造をとっている．

図1　車体の構造

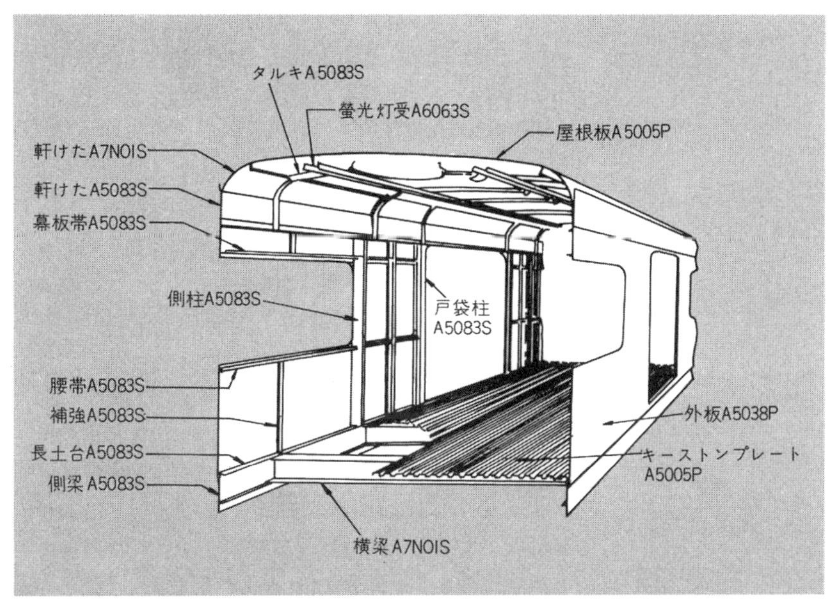

写真２　帝都高速度交通営団千代田線6000系の構体

側構の外板材料は非熱処理合金の A5083P が多く使用されており，骨組材料としてはAl-Mg-Si系のA6061，Al-Mg系のA5083とがあるが，溶接構造の場合は外板との溶接性も考慮してA5083を使用している.

妻構は側構と同じ構造でA5083の外板と主として同材の骨組とを抵抗スポット溶接で結合して構成する.

屋根構は構造的には側構と変わらないが，側構に比べると強度負担が少ないので，部材の軽量化をできるだけはかっている．屋根板は厚さ1.6mmのA5005であり，骨組は厚さ３～４mmのA5052が使用されている．骨組の結合はMIG溶接を用い，屋根板の骨組への取付けは抵抗スポット溶接を全面的に使用している.

(3)構体の総組立

構体の総組立は通常，上記のようにして部分的にそれぞれの治具内で溶接組立された台わく，側構，妻構，屋根構を総組立治具内で所定寸法位置に組み上げるのである．この方法は鋼製車でも通常とられてきた構成法であり，軽合金車に特異な方法ではない.

最近の軽合金車両はこの方法とはやや趣を異にした構成法をとっている．まず下弦材として側はりに大形形材を使用して組み上げた台わくをおき，大形押出形材を組み合わせた軒けた,長けたと屋根構とを溶接で一体に組み上げた上弦材を所定の間隔で設置して，この間にあらかじめ出入口内の寸法に組み立てた側構をはめ込んで上下を連続溶接して組み上げる．このようにして

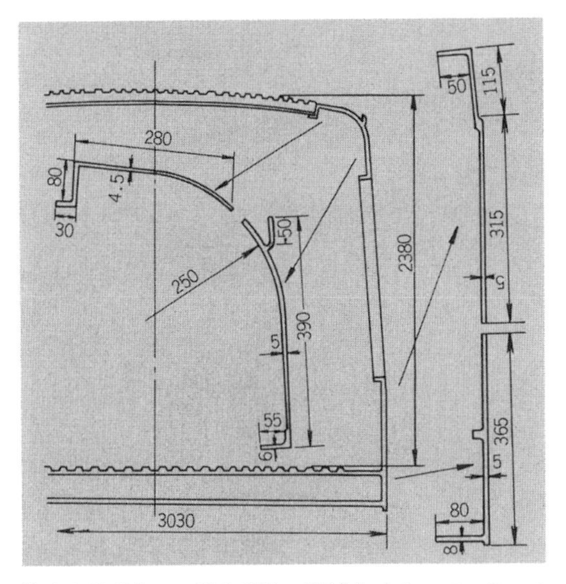

図2　案内軌条式電車の構体断面

構造を簡素化し，組立工数の節減をはかっている．この方法で最初に組み立てたのが帝都高速度交通営団千代田線6000系の構体で，この構成法はその後の軽合金構体の標準構成法になっている(**写真2**).

また，札幌市交通局の地下鉄用の案内軌条式ゴムタイヤ電車は，側窓寸法が大きいこともあって窓下の腰部高さが低くできるので，台わく側はり上部に大形押出形材をもうひとつ溶接で組み合わせ，腰板相当部も窓帯まで含めて形材だけで構成して，これを下弦材とし，大形押出形材の軒けた，長けた，屋根構を一体に組み上げた逆U形の上弦材との間に,入口柱に相当する形材をはめ込んで溶接組合わせで構体を構成する．この構成法によると側構には板材は一切使用せず，押出形材だけによって構成される．**図2**にこの構体断面図を示す.

なお，東北・上越新幹線用962形試作電車は，ボディマウント構造として構成されるので，車体は床下まで覆うことになり，スカート部分も構体構造に取り入れた実質的な大形化とした．屋根は現在の外かく覆いの位置まで上げて上方にも大形化した．台わくは機器装架用として車体の最下端に機器用下台わくを設けたので，客室の床部高さにある上台わくが通常の台わくとして構体の強度分担の構成部材であり溶接組立されている．側構体は屋根部分から床下機器の下まで大形のまま一体に組み立て,全体として軽量化をはかってい

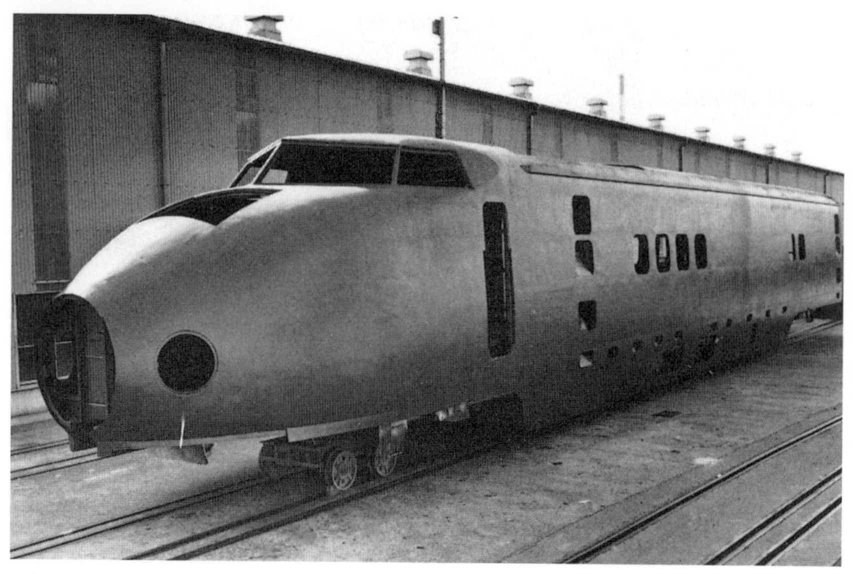

写真3　962形新幹線試作電車の大形構体

る．構体上部にはA7003材の大形形材を使用，これより下台わくまではA5083材の外板を張った構成になっている．

なお，この車体は大形であるとともに500mm水柱の気圧負荷を考慮に入れたことが従来の一般車両とは異なっている．**写真3**に962形の構体を示す．

これらの構体構成法は軽合金の押出性の良好な特徴を有効に利用したもので，大形押出形材も組み合わせることにより，簡素な構造として組立工数の減少をはかっている．

なお，最近ヨーロッパにおいては，大形形材を使用して製作工程を短縮した構体構造にすることにより，製作費（材料費＋工作費）を，一般の鋼製車と同等以下にする試みがなされ，実用車両が製作され運用されるようになった．この構成法は屋根，床に大形形材を車体長手方向にMIG自動溶接により結合して構体とする方法である．

すなわち，床については中空の大形形材を使用し，これを長手方向に並べて自動溶接により結合して横剛性をもたせることにより，横はりをなくしたのである．また，屋根も大形形材を長手に並べて溶接結合し，上弦材として剛性の高い構成にしている．

これらは，パリ地下鉄（RATP）のMF77の車両，ドイツ国鉄のプッシュプル客車，ミュンヘン地下鉄電車などに適用されている．このことは注目すべきことである．

軽合金車両の導入検討において，運用費など総合的に考えてトータルコストでは経済的であることが認識されても，なお製作時の購入価格が高価につくということだけで軽合金車両に踏み切れない問題は解決できるものと考える．軽合金車両が鋼製車とほぼ同一の価格で製作できることは，軽合金車両の未来をさらに明るくするニュースである．

軽合金車両構体の溶接

軽合金車両構体の溶接[2]は,アルゴンアーク溶接と抵抗スポット溶接によって行なわれる．アーク溶接はMIG溶接を主に用いるが，薄板の一部と手直しの場合にはTIG溶接を使用している．台わくの組立，側構，妻構，屋根の骨組の溶接および外板の板相互の継合わせ溶接にはMIG溶接が用いられ,外板と骨組との溶接には抵抗スポット溶接が用いられる．床のキーストンプレートを台わくへ取り付ける溶接および抵抗スポット溶接のできにくい外板と骨組の溶接には，MIGスポット溶接が使用される．

軽合金の溶接について問題になるのは，溶着部に発生する気孔と溶接割れである．気孔発生防止には母材の汚染防止と電極線の管理とともに，溶接前処理を十分確実に行なう必要がある．なお，溶接姿勢についてはできるだけ下向きにするよう配慮が必要である．

溶着部に発生する溶接割れについては，とくに割れ感受性の比較的高いAl-Zn-Mg系合金(7N01)に対して考慮をはらわねばならない．Al-Zn-Mg系合金に対してはZnとMgの量を母材とほぼ反対にした，いわゆる逆転形の電極線が最適とされているが，これを用いてもなおクレータ割れは発生し，ときとしてはビード割れも発生する．

Al-Zn-Mg系合金の溶接にAl-Mg系の電極線(E-5356)を使用した場合，溶接割れ防止にきわめて有効であることを試験により確認している．また，この合金のT4処理材とT6処理材の溶接部分の強度についても試験検討されたが，T4，T6材ともに大差はない．そこで台わくのように複雑な応力のかかりかたをする強度部材にAl-Zn-Mg系合金(7N01)を使用する場合には，T4材を使用し，電極線としてはAl-Mg系(E-5356)を使用すること

写真4　帝都高速度交通営団有楽町線の7000系電車

写真5　札幌市営地下鉄東西線の6000系電車

がよいと考える．ただし，この場合には溶接割れのきわめて少ない溶着部を得ることができるが，Al-Zn-Mg系電極線を使用する場合よりも，ある程度の強度の低下は考慮に入れておかねばならない．

車体外板の表面仕上げ

軽合金車両の外板は，軽合金本来の耐食性の良好な特質を生かして無塗装で使用する場合と，鋼製車と同様に着色塗装して使用する場合とがある．

(1)無塗装車

構体組立後最終的に外板の表面をステンレスワイヤブラシによって一様なヘヤライン仕上げを施した後，表面に不活性の酸化膜を形成させた状態で使用するのである．帝都高速度交通営団(**写真4**)および大阪市交通局の軽合金電車はこの方法で運用されている．

(2)着色塗装車

鋼製車と同じように着色塗装を施して運用するのである．まったく鋼製車と同一のメインテナンスを考えればよい．着色塗装の軽合金車両は重量軽量化に加えて美しい外観を得ることができるので，今後そのような使用が増加すると考えられる．着色塗装車の例として，**写真5**に札幌市営地下鉄6000系ゴムタイヤ電車の外観を示す．

＊　＊　＊

軽合金車両がわが国に誕生してから約20年，東北・上越新幹線電車も軽合金車で誕生する日も近い．今後も車両の軽量化，輸送の経済性，保守の合理化など時代の要求によって進歩発展してゆき，軽合金車両に期待されるところは大きい．

参考文献

1）車両と軽金属，(1955)　車両用軽金属委員会
2）星　晃，軽金属，Vo.22，No.5，(1972)
3）里田啓，車両技術，118(1971)
4）塔本，坂口，溶接学会誌，40，(1971)

旅客車のインテリア設計

旅客車というもの

旅客車（旅客輸送用の客車，電車，気動車の総称，「人」と密接な関係があり，乗客に好感を与える車両）のインテリア設計をすすめるために,「人間と関連したものの機能」を十分に配慮しておく必要がある．

鉄道車両は不特定多数の乗客を対象とし，公共性をもっているとはいえ，ひとたび乗車して座席を確保すれば，専有感は深まり，手の届くところは自由に扱えるので，なかにはつれづれなるままに，必要としないものまで動かしたり，引いたり押したり，力を不必要に加えたりする場合も起こる．長時間乗車による疲労の回復のために，身体を支え直す場合もあろう．それらが破損や故障の原因になり，ひいては車両事故に関係するようなことになっては大変である．したがって，予想できる限りの悪条件を仮定してデザインしなければならない．

また，乗心地は良くなったといっても，高加減速運転の機会が増え，振動に対する配慮が必要である．

鉄道車両の耐用年数は非常に長く，その間２～４年ごとに定期修繕で工場にはいる．しかし近年，取り扱う車両数が増え，人手不足もあって，インテリア関係はかなりメインテナンスフリー化が要望されている．

客室のレイアウト

旅客車は，座席車が大部分であるが，乗車時間や混雑度によって座席配置が異なってくる．

乗車時間が短く，混雑度のはげしい通勤通学用途の場合には，座席は側窓に沿った長手腰掛（縦形・ロングシート）が普通である．混雑度合が少なくなれば，次第に横形腰掛（クロスシート）を増していき，観光的，長距離，長時間乗車といった性格が増すにつれてほとんどが横形腰掛になり，それも向かい合わせの腰掛から，一方向を向くような転換腰掛や回転腰掛になり，姿勢の変化が容易にできるリクライニングシートへと進んでゆく．

一方，出入口は片側に4か所設けられ，扉は両開き式で，出入口幅も 1.3m が通勤電車の代表的な姿になり，混雑度と投入線区の事情から3扉と変化し，さらに，乗車時間が長く乗降時間が多少かかっても，あまり影響のないものは2扉になり，1扉へと変化している．扉幅も両開きの必要がなければ片開きが採用される．幅は1m，0.7mが多い．

また窓も，気候の良い季節には開閉自由な側窓がよく，冷房設備が完備し，換気方式が良ければ固定窓化が可能になる．

通勤車では車内全部が客室であるが，長距離，長時間乗車の特急や急行の車内は，客室のほかに出入台(デッキ）や便所，洗面所が追加され，車掌のいるような業務用（プライベイト）の部屋もレイアウトされなければならない．

座席車でも寝台車のように側廊下があって，座席が区分室になっている例が，ヨーロッパでは多い．鉄道の発達経過や国情によるものと考えられるが，一長一短があり，優劣をうんぬんするものでもあるまい．

西ドイツ国鉄の代表的高速列車ET403形では，車両によって使いわけ，混在している．先頭車は区分室タイプであり，中間は開放室タイプである（**図1**）．多勢の乗客が入口からはいって，一方に流れるか，左右両側にわかれて流れるかといった人の動きから，客室のレイアウトを眺め，整理すると**図2**のようになる．

通勤車のインテリア

大都市圏の輸送力の基幹ともなっている通勤電車のインテリアは，国鉄，私鉄とも設計条件がきびしいので，おのずと相似たものになる．

図1　西ドイツの都市超高速列車ET403形

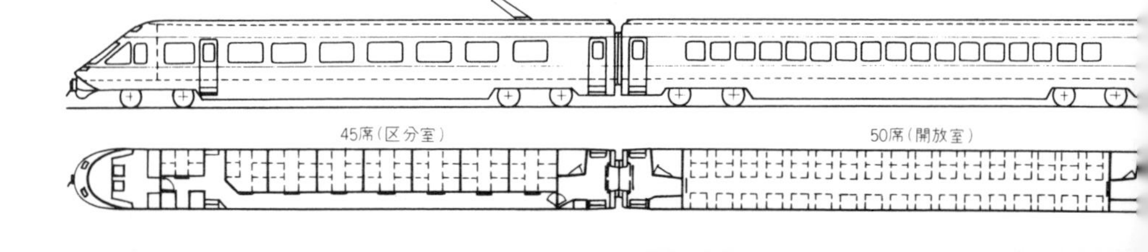

前述のように，4扉，両開きでロングシートを設け，腰掛の前には吊革が並んでおり，多くは開閉窓とクーラがあり，腰掛そでのスタンション（つかみ棒）や荷棚前棒があって，混雑時には立っている乗客が身体を支えることができる設備をもっている．しかし，詳細に比較するとかなり違った点に気づく．

扉はステンレス製とし，内面はバフ仕上げに対して，化粧板を使用して閑散時における色彩を配慮し，あるいは逆に外面までステンレス肌を生かして無塗装に徹している私鉄もある．扉のガラスの大きさは，ガラス破損や，戸袋に指を引き込まれる危険性や，地下路線の延伸にともない沿線風景を気にする割合が減ったことなどから，小形になる傾向がみられ，戸袋窓も廃止される傾向がある．扉数を増した5扉車も誕生している．

腰掛は，接客上かなり重要視されている．したがって，掛心地や乗心地の点に重点がおかれ，一般に座面高さが少し低く，奥行が少し深く，やわらかいようである．これらの相違は，車体幅，超混雑時の対処，保守体制などによると考えられ，設計者が掛心地のよい腰掛を提供しようと努力している点は変わらない．

国電の新しい103系や201系の通勤車には，かなり人間工学的研究が取り入れられており，コンディションは良いほうであろう．

あまり座面高さが低いと，座った客の足が前に出て，立っている客の迷惑になる．

吊革は，ビニロン繊維と綿織布を芯にした塩ビ系のベルトにポリカーボネートやユリア樹脂の輪のついたものが多くなったが，あまり長いと降りる客などが手を離すときに別の客の頭や眼鏡に当たって，けがをさせたり眼鏡をこわすおそれがあるので，最近は短いものが多くなった．高加速，高減速運転によって，よろけるときも短いほうが有利である．よろけ防止のため，出入口の上部にレール方向にも枕木方向にも増設して

図2　出入口位置と乗客の動き

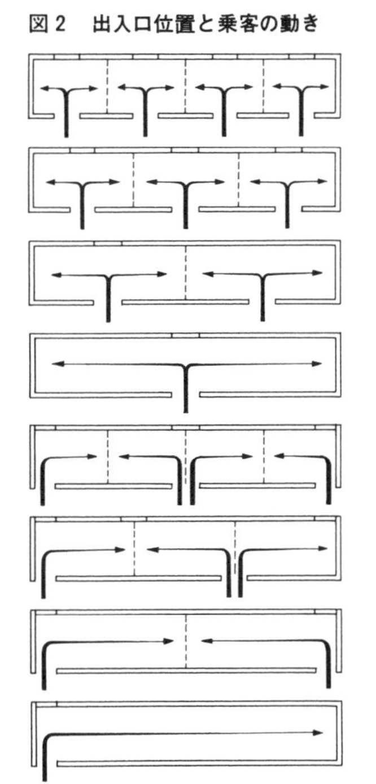

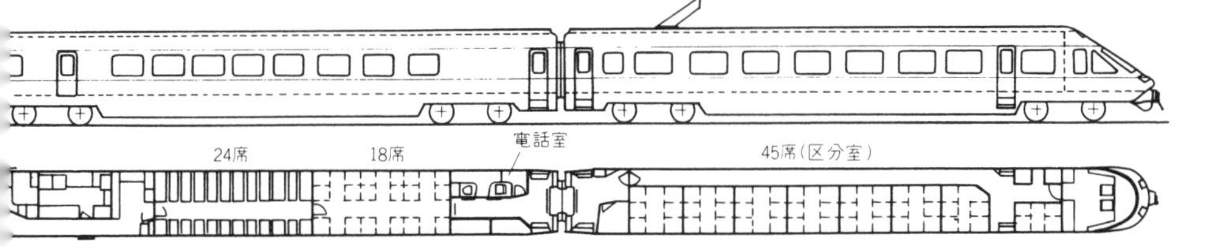

写真1　新しく新幹線電車に採用されることになった離反形（背面式）座席配置

いるが，ここの吊革の高さは一般部分より少し高くして，頭のじゃまにならないように考えられている．

旅客車の窓は，国鉄と私鉄とではかなり違っている．これは，混雑度の相違と下降窓の取扱い，それに保守条件の相違によるものと思われる．国鉄では，上窓下降，下窓上昇の2枚窓が多く，私鉄には下降窓車が最近多くなった．下降窓の車両は上昇窓式の車両に比較して，窓下部分の車体骨組の腐食がはなはだしく，腐食防止対策を十分行なう必要がある．

窓としては，上部から風がはいれば，立っている客に良く，座った客は髪が乱れず都合がよい．1枚下降窓は横桟がなくてすむので，見ばえがよい点が評価されている．

窓は混雑時の換気量を確保するため，走行風を取り入れる場合に必要であるが，冷房，遮音効果を上げるため固定化される場合もある．しかし，春秋のさわやか季節の涼風感を楽しむため，開閉式は日本の気候風土には合っているように思われる．

天井高さは，クーラーが取り付けられるようになったので最近は低くなって，2.2～2.3m である．天井は蛍光灯，冷房吹出口，扇風機，または横流ファンが取り付けられても凹凸の少ないようデザインされている．天井にはこのほか広告が掲示されるので，あらかじめ念頭においてデザインする必要がある．側窓上部は広告紙を取り付けやすくするくふうを，また天井中央に吊り下げるときは見られやすい位置に配置する．

照明は，蛍光灯を2列に連続，または間隔をあけて配置するのが普通であるが，フランスのマルセイユやリヨンの地下鉄では，天井板(メラミン化粧軽合金板)を貼らないで，ルーバ式になっている．蛍光灯2列は直下にいけば見えるが，少し斜めになると見えない．読書面の照度は十分であるが，天井面は暗い．

特急車のインテリア

特急用車両のインテリアは，乗車時間が短い私鉄の場合は車体を特徴づけたレイアウトにし，独特のサービスを配慮したものにしている．乗車時間の長い国鉄の場合は，できるだけ標準化につとめている．しかし，単一化したデザインでは魅力がない．いずれも代表的列車とするために，インテリアには格別の注意が払わ

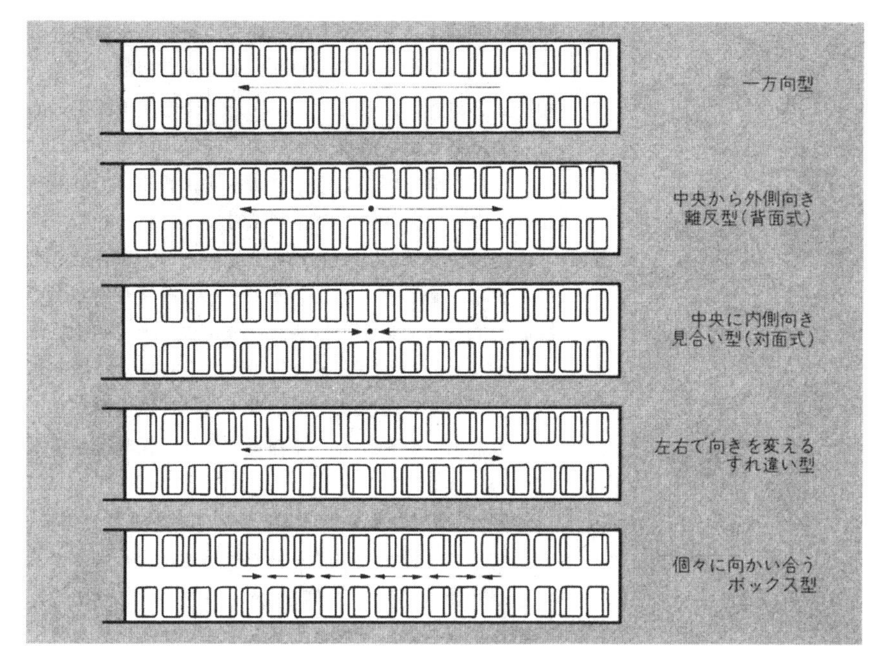

図3　固定座席の組合わせ

れなければならない.

特急車は停車駅が少ないので，出入口は片側1～2か所とし，車端寄りに設けられる．出入口と客室との間に仕切りを設けると，遮音，遮熱ができてよいが，座席を有効に配置して定員を少しでも確保するためには,がまんしなければならない場合もある．便所や化粧室は，客室と離して臭気が気にならないようにしたいので，出入口をはさんで客室の反対側に設ける.

客室は，デラックスムードを出すために腰掛が大きな要素を占める．多くは，進行方向に向けられる回転式や転換式が採用されているが，ヨーロッパなどでは多くの車両が向合いの固定座席を採用している.

この場合，進行方向に向く座席と逆向きの座席の組合わせ方法としては，客室を前後に2分割し，半室それぞれを中央に向けた見合い形(対面式)，中央から外側に向けた離反形(背面式＝**写真1**),通路をはさんで左右にわけたすれ違い形など多くの組合わせがあり，いずれも実在する(**図3，図4**)．好みもあり，国民性や習慣もあるので，どれがよいとはいえまい.

いずれにしても，同じ方向に向くと背が傾斜し，足

図4　フランス国鉄のコライユ客車の見合い形(対面式)座席配置

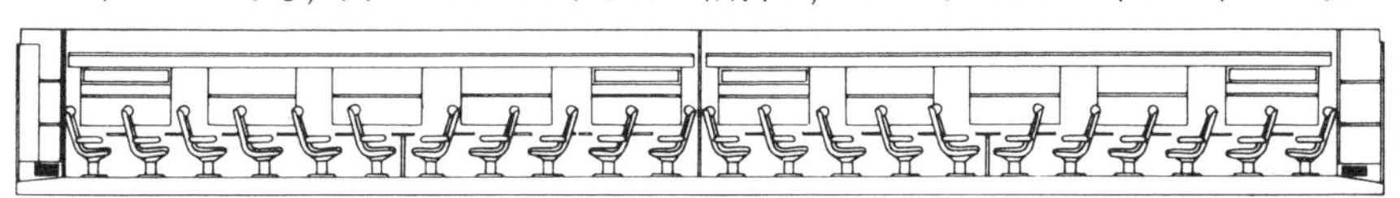

を前に伸ばすことができて快適な姿勢をとるのにつごうがよい．向合いの場合だと，前の乗客の足と交差させないと足が伸ばせないし，背を倒すと後の腰掛に当たって快適とはいえない．腰掛間隔は広いほうが良いが，定員が減ってしまう．腰掛間隔は普通車で0.9～1m，グリーン車で1.16mである．

腰掛は背を倒し，いわゆるリクライニングさせるといろいろな姿勢をとることができ，快適度が増すので好評である．回転式腰掛をリクライニングシートにするときは，背ずりフトンなどを1人分にして機構を設ければよいが，転換式腰掛は背ずりに転換機構がすでにあるため，機構がかなり複雑になり，実施例は少ない．

側窓は,冷房効果を上げるため固定窓が普通である．したがって，停電時やクーラー故障の場合も考慮することが必要で，一部に開閉できる窓をつけたりする．

窓の大きさは，座席2列分を1窓にすると大きくて眺望がよく，横長にすると車窓に流れる景色も見やすいが，万一破損でもすると交換に手間どる．座席1列分にすると眺望はせまくなるが，何となく自分たち2人の窓だという独占欲が満足されるためか，好評のときもある．

乗客の荷物は自分の手もとに置きたい気持があるので，荷物棚は下から存在を確認できることと，降りるときに忘れものをしないよう見えていることが必要である．ふつうはほこりがたまらないよう棒式にするが，箱式にする場合は一部が下からのぞけるよう配慮している．

車内の壁面は，天井を含めてメラミン樹脂化粧軽合金板であるが，成形上，ＦＲＰにすることもある．メインテナンスの容易さから無塗装化も要求され，前記化粧板以外は軽合金アルマイト仕上げやステンレス板が多い．

色彩調節やムードづくりから考えてあまり冷たく，取付けねじが多いという批判も高まりつつある．そこで最近の新車では，これらの欠点を順次除去する方向で設計している．

寝台車のデザイン

寝台車は，ホテルなみに安らかな睡眠がとれるよう

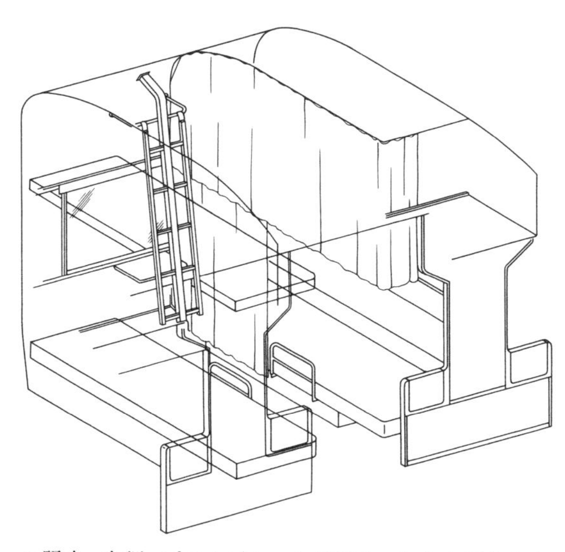

図5　2段式寝台客車

に騒音, 空調, プライバシーを尊重し, しかも限られた空間のなかでまとめる必要がある. 乗車してすぐ寝るわけではないから, 就寝前と起床後に腰掛けるものが必要である. また, 睡眠中の盗難防止も配慮して手回り品の置場や小物入れをくふうし, 旅客の使い勝手を考えながら枕もとの寝台灯やカーテンによる遮蔽を見直すことが大切である.

寝台の寸法やクッションは, レイアウトによるが, おおむね日本人用としては長さ1.9m, 幅0.7～0.9m である. 2段式のときは, 下段は前述の理由で腰掛としても使わなければならないので, 座ぶとんの構造に近い. 上段はマットレスでやや薄い. 寝室の高さには制限があるので, 下段の床面からの高さを小さくし, 上段の寝台わくとマットを薄くして, 着換えなどの動作空間の確保に努めている(**図5**). 3段式の寝台ではさらにきびしい. 下段を低くし過ぎると, 床のほこりを吸う感じになり, これも好ましくない.

寝台は, 客車B寝台のように枕木方向に配置されたものと, 客車A寝台や電車B寝台のようにレール（長手）方向に配置されたものとがある. 前者の場合は, 寝台幅が腰掛の奥行としては大きすぎるので, 背もたれとして別の物が必要になる. 後者の場合は, 寝台を昼間は向かい合わせ座席に使用するため, それを本来の寝台に直すのに手間どってはならないから, 職員が操作するのか乗客にやってもらうかを考えて装置を設計する必要がある.

寝台灯は手もとで扱いよく，寝台カーテンは合わせ部分や吊下金具の隙間に留意し，寝台から落下しないように安全棚や安全ベルトを設けて，扱いやすく危険のないようにしなければならない．寝台はしごも扱いやすく危険のないものにしなければならないが，不要時の置場あるいは処置を考える必要があり，国鉄のB寝台車では，側窓の中央で目ざわりではあるが，あまり見苦しくないようにくふうしてある．

上段の寝台わくはFRP製か軽合金製である．寝台車はとかく重心が高くなりがちなので，軽量化する必要がある．省力化のため上段を（3段式では中段）寝具をセットしたままで水平に昇降させる装置を設けたものもある．

食堂車のデザイン

のんびりと旅路の楽しさを味わいながら食事をする食堂車は，インテリアの自由度が高い．しかし，調理室はせまいので，働く人間が順序よく動作できるスペースを考慮してレイアウトしないと作業能率が低下する．とくに動揺しているなかでの作業であるから，調理台から滑り落ちないようにするなど特別の配慮が必要である．

わが国には例がないが，フランス国鉄ではグリルエキスプレス(**写真2**)，西ドイツ国鉄ではクイックピックと呼ばれるセルフサービスの食堂車がある．好きなものを陳列ケースから取り出して，会計台のところで代金を支払い，テーブルにつくのである．あたたかい料理は，あらかじめ申し出ておけば，レンジで温めてくれる．食堂車のデザインは，世間のニーズによって，形を変えていくことであろう．

写真2　フランス国鉄のグリルエキスプレス

第3章
動力と動力伝達装置

車両用主電動機の種類と特性

主電動機の条件と種類

電気車両に用いられる主電動機として，まず第一に性能上，次のようなことが要求される．

①広い速度範囲で高能率で使用できること，

②速度制御が容易にできること，

③起動時および勾配線区で大きな引張力（回転力）が得られること

④並列運転時の負荷の不平衡が少ないこと

⑤電源電圧の急変に対して安定であること

次に，構造上要求されることとしては，

①取り付ける場所が制限されるので，小形で軽量であること

②一般に台車に取り付けられるため，雨水や塵埃による汚損がはなはだしいので，耐水性や耐塵性があること

③走行時の振動，衝撃に対しても耐えること

④点検，着脱に便利であること

などがある．

これらの諸条件を満足する主電動機としては，従来から直流直巻電動機が広く用いられている．交流電化が進み，直接式としての交流整流子電動機が，また間接式（整流器式）として直流直巻電動機に脈流対策を行なった脈流用の直流電動機などが使用されている．この脈流電動機も性能および構造とも直流電動機とほとんど同じであり，最近の国鉄の車両では，直流専用車両でも脈流対策を施した電動機を共通に使用している例が多い．

また，電力回生ブレーキを使用する場合は，分巻特性が要求されるため，直流複巻電動機が使用されることが多い．最近では半導体技術が進歩し，とくにサイ

MT200B形新幹線用主電動機

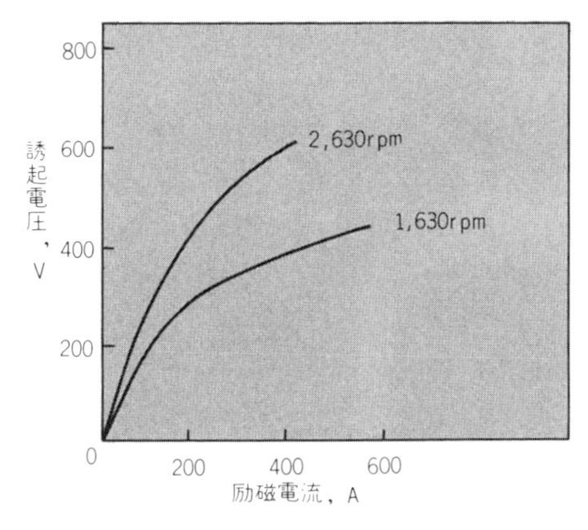

図1　無負荷飽和曲線(MT54B)

リスタとその応用技術が進歩し，サイリスタと同期電動機あるいは誘導電動機とを組み合わせたいわゆる無整流子電動機の研究開発が進められている．

主電動機の特性

ここでは，車両用主電動機として広く用いられている直流直巻電動機について説明する．直流電動機の逆起電力E_c（V）は回転数$\boldsymbol{n}$と界磁の磁束$\boldsymbol{\Phi}$に比例する．

$$E_c = K\Phi n = E - IR \quad \cdots\cdots(1)$$

ここで，K：比例定数．

また，出力P_o（kW），回転力τ(kg·m）は次のように表わされる．

$$P_o = E_c I \times 10^{-3} \quad \cdots\cdots(2)$$

$$\tau = \frac{60}{9.8}\cdot\frac{E_c I}{2\pi n} = 0.974\frac{E_c I}{n} \quad \cdots\cdots(3)$$

界磁巻線に流れる電流と，それによって生ずる界磁磁束との関係は，電動機を一定回転数で発電機として回転させたときの発電電圧と界磁電流との関係から求められ，**図1**のようになる．これは無負荷飽和特性曲線と呼ばれるもので，界磁の巻数や主電動機の鉄心構造などによって異なるものである．図でも明らかなように，励磁電流のある範囲までは比例的に上昇し，電流が大きくなると電圧は飽和してくる．この電圧は，(1)式より磁束$\boldsymbol{\Phi}$とτに比例しているため,磁束と励磁電流の関係を表わすものといえる．すなわち，直巻電動機では，励磁電流は回路電流であるため，$\boldsymbol{\Phi}$がIに比例する範囲では，(1)式より

$$n = k_1\frac{E - IR}{I} \quad \cdots\cdots(4)$$

ここで，k_1：定数．また，(1)式および(3)式より，

$$\tau = k_2 I^2 \cdots\cdots(5)$$

（ただし，k_2は比例定数）と表わすことができる．また，ΦがIに比例しない範囲でも近似的に，

$$\tau = k_2 I \cdots\cdots(6)$$

となる．すなわち，(4)，(5)，(6)式から，電流の大きいときは回転数は低く回転力は大きい．電流の小さいときは回転数は高く回転力は小さい．これは，車両に要

表1　電車用主電動機主要諸元表

項目 ＼ 形名			MT40	MT46B	MT54	MT55	MT58
方式			直流直巻補極付き	脈流直巻補極付き	脈流直巻補極付き	直流直巻補極付き	直流直巻補極付き
動力伝達方式			一段歯車減速	中空軸可とう式	中空軸可とう式	中空軸可とう式	中空軸可とう式
装架方式			釣掛式	台車装架	台車装架	台車装架	3点支持台車装架
一時間定格	出力	kW	142	100	120	110	120
	電圧	V	750	375	375	375	375
	電流	A	210	300	360	330	360
	回転数	rpm	870	1,860	1,630	1,330	2,130
	界磁率	%	100	70	100	85	90
	風量	m³/mm					
最弱界磁率		%	60	35	40	35	40
絶縁種別		A/F	B/B	特B/H	F/F	F/HまたはF	F
電機子	D×L	φmm×mm	480×220	360×150	360×165	380×165	330×155
	みぞ数		41	38	42	38	42
	全導体数		492	456	420	456	336
	毎糎装架	AC/cm	343	302	334	315	292
	電流密度	A/mm²	3.65	5.9	5.88	6.02	7.54
	巻線方式		波-2	重-4	重-4	重-4	重-4
整流子	直径	φmm	420	290	290	300	250
	周速	m/sec	19.1	28.2	24.8	21.2	27.5
	片間電圧	V	12.25	6.58	7.12	6.57	8.9
主極	巻数		18+27	33	23	30	21
	空隙	mm	6	4	4.5	5.5	3.5
	毎極装架	AT	9,450	6,930	8,280	7,150	6,800
	電流密度	A/mm²	3.68	3.02	3.27	3.2	3.87
補極	巻数		37	18	17	19	14
	空隙	mm	6	6	6.6	6.5	4.6
	毎極装架	AT	7,770	5,400	6,120	6,270	5,040
	電流密度	A/mm²	2.68	4.15	3.54	3.9	4.5
主極AT/電機子AT		FF	1.46	1.62	1.75	1.52	1.80
		WF	0.88	0.695	0.70	0.63	0.72
備考			旧形電車用	新性能電車（初期のもの）	中・長距離電車用	通勤電車	振子形特急電車（381系）用

求される条件に適したものである.

一方，(1)式で界磁の電流を小さくすれば Φ は小さくなり，n は大きくなる．これは弱界磁制御と呼ばれ，弱界磁の程度を示すものとして，

$$弱界磁率 = \frac{弱界磁時のAT}{全界磁時のAT} \times 100(\%)$$

で示される.

同一回転数で全界磁と弱界磁の電流を比較すると，

MT60	MT200A	MT42	MT101	MT52	MT56
脈流直巻補極付き	脈流直巻補極付き	直流直巻補極付き	脈流直巻補極付き	脈流直巻補極付き	脈流直巻補極付き
中空軸可とう式	可とう歯車継手式	一段歯車減速	一般歯車減速可とう式	一段歯車減速	中空軸一段歯車減速可とう駆動
台車装架	台車装架	釣掛式	台車装架	釣掛式	台車装架
150	185(連続定格)	325	510	425	650
375	415(〃)	750	660	750	750
445	490(〃)	470	832	615	930
1,890	2,200(〃)	800	1,110	850	1,260
85	90(〃)	100	100	100	85
	10%(永久分路)	50	80	70	80
40	F	60	40	40	40
F	F	特B/特B	F/F	F/F	F/F
360×170	350×225	670×210	520×245	540×70	580×275
42	38	57	51	62	75
336	304	342	612	496	600
330.7	338	368	484	450	510
5,871	5.91	3.48	6.3	6.75	5.81
重-4	重-4	波-2	重-6	重-4	重-6
280	250	570	400	420	450
27.1	28.8	23.8	23.9	18.7	28.2
8.93	10.9	17.5	12.9	12.1	15.0
21	19	12+18	18	23	16
5	6.5	7	5.5	5.0	7.0
7,944	8,390	14,100	11,880	14,200	12,640
4.14	3.28	2.61	4.38	4.29	3.85
14	13	30	11	21	12
6.5	8.5	7	7	7	9
6,230	6,370	14,100	8,525	12,960	11,160
4.64	3.59	2.35	5.62	4.9	5.37
1.70	1.80	1.46	1.81	1.48	1.63
0.68	—	0.88	0.77	0.592	0.768
チョッパ電車用(201系)	新幹線電車用	EF58 EF15	ED71	交，直流一般用	高速高出力(EF66)用

図2　速度―引張力特性（国鉄113系1ユニット当たり）

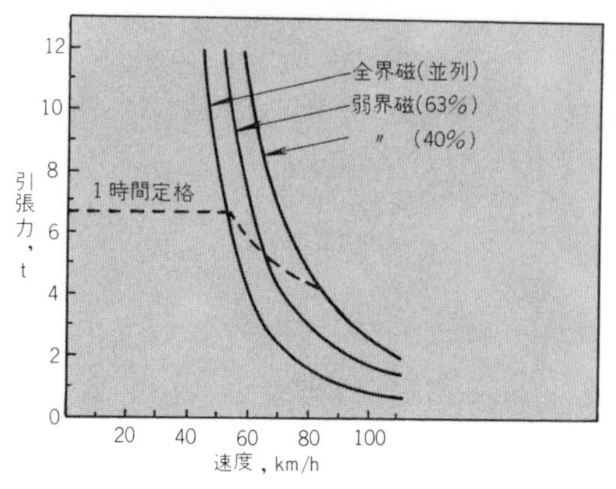

弱界磁でも逆起電力E_cを同じに保持するよう電機子電流Iが増大することになるから電動機の出力は増加し，また電機子電流Iが同じであれば，回転力が増加することになる．したがって，弱界磁により速度向上ができる．

最近の主電動機は，設計技術の進歩により弱界磁制御範囲が大幅に広くなり，車両性能としても低速の引張力はもちろんのこと，高速性能も格段によくなっている．**図2**に車両の速度引張力特性の一例を示す．また，**表1**に国鉄で使用している主な主電動機の諸元を示す．

温度上昇と絶縁種別

(1)定格

電気車両の主電動機には間欠負荷がかかり，その温度上昇は不規則な変化をする．一般に，間欠負荷が加わる場合の定格は，**図3**に示すような温度上昇曲線になる．主電動機の定格には，連続定格の1時間定格がある．連続定格電流とは，指定された条件のもとで連続運転するときに，指定された温度上昇限度を超えないもので，1時間定格電流とは，冷状態から始めて指定条件のもとで1時間運転したとき，指定の温度上昇限度を超えないものをいう．

(2)温度上昇

実際の電気車両は前述のように間欠負荷であり，主電動機の温度上昇を推定する場合は，その温度上昇が電流の2乗に比例するとして等価的な電流を算出する．

$$I=\sqrt{\frac{\int_{t=0}^{T} i^2 dt}{T}}$$

ただし，i：電流，T：時間とし，IをRMS電流（2乗平均平方根電流）と呼ぶ．この電流値が定格電流より小さければ，電動機の温度上昇は限度内におさまり，熱容量は十分であるといえる．ただし，長時間の勾配起動のような過負荷が続くような場合は，RMS電流のほかに熱時定数も考慮にいれた温度上昇をも検討する必要がある．

最近の主電動機の熱時定数は，電機子巻線が15～20分，電機子全体で30～40分，界磁巻線で40分程度である．

(3)絶縁種別と温度上昇限度

絶縁材料はその種類により耐熱特性が異なり，そのおのおのについての温度上昇限度が定められている．現在使用されている絶縁種別と温度上昇限度を**表2**に示す．

絶縁材料については，合成樹脂の進歩により過去の有機材料と天然樹脂ワニスとの組合わせから無機質と合成樹脂ワニスの組合わせに進歩し，B種からF，H

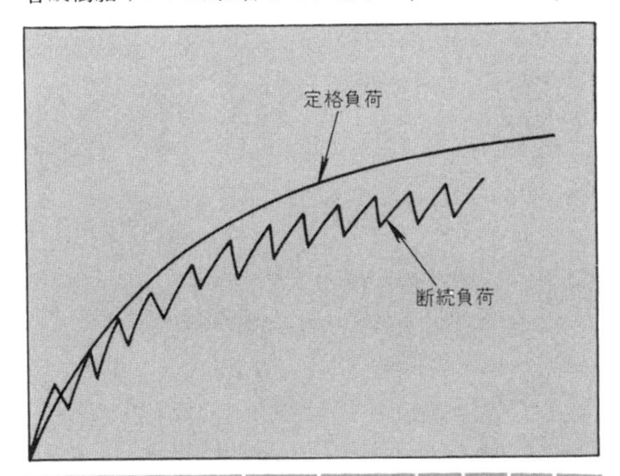

図3　時間と温度上昇

表2　絶縁種別と温度上昇限度

部位	測定法	規格	E	B	F	H
固定子巻線	抵抗法	IEC	115	130	155	180
		国鉄規格		130	155	180
電機子巻線および他のすべての回転巻線	抵抗法	IEC	105	120	140	160
		国鉄規格		120	140	160
整流子または集電環整流子	電気式温度計	IEC	105	105	105	105
		国鉄規格		105	105	105
IEC：pub. No.349 1971　国鉄規格 JRS 15201−1						

種と耐熱性がいちじるしく向上した．

温度上昇限度が上昇するにしたがって，各巻線の電流密度を高く，出力の増大が可能になった．しかし，H種の耐熱性を持ったシリコンワニスは，溶剤形で発泡性と剥離性があるため，せっかくのH種も熱伝導が悪く，むしろ亀裂剥離などにより雨水の侵入に対し弱点をあらわす結果になり，車両用としてはあまり適さない．その後，無溶剤系の接着力の大きなエポキシワニスが採用され，真空含浸により完全なボイドレスになり熱放射はよいので，温度上昇はF種とH種の差より大きく，とくに固定子巻線では熱放散が約50%改善されるようになり，このためさらに出力アップが可能となった．

また最近では，芳香族ポリアミド樹脂およびポリイミド樹脂（商品名として，ノメックス，カプトンと呼ばれている）が開発されるにおよんで，耐熱性はもとより耐電圧も向上し，これらの耐熱絶縁紙を使用することにより絶縁物の厚さを小さくし，同一スペースであれば20～30%の熱的余裕が生じ，出力をそれだけ向上させることができるわけである．

一方，これらの新しい耐熱絶縁紙（カプトン，ノメックス）の使用も，ワニスとして無溶剤系のエポキシのためF種であるが，最近ではH種の無溶剤形ワニスの開発もされつつあり，今後の発展が期待れている．

直流直巻電動機

鉄道車両用主電動機は，すでに述べたような条件を満たすほかは一般の電動機とそれほど異なるところはないが，容量を割にきりつめた設計がなされている．

最近の電車用主電動機は，乗心地をよくし，小形軽量化をはかるため，釣掛式から台車装荷式とし，駆動方式はたわみ継手やWN継手を使用するのが標準になっている．

図4に，電車用直流電動機の縦断面図を示す．

次に主電動機の構造上の特徴をみてみよう．

⑴通風方法

一般に，電車用主電動機は自己通風式で，**図4**の左上部からの冷却風は電機子内部の風穴，電機子と界磁のすき間，界磁のすき間の3つの並列通路を通り，右側のファンにより外部に排出される．電車用主電動機

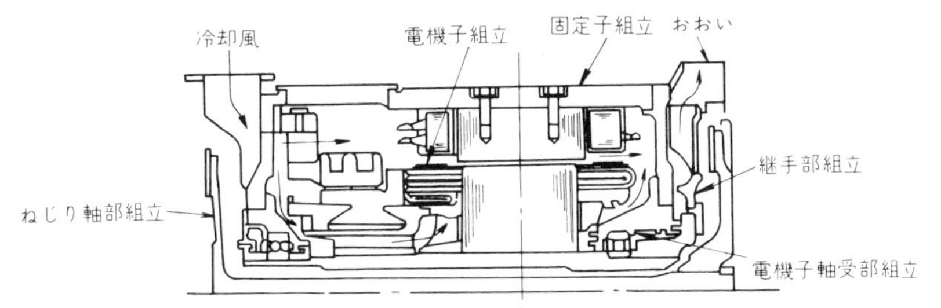

図4　直流電動機の縦断面（MT 54B）

は容量も比較的小さく，大部分が自己通風方式であるが，機関車用は容量が大きく他力強制通風が一般的である．

(2)電機子

電機子鉄心は，厚さ0.35～0.5mmの珪素鋼板を打ち抜き，40～50tonの圧力で積層鉄心としたものである．

図5は鉄心押さえと整流子星形の一体化を示したものである．

電機子巻線には，波巻と重ね巻の両方があるが，波巻は高圧小電流に，重ね巻は低圧大電流に適している．最近の主電動機では，小形大出力化と高速からの発電ブレーキを可能とさせるため，整流子の片間電圧を低く抑える必要があり，重ね巻方式が多く用いられている．

電機子巻線は，主絶縁としてガラスマイカテープが主流を占めていたが，最近の設計ではカプトン，ノメックスを主絶縁材料とする耐熱絶縁紙の使用が標準になっている．

巻線の押さえには，鉄心部分は絶縁物性のクサビに，鉄心外の部分はガラスバインドによっている．古くはピアノ線バインドを使用していたが，ガラスバインドになったため残留張力がきわめて大きくなり，バインド下絶縁の劣化によるゆるみが発生せず，またバインド自体が絶縁物であるため，バインドによる絶縁事故はゼロに近くなっている．

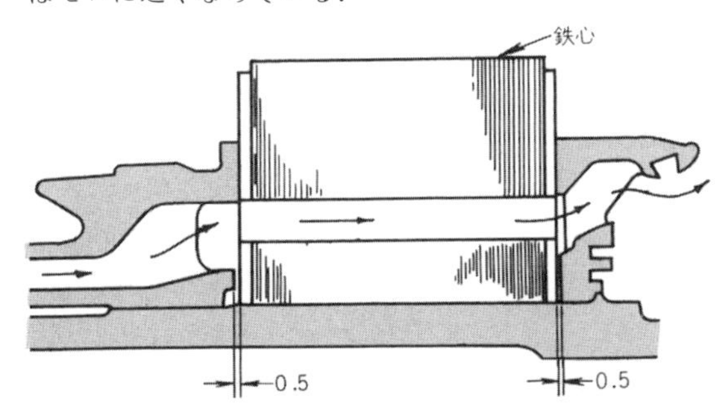

図5　鉄心押さえと整流子星形の一体化

図6　アーチバウンド方式

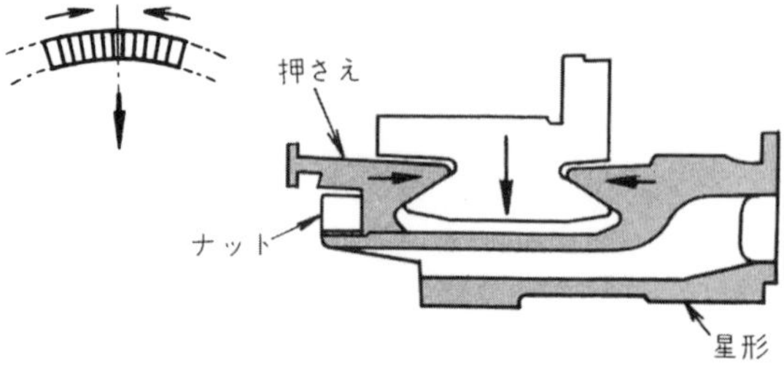

押さえ
ナット
星形

⑶整流子

整流子片は，高速時の機械的強度，高温時の抗張力，硬度，導電率を考慮して，0.15〜0.25%の銀を含んだ電気銅を使用する．片間絶縁としては硬度のはがしマイカを接着ワニスではり合わせたものを使用し，整流子単独で高温高速運転と増締めを繰り返し行ない，十分シーズニングを行なう．押さえ圧力は，図6に示すようにVリングの下側の30°の面だけにかかり，アーチバウンド方式になっている．高速試験回転では，整流子面の周速が70m/sくらいまで使用されている．

電機子巻線と整流子ライガとの接続については，以前は純錫あるいは高温ハンダによっていたが，過負荷運転時のハンダゆるみ防止のため，TIG溶接（図7）が用いられるようになり，信頼度はきわめて高いものになった．

⑷ブラシ

ブラシとしては，従来の釣掛式では機械的強度の強いものに主眼を置いたものを使用していたが，台車装荷式では，整流性能に重点を置いた比抵抗の高い材質のものを使用している．また，整流性能の向上の面からほとんどが分割形ブラシで，電流密度は10〜15A/cm^2で使用されている．ブラシ圧力は0.3〜0.55kgと，一般の電動機と比べて高くなっているが，釣掛式と台車装荷では大きく異なっており，後者では低くとることができ，整流子面，ブラシともに機械摩耗上有利である．

⑸磁気わく

磁気わく（写真1）は，鋳鋼製または鋼板製の溶接構造が採用されるが，最近では鋼板製が主流を占めている．界磁鉄心は，電機子反作用による磁界のひずみを少なくし，整流子片間電圧の尖頭値を下げるため，電機子鉄心と非同心の弧を描くものもあり，さらに図8のように2つの非同心円による弧を描く形状になっ

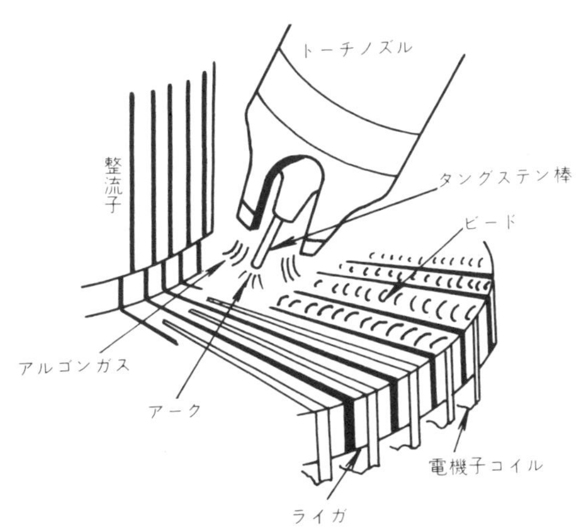

図7　TIG溶接

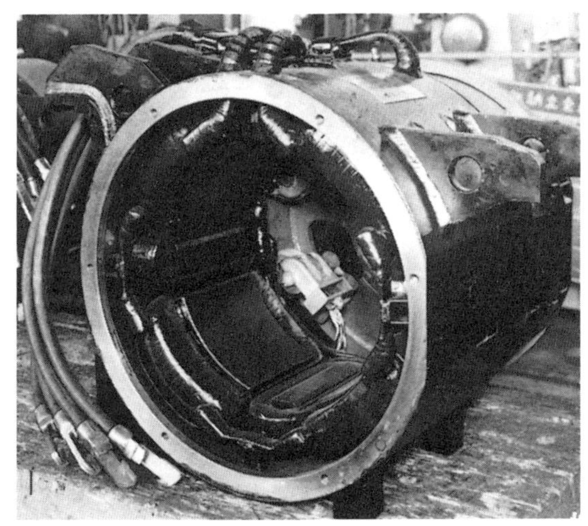

写真1　電車用磁気わく

ているものもある．最弱界磁率の高いものや端子電圧の高いものは，さらに空隙長を大きくして主極のATの巻回数を増し，安定度を増している．

補極は，電機子反作用による整流悪化を防止するためのもので，脈流運転をするものでは補極鉄心は積層

図8　非同心鉄心

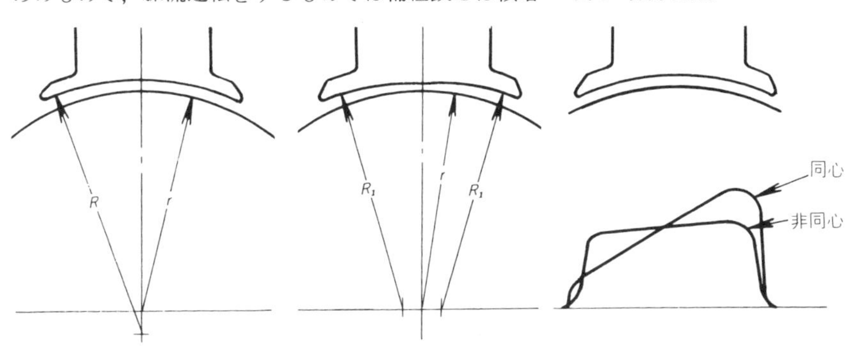

し，磁束の遅れを防いでいる．また，補極は継鉄との間に調整用のライナをはさんで取り付けられている．

極数としては，ブラシの交換の容易さを考慮して500 kWぐらいまでは4極になっている．また，大きい起動加速度と高速性能を要求するものや，回生ブレーキを有効に使用するものでは，弱界磁率を大きくする必要があり，補極巻線を設けているものがある．

(6)軸受

最近のものはすべてころ軸受が使用されている．とくに，保守の省力化のために密封構造として，外部からの塵埃の防止とグリースの散失防止のくふうが進んでいる．

直流複巻電動機

電力回生ブレーキの場合は直巻特性では不可能で，分巻特性を加える必要がある．このため直巻電動機の回生ブレーキでは界磁を何らかの方法で励磁してやる必要がある．

複巻電動機の場合は直巻界磁と分巻界磁を有し，分巻界磁電流を制御することにより容易に回生ブレーキ電流を制御することができる．分巻界磁電流を電機子電流に比例した制御を行なえば直巻電動機と同じ特性が得られ，複巻特性としては，電動機電圧一定の場合，**図9**のような特性が得られ，力行と回生で主回路の切換えが不要である．また定速運転に対しても，分巻電流は小電流であるため，制御が容易である．

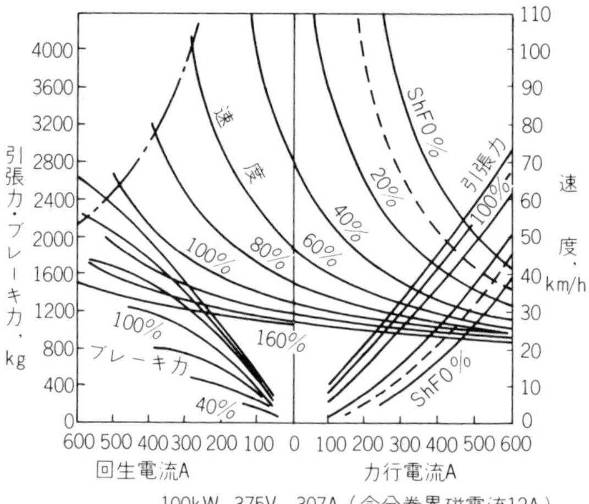

図9　複巻電動機特性曲線

構造的には，主極巻線が2回路にわけられているほかは，直流直巻電動機と基本的に同じである．また，一般に回生ブレーキの制御範囲の拡大のための整流改善として補償巻線付きが多い．

その他の主電動機

(1)交流整流子電動機

直流電動機に単相交流を印加した場合，主界磁の磁束と電機子電流とは同時にその方向を変え，トルクは変動トルクであるが直流の場合と同様に回転する．この場合，変圧器起電力が生じ整流が極端に悪化する．

このため，周波数を下げたり極数を増して，1極当たりの電圧および出力を小さくしたり，補極分路方式などにより交流対策を施すが，わが国で試験的に採用されただけで，すべて交流車両といえども間接式（整流器式）で直流電動機が使用されている．外国では，周波数を下げてかなり使用されている例はあるが，詳細は省略する．

(2)無整流子電動機

現在の主電動機は，すべて整流子付きの電動機といえる．この電動機の最大の弱点は，整流子とブラシを持っていることである．近年，半導体技術が進み，無整流子電動機の研究開発が進められている．

車両用主電動機として考えられる無整流子電動機としては，誘導電動機と同期電動機が考えられる．また，それを制御する変換器が必要で，その種類も電源が交流の場合，直流の場合があり，変換器とその制御方式についても種々方法がある．これらは，いずれも研究試作段階で，現在の直流電動機による単純なものと比較して，価格的，重量およびスペース的にみても十分満足のゆく段階まではきておらず，さらに今後の研究が必要である．

参考文献
(1)電気鉄道要覧：鉄道電化協会
(2)電気と電機機関車：福崎，沢野
(3)電気鉄道：電気学会
(4)電気工学ハンドブック：電気学会

鉄道車両用ディーゼル機関の特性とその設計

写真1　最新の特急・急行気動車に装備されているディーゼル機関DMF 15HSA形．6－140×160mm横形・水冷・ターボ過給・予燃焼室式．2000rpm．250PS．シリンダヘッド側面・上部吸気マニホルド・下部排気マニホルド・クランク室上部に油冷却器・左端出力側にターボ過給機・右端ギヤケースで燃料ポンプおよび燃料制御装置と各種油コシ器が見られる．

鉄道車両にディーゼル機関が使用され始めたのは，かなり過去にさかのぼるが，鉄道車両用として開発された機関ではなく，発電機用あるいは船舶用のものが流用されてきた．鉄道車両用に，改めて違った感覚で考えられるようになったのは，ディーゼル化がはなやかに脚光を浴び始めた1945年以降のことである．

さらに，燃焼方式に関して，始めに少量の燃料を燃焼させることによって，残りの燃料の混合気生成に効果があるとして、L'Orange による予燃焼室の発想が生まれてから，高速ディーゼル機関への道が開け、小形で，高速，軽量のディーゼル機関の構成が，鉄道車両用として適切であることが，ディーゼル車両の発展を助成した．

わが国では，1930年前後からガソリン車両が使用されたが，1940年頃，ディーゼル車両の現車試験が行なわれた．ただし，本格的なディーゼル化は1950年過ぎからで，その後，動力近代化の波に乗って，ディーゼル機関車用に，ディーゼル動車（旅客車）用に，鉄道車両用の特性に適するディーゼル機関がつくられ，30年にわたる苦難・研鑽を積み重ね，今日に至った．

たんに鉄道車両用といっても，機関車用と動車用に大別され，さらに，本線牽引用・入換用，特急用・急行用・一般用，そして寒冷地向けあるいは熱帯向け，砂漠地帯・山岳高地などの他に，鉄道路線の敷設状況・保線状況・広軌・狭軌など，使用環境や条件の制約に適合するように，より軽くより小形で，しかもより大出力の機関が望まれる（**写真１**参照）．

使用条件からは，回転速度および負荷の変動範囲が常時広範囲にわたり，さらに，車両に積載するために車両限界による制限，冷却装置などの容積・面積の制限など各部が限界に抑制され，熱的にも機械的にも，そのきびしさの点では，他用途のディーゼル機関に比べ，まさるとも劣らないものと考えられる．

一方，鉄道という企業形態から見て，メインテナンスフリーでなければならず，オーバホール回帰の延長など，性能面の要求に逆行するような耐久性の要求になり，設計的に，構造面や材質面，燃焼面などへの配慮を，キメ細かく行きわたらさなければならない．

さらに，1980年代にはいり，世界的な省エネルギー，省資源・省力化などの見地から，新たな発想の転換を迫られてきており，設計技術者の能力に課せられる要求と対応とのバランスは，ますます過酷になりつつある．これら鉄道車両用のディーゼル機関の設計上の諸問題について考えてみる．

鉄道車両用ディーゼル機関の現状

国外のディーゼル機関メーカーの，鉄道車両用機種を抽出，国内で使用されている国産のものとともに分析調査した．国外14社，国産機関を含め181機種あった．それらのうち，無過給17(9.4%)，ターボ過給25（13.8%)，ターボ過給・空気冷却139(76.8%)，である．これらは，いずれも４サイクル機関に限った．２サイクル機関は構造が簡単であるが，ターボ過給の有効利用が困難で，始動性の問題もあり，また７機種しかないため除外した．直接噴射式136(75.1%)，副室式45（24.9%)で，全体の$\frac{3}{4}$が直接噴射式で占められている(**図１**)．

181機種を大別すると，次の３分類になる．

①シリンダ径220mm以上の大シリンダ径で，ターボ過給・空気冷却式とし，回転速度1500rpm以下に抑え，軸出力当たり重量も相対的に大きく，全重量も10tonを超えるが，信頼性や耐久性に重点をおいたと見られる機関群．

②シリンダ径151～200mmのもので，ターボ過給だけ

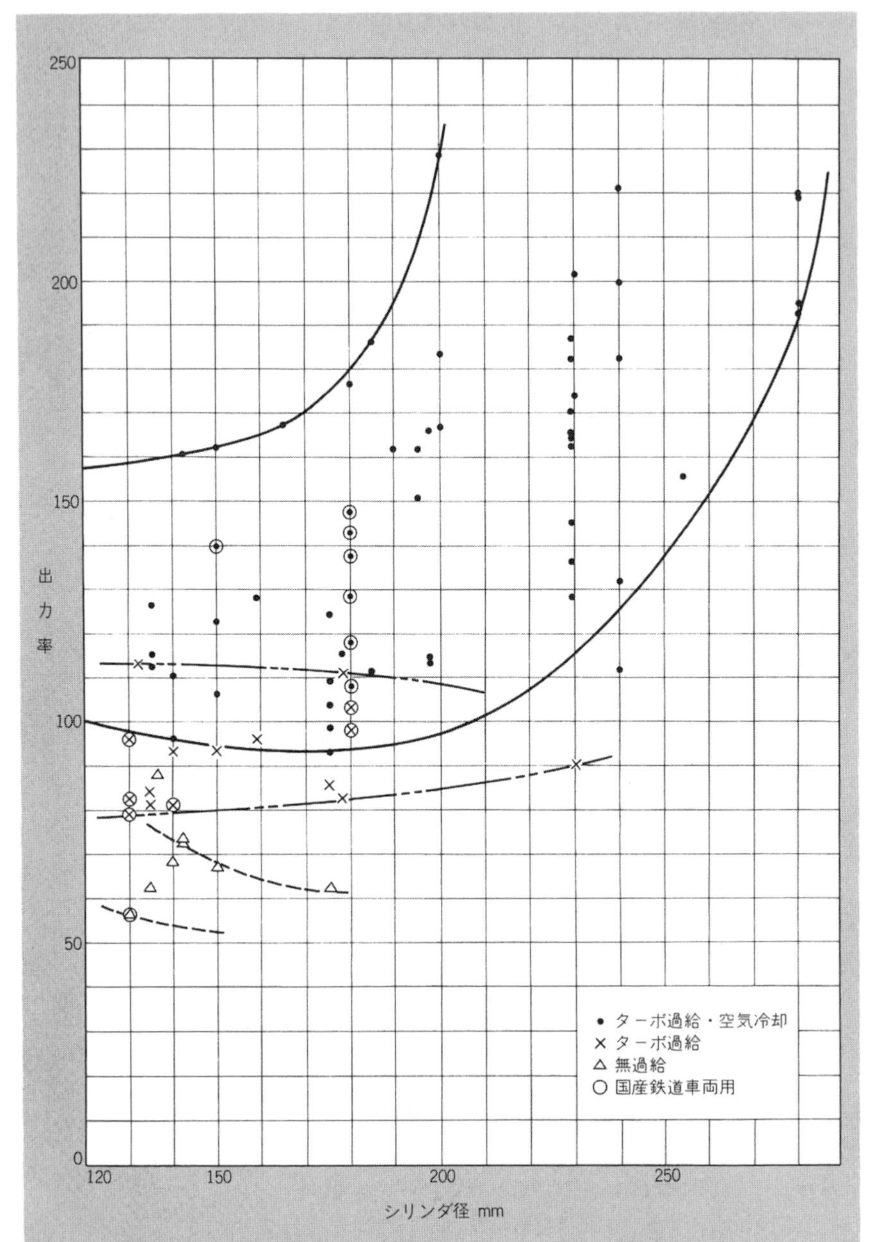

図1　シリンダ径と出力率との関係

大河出版の 理工学図書

新刊のご案内

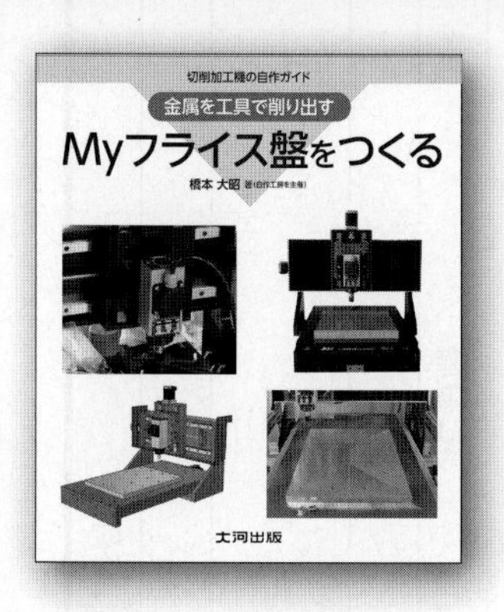

My フライス盤をつくる

切削加工機の自作ガイド

橋本 大昭 著

近ごろ、低価格な３次元プリンタやフリーウエアの３次元CAD の登場により、個人でも手軽にモノづくりにチャレンジできる環境が、整いつつあります。本書で扱う NC フライス盤も例外ではなく、個人でも自作が可能なのです。本書は、個人が趣味として NC フライス盤を製作できるよう、一から体系立てたガイドとして単行本にまとめたものです。

ISBN978-4-88661-450-6
B5 変形判　145 頁　定価 3800 円（税別）

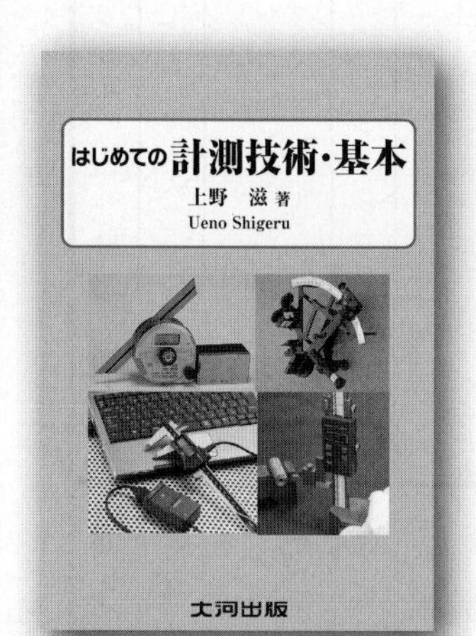

はじめての計測技術・基本

上野 滋 著

私たちは、物差し、はかりなどの測定具を毎日のように使っている。したがって計ることは我々の生活に極めて密着した行いであることに気がつく。本書では広範囲にわたる計測技術のなかから、今後の社会にとって重要な小型化、高精度化に大きく関係する計測技術、すなわち計ることのなかでも精度の高い、いわゆる「精密測定」を中心にやさしくお話する。

ISBN978-4-88661-726-2
A5 判　190 頁　定価 3,000 円（税別）

初歩から学ぶ

清水 伸二 著

日本工作機械工業会 推薦図書

学びやすい、教えやすい、工

●写真、図表、３次元モデル

●工作機械本体の全体像がつ

●理屈で理解することにより

ISBN978-4-88661-721-7
A5 判　293 頁　定価 2,400 円（税別）

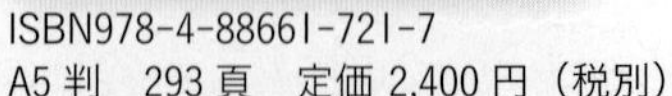

切削の本

ごく普通のサラリーマンが書

山下 誠 著

切削加工に携わるサラリー

勤務する「ごく普通のサラ

教科書には載っていない「切

また、思わず共感の「切削エ

ISBN978-4-88661-727-9
A5 判　162 頁　定価 2,000 円（税別）

定期購読お申込書

のものや空気冷却器付きのものが混在し，シリンダ径が大きくなるにつれ，出力率$P_m \cdot C_m$も相対的に増大，軸出力当たり重量も低く抑えられ，回転速度1500rpmの機関群．

③シリンダ径150mm以下のもので，無過給，ターボ過給，ターボ過給・空気冷却式とが混在し，出力率も50～160と広い範囲に分布し，回転速度を1800rpm以上に高めて，高速で小形，軽量を目的とした機関群．

本来，鉄道車両特性としては，高速になるに従いトルクが低下していくような性格が必要であるが，ディーゼル機関は，トルク特性がフラットであるため，動力伝達装置を伴って使用されることになる．

①の機関群は，電気式ディーゼル機関車用で，発電機を回し，車軸に取付けられた電動機を駆動するようにしたもの．②の機関群は，電気式と液体式があり，わが国のディーゼル機関車は液体式である．③の機関群は，ほとんど液体式に限られ，動車用に使用されるのはこの機関群である．

図2に，シリンダ径Dと軸出力当たり重量wとの関係を示す．軸出力当たり重量を低減するためには，ターボ過給だけでなく空気冷却式にせざるを得ない．無過給とターボ過給との分布線は，ほぼ近似傾向を示すが，空気冷却式のものは，最低wがフラットの分布になっている．

シリンダ径200mm以上の機関では，回転速度1000rpmまたは1200rpmで，出力率を高めてwを低減するか，あるいは回転速度1500rpmで特殊軽量設計をするか，に大別される．

鉄道車両用ディーゼル機関は，限られたスペースのなかに，より小形・軽量・大出力の機関をとの要求に，ターボ過給・空気冷却で，出力増大とw低減をしているが，放熱器の制限された容積・面積で，不十分な冷却しか得られない空気冷却では，付随する諸機器の重量増，容積増，さらに保守部位増など出力との兼ね合いを考えねばならず，ターボ過給機を高圧力比にして，給気温度をいちじるしく高め，空気冷却が有効にできるようにしなければ，その効果を発揮できない．

一方，回転速度を高め，平均有効圧力を増し，出力率を上げることは，鉄道車両用としての幾何学的な要求を満たしはするが，物理的に耐久性などの問題が生

●関連記号

D　シリンダ径(cm)
Z　シリンダ数
S　ピストン行程(cm)
F　ピストン面積(cm²)
V　総行程容積(ℓ)
N　回転速度(rpm)
L　軸出力(PS)
f　燃料消費率(g/PS-h)
P_m　平均有効圧力(kg/cm²)
C_m　平均ピストン速度(m/s)
H　総発熱量(kcal/h)
w　軸出力当たり重量(kg)

●出力率

① $P_m \times C_m$を出力率と呼ぶ．回転速度および軸出力の違うディーゼル機関を，同一次元で比較評価しようとする場合に，妥当な尺度として最適のファクタである．

②出力率は，ピストン面積当たりの出力，あるいはピストン面積当たりの熱負荷の指度に相応する．

$$P_m = \frac{900 \cdot L \cdot 10^3}{V \cdot N}$$

および

$$C_m = \frac{S \cdot N \cdot 10^{-2}}{30}$$

の積から，

$$P_m \cdot C_m = \frac{300 \cdot L}{Z \cdot F}$$

または，

$$\frac{\dot{H}}{Z \cdot F} = 0.57 \cdot f \cdot P_m \cdot C_m$$

(kcal/cm²·min)

③通常出力率の分類は，

無過給	<70
ターボ過給	70～110
ターボ過給・空気冷却式	>100

である．100～110の間は，ターボ過給だけか，空気冷却を付加するかの境界地帯である．予燃焼室式の場合，>100では，空気冷却式にすべきである．

④出力率>100では，何らかの形式でのピストン冷却が不可欠である．

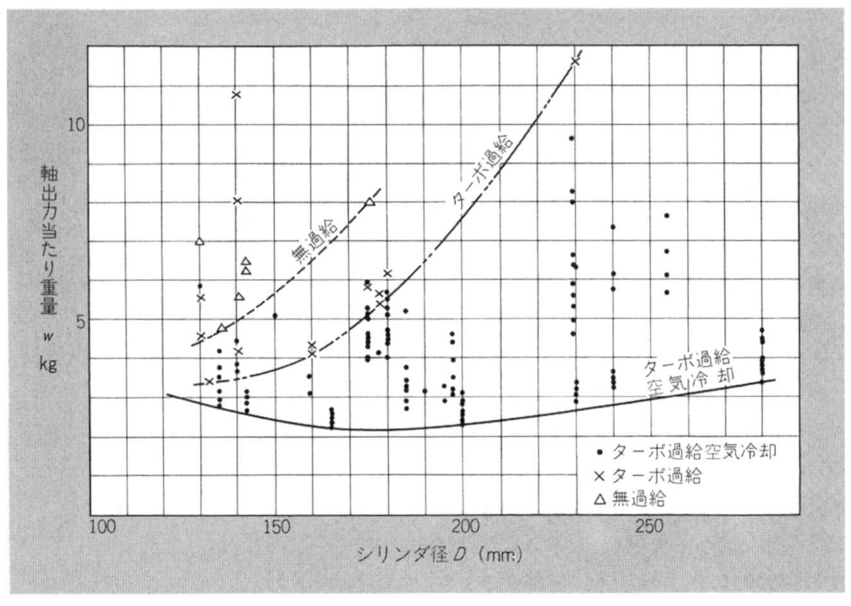

図 2　D－wの関係

まれてくる．

機関の高性能化をはかるためには，ターボ過給機の性能向上，空気冷却器の効率向上，材質の改善，工作精度向上，潤滑油性能向上など，各方面にわたっての改善努力に負うところが大きい．

鉄道車両用ディーゼル機関の設定

(1)燃焼室形式

燃焼室の形式は，直接噴射式と予燃焼室や渦流室などの副室式とに大別される．わが国の鉄道車両用機関では，予燃焼室式が主流になってきた．これは，日本国有鉄道がディーゼル化の当初に採用した機関が予燃焼室式であり，また，その機関の生い立ちが，高速・小形・軽量を目的として開発された際，副室式のほうが高速化しやすかったこと，さらに，その後の鉄道車両用の使用実績上，適正であると判断されたためと考えられる．

本来，予燃焼室式は，高速化する場合，サイクル圧力の増大による摩擦損失および絞り損失の増加，さらに，燃料噴射時に，予燃焼室内の温度低下などから，効率改善向上の障害になっていたが，噴孔部の特性流速v_cおよび予燃焼室容積比Rvを適切に選ぶことによって，始動性改善を含め，効率改善が可能であるとされている．

●特性流速と予燃焼室容積比

噴孔面積A_c(cm²)，噴孔部流量係数αとして，特性流速v_c(m/s)は，

$$v_c=\frac{F\cdot C_m}{\alpha\cdot A_c}\ (\mathrm{m/s})$$

または，主燃焼室容積V_1，予燃焼室容積V_2として，予燃焼室容積比R_Vは，

$$R_V=\frac{V_2}{V_1+V_2}$$

さらに，噴孔面積比R_Aは，

$$R_A=\frac{A_c}{F}$$

である．

一方，圧縮比をεとしたとき，リブロビッツのZパラメータは，次式で表わされる．

$$Z=\frac{R_A}{C_m\cdot R_V^2}\cdot 10^3\cdot\frac{(\varepsilon-1)^2}{\varepsilon}$$

項目	単位	予燃焼室式	直接噴射式
構造		やや複雑	簡単
圧縮比		14～22	12～20
平均有効圧力	kg/cm²	～17.0	～20.0
最高回転速度	rpm	3500	2500
燃料消費率	g/PS・h	170	160
最高燃焼圧力	kg/cm²	120	160
最小空気過剰率		2.0	1.8
熱効率	%	34～37	37～40
始動性		5℃以下予熱プラグ	－5℃以下エアヒータ
燃料噴射弁		ピントル	多孔ホール
燃料噴射圧力	kg/cm²	80～150	200～1000
燃料油性状		劣等で可	良質
排気ガスNOx	ppm	＜500	＞1000
比較上，より有利な事項		燃料油の性状・燃料噴射時期・噴射弁および噴射系などからの影響に鈍感である．したがって，取扱・保守・整備面で容易性が確保される． 噴射系の耐久性がより高く，したがって全体的な耐久性もよりすぐれている． 燃焼が軟らかく音がより低い． 低負荷・低速性能がより良好で回転及び負荷変動の激しい用途にはネバリの良さを発揮する．	熱効率がより高いため，燃料消費率がより低い． 始動性がよい．
優位性の大別：燃費特性			＋
優位性の大別：始動性			＋
優位性の大別：耐久性		＋	
優位性の大別：静しゅく性		＋	
優位性の大別：排ガス特性		＋	
優位性の大別：保守・整備性		＋	
優位性の大別：負荷追随性		＋	

表1　燃焼室方式の比較

すなわち，予燃焼室容積比を適切に選択し，予燃焼室の形状を高速形の条件を厳密に満たしたうえで，R_V/R_A＝60～70に選ぶとき，Z＝70～80であれば，最良性能が得られる．

予燃焼室式は，高圧過給の場合は，直接噴射式より有利であり，排気エミッションでもすぐれ，噴射系の耐久性もまさるため，燃焼消費率で劣るとはいえ，そ

●クランク軸アームの合成応力

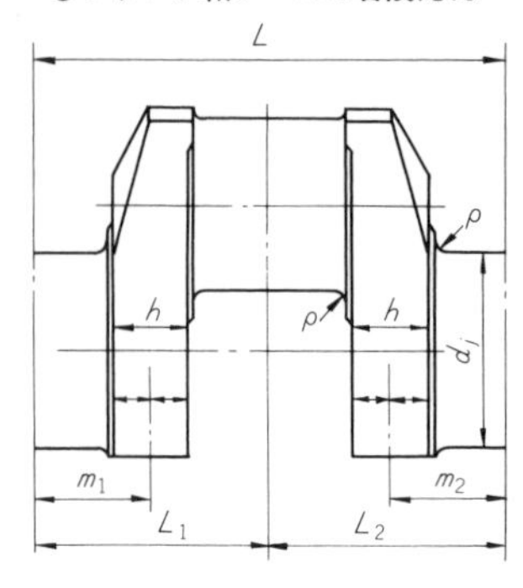

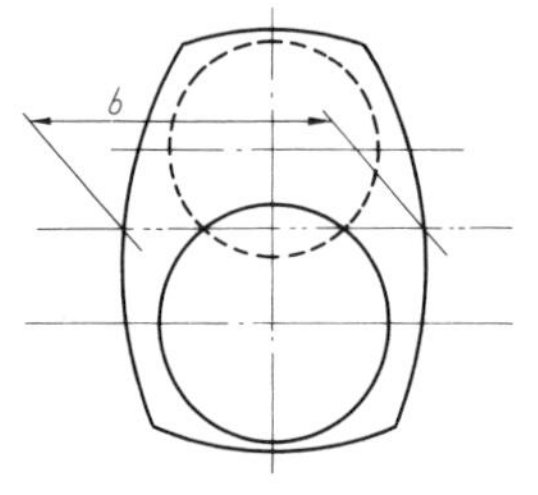

最高燃焼圧力による負荷力を P (kg)とする．Pによる曲げモーメントM_bは，

$$M_{b1}=P\frac{L_2}{L_j}m_1$$

または，

$$M_{b2}=P\frac{L_1}{L_i}m_2\ (\text{kg·cm})$$

このM_{b1}, M_{b2}のいずれか大きいほうを採る．

断面係数$Z=\frac{1}{6}bh^2(\text{cm}^3)$，断面積$A_w=b\cdot h(\text{cm}^2)$として，合成応力$\sigma_s$は，

$$\sigma_s=\frac{M_b}{Z}+\frac{P}{2\cdot A_w}$$

の重要性は，失われてはいない．

近年，とくに鉄道車両全体に対して省エネルギー志向が強くなり，燃料消費率を低減するため，直接噴射化せざるを得ない現況である．しかし，高圧過給に適するターボ過給と適切な予燃焼室形状，および燃料噴射系の選択によって，予燃焼室の地位が直ちに侵され，消滅するものではなく，むしろ燃料消費率の改善の余地が多く残されており，その改善も可能であると考えられる．**表1**に予燃焼室式と直接噴射式の比較を示した

(2)クランク軸

クランク軸については，とくにクランク軸アームの合成応力σ_sについて考えなければならない．**図3**に，材質S 40C調質材クランク軸での合成応力σ_sの許容範囲を示した．経験的にρ/d_jを横軸にとったとき，σ_sが斜直線の下方にあればまったく問題はない．また，クランク軸によっては，両端部で，L_2およびm_2の長さがとくに他に比べて長いことがあるので，この部分のチェックを忘れないことが重要である．

(3)クランクピン軸受

①軸受面圧およびPV係数が適切であれば，最近の軸受は，めったなことでは焼損することはない．かつて，機関車用のV形ディーゼル機関で，クランクピン軸受の焼損が続発し，クランク軸アームの折損にまで及んだことから，爆発力による軸受圧力が300kg/cm²以上のものは，材質KJ-4にSn-Pb-Cuめっきしたものを用い，潤滑油，こし器の沪過精度を20 μとすること，さらに400kg/cm²以上では油圧を高くすることをとくに考慮すべきである，などの事項が得られた．

とくに，鉄道車両用では機関全長を短くするために，

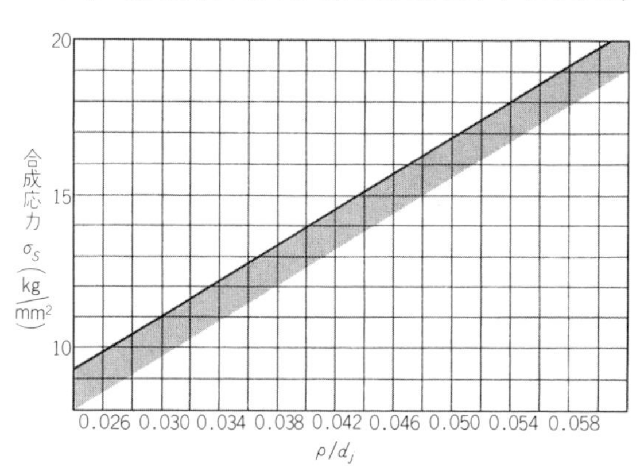

図3　クランクアーム合成応力の安全域

常に軸受とのたたかいがある．

②鉄道車両用国産ディーゼル機関の軸受は，初期のものを除き，すべて薄肉メタル・ケルメット・Sn-Pbメッキのもので，クラッシュおよび肉厚だけの管理方式である．クラッシュは，通常のブシュの締めしろに相当し，2つ割りの軸受の端部を，わずかに半円周より突出した状態で製作されるものである．

③4サイクルディーゼル機関のクランクピン軸受の潤滑状態の良否は，爆発による最大面圧よりも，むしろクランクピンの下死点で作用する慣性力による荷重によって左右される．最小油膜厚さh_{min}が連続するのは下死点付近で，クランク角$\theta=540°$近辺である．したがってh_{min}の検討は，$\theta=540°$で行なえばよい．

図4は，実績から得られたh_{min}の限界値を示す．ただし，軸受油温70℃，潤滑油粘度25c.p，$\theta=540°$でのものである．

h_{min}は，潤滑油粘度の低いほど，直径すきまの大きいほど，軸受幅の狭いほど減少し，なかでも軸受幅の影響度が最も大きい．

(4)防火対策

1961年6月2日，青森発上り特急「はつかり」(キハ81系，通称はつかり形）が，滝見—小繋間で，排気管付近から発煙し，列車遅延を起こした.「はつかり」の火災，発煙事故は，国鉄最初のディーゼル動車特急として1960年に営業を開始して以来すでに4件であり，火災防止諸対策や処置にいっそう万全を加えることが要望された．

この事故に対して，排気マニホルドは，石綿ラッギングのうえに耐火塗料または耐熱テープでおおい，油の浸透を防止する，あるいは水冷式のものにする，などのテストを行なったが，前者は効果がうすく，後者はラジエータの容量内で処理しえず，いずれも対策と

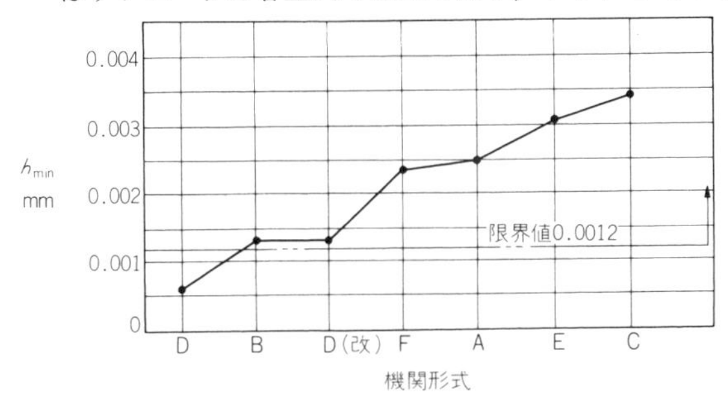

図4　最小油膜厚さの限界値

して不十分なものであった．

排気マニホルド表面温度の代表的実測データは，

排気ガス温度(排気出口部)．	600℃
排気マニホルド表面(鋳物5mm)．	485℃
排気出口フランジ表面．	360℃
石綿ラッギング10mm表面．	300℃

で，石綿ラッギング表面は，ガス温度の1/2になっている．しかし，その表面はゴミや油が付着しやすく，そのために発煙発火の原因になりやすいので，石綿ラッギングに代わるべきものが模索された．

排気マニホルドに軽油を振りかけても発火しないが，霧状にして少量でもかけると，火の粉になって飛び散ることがわかり，結局マニホルド外周に10mmの空気層をおいて，鉄板製のカバーをするのが最も効果的であることが明らかになった．鉄板製カバーの表面温度は，310～350℃であったが，これで解決された．

(5)低温始動性

6～10両編成のディーゼル動車で，それぞれに装備された機関を運転台から総括始動するとき，1台でも始動しないものがあれば，それがどれかを点検しなければならず，相当の距離を歩くことになる．また，とくに寒冷地では，夜間，常時低速アイドル運転を続けることも行なわれている．

一般に，予燃焼室式＋5℃，直接噴射式－5℃までが始動容易で，それ以下は補助装置が必要である．

始動時，機関が起爆し，完全始動になるまで燃焼が継続するためには，シリンダ内の圧縮空気温度が，燃料油の着火温度以上にならなければならない．機関の圧縮終わりの空気温度 T の予測には不明確要因が多く，正確に算定するのは困難であるが，ひとつの近似式を用い，実測データに対しての尺度としている．

燃料油の着火温度は，270～280℃程度とされているが，燃料噴射時に空気冷却されるなどから，見かけ上，より高温度であることが必要である．

図5に，実測時の吸入空気温度 T_a とシリンダ内壁温度 T_c とを与え，圧縮終わりの空気温度 T を算出した曲線を示した．これに8－130×160mm，無過給，予燃焼室式機関の実測値をプロットした．

着火温度は，壁温によっては変化せず，吸入空気温度により変化することが明らかである．**図6**に，吸入

●圧縮終わりの空気温度

圧縮終わりの空気温度 T(°K)，吸入空気温度 T_a(°K)，シリンダ内壁温度 T_c(°K)とすれば，

$$T=\left(10.75-5.24\frac{B^2}{B^2+1}-0.87\frac{B^2}{B^2+4}\right)\frac{T_c}{4.63}+e^{-2.442B}\left\{T_a-\frac{T_c}{14.4}\left(10.73+5.25\frac{0.764B^2+0.643B}{B^2+1}-0.87\frac{0.1736B^2+1.97B}{B^2+4}\right)\right\}$$

$$B=1.88/N^{1/4}$$

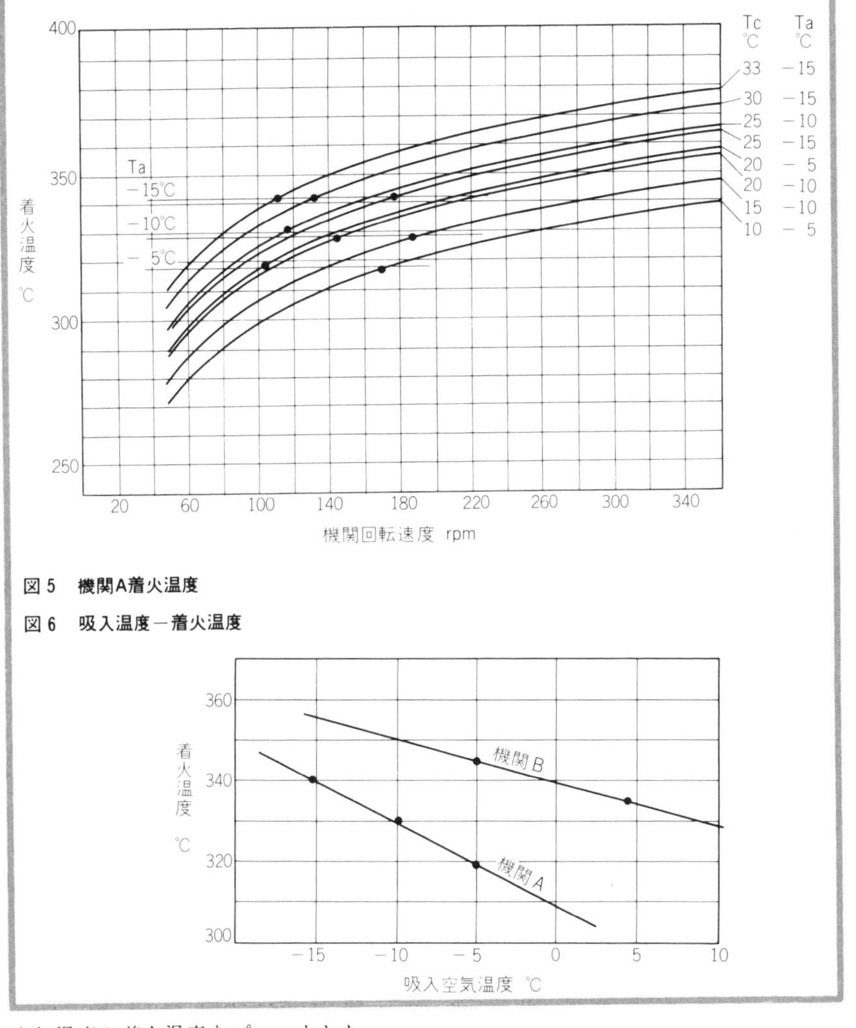

図5　機関A着火温度

図6　吸入温度－着火温度

空気温度と着火温度をプロットした．

機関Bは，6－140×160mm，ターボ過給，予燃焼室式機関である．過給有無の差はあるが，機関Bは，圧縮終わり温度を低下させ要因があるものと考えられる．

始動性改善は，直接噴射化，高圧縮比化などがあるが，機関の基本特性に関連するところが多く，始動性だけに目を向けては，多くの問題の派生を招く．低温始動では，潤滑油・燃料油の粘稠化，バッテリー性能低下やラジエータによる低温化など，問題は多い．

以上，設計上の諸問題をのべてきたが，エネルギーの節減・代替・再利用が，将来も鉄道車両用ディーゼル機関に課せられた重要な課題である．

参考文献

1)．Diesel & Gas Turbine World Wide Catalog
2)．神代邦雄，わが国鉄道における内燃機関発達史．(1)(2)(3)．内燃機関第11巻，7•8•9号．
3)．吉田正一，鉄道車両用内燃機関・ディーゼル機関，内燃機関第9巻，1号．
4)．徐　錫洪，副室付ディーゼル機関の熱力学的特性，内燃機関第4巻，5号．
5)．大井上博他，熱機関体系6．
6)．大沢哲夫他，キハ40形式気動車性能試験，鉄研速報No.78-134

電気車両の動力伝達装置

電気機関車と電車（合わせて電気車両と呼ぶ）の駆動源は，低回転時に強回転力の直流直巻形の主電動機が一般で，この主電動機の回転力を輪軸（車輪と車軸で組立てられたもの）に伝えるのが動力伝達装置である．

約 150年前にイギリスで最初の鉄道が生まれたときの動力は蒸気機関によるものであったのに対して，電気動力による鉄道が実用化されたのは約90年前と比較的歴史が新しい．蒸気動力の鉄道に比べて電気動力による鉄道の誕生がおくれた理由は，鉄道の牽引性能に合致した主電動機と動力伝達装置の開発が，当時の技術水準では容易でなかったものと考えられる．

西欧で実用化された初期の電気車には，主電動機の電機子軸そのものを車軸にして動力伝達装置のない電車や，車体に積載した大形主電動機で蒸気機関車と同じようなクランク棒装置で動輪を回転した電気機関車があったが，最近では世界的にも一部の例外を除いて，1 段減速の歯車装置で伝達する方式が原則になっている．また，各動輪をそれぞれの主電動機で駆動する単独式が大部分になっている．

動力伝達装置の設計の基本

電動機は精密な構造のため，線路からの衝撃を直接うけるような積載方式は好ましくなく，したがって中間にばねを介するのが望ましい．他方，ばねを介して台車や台わくを負担している輪軸は，ばねのたわみのぶんだけ台車や台わくに対して多少の相対上下動をするため，電動機を台車や台わくに固定した場合，電動機の電機子軸に取りつけられた小歯車の中心と，車軸に取り付けられた大歯車の中心との距離は，前述の理由で多少の変動を免れず，歯車のかみあいが狂うことになる.したがって,動力伝達の歯車装置はこの偏差のないよう考慮しながら,主電動機をばね上に積載できるようにするのが,電気車の発展の過程でたえず研究されてきた機械部門の最大の設計課題であった.

動力伝達装置の種類と特徴

(1)つりかけ式動力伝達装置

以上の設計の基本ニーズに対して比較的容易に解決している方法がつりかけ式で,電気車の歴史の初期に開発され,現在でも世界的に広く普及している.

すなわち,この方式は**図1**のように主電動機の一端は軸受を介して車軸に乗り,他端は突起(ノーズ)を出して台車わくでささえる構造で,車軸に取りつけられた大歯車の中心と,電機子端に取りつけられた小歯車の中心との距離は一定で,機構的に非常に簡単である.

しかし,電動機の約半分の重量は,車軸でささえられる.すなわち,ばね下重量となり,線路からの衝撃を受けることになる.そのため電動機の故障を多くし車軸に取りつけられる軸受の保守に難がある,高速回転電動機の採用が困難である,線路との衝撃により乗心地を悪くし線路に対する影響がよくない,などの多くの不利な点を包含している.

(2)ばね上装荷式動力伝達装置

以上のつりかけ式動力伝達装置の欠点を解消するため,主電動機をばね上の台車または車体内に積載して,

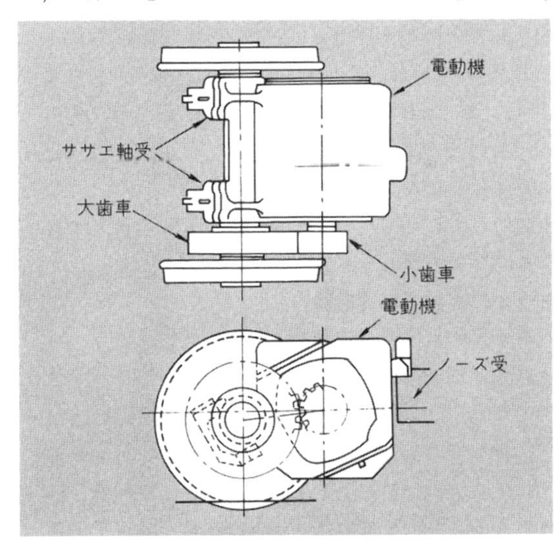

図1　つりかけ式動力伝達装置

図２　クイル式動力伝達装置

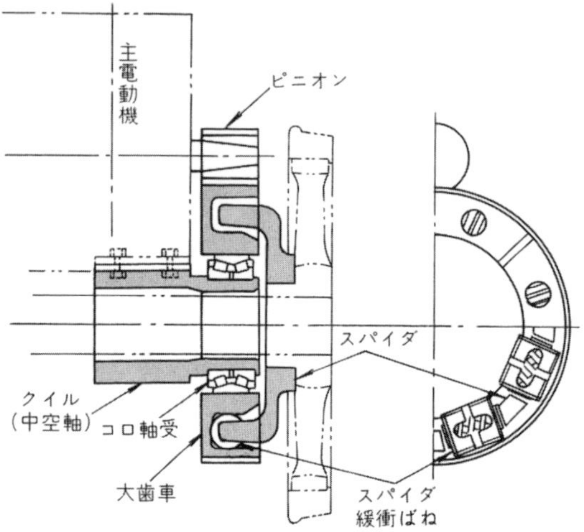

電機子軸と車軸との中心間距離が多少変動しても，小歯車と大歯車とのかみあいが変わらない機構が，いままでたえず研究されてきた．

いままで実用化された方式には２つの方向がある．

そのひとつは小歯車と大歯車との距離を一定にしながら，大歯車を車軸に固定しないで両者の多少の相互偏差を許容する方式，もうひとつは小歯車を直接電機子軸に取りつけないで，両者の相互偏差を許容する方式である．

前者は主として動力容量の大きい電気機関車に採用され，わが国の鉄道電化の初期（大正末年）に，スイスより輸入された高速列車用電気機関車のED54形（軸配置1A-B-A1，運転整備重量77ton，動輪直径1600mm，出力1,500kW）のブフリ式，現用の新形電気機関車のＥＤ60，ＥＤ61，ＥＤ71，ＥＦ66形のクイル式などがある．ブフリ式は奇抜な機構で成績も悪くはなかったが，当時高速運転に対するニーズがそれほどでなかったため，少両数の試用に終わった．

後者はわが国では最近の電車にほとんど採用されているもので，カルダン式やＷＮ式などがある．

(3)クイル式動力伝達装置

わが国の新形電気機関車の一部に採用されているクイル式の構造のあらましは**図２**のとおりである．

すなわち，主電動機と大歯車をささえて回転させる中空軸とが台車わくに固定され，大歯車と輪軸の輪心部に圧入されているスパイダとは相互に小移動が許容されながら，回転力が伝えられる機構になっている．

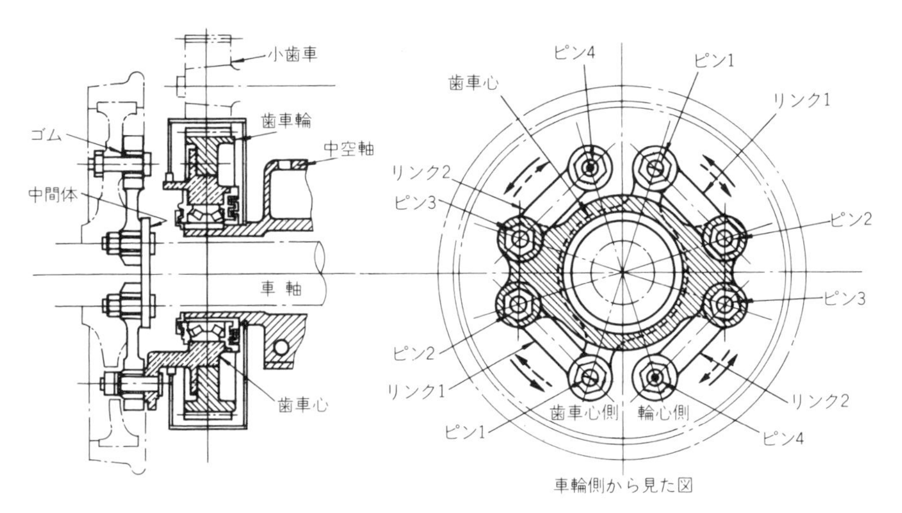

図3　リンク式動力伝達装置

したがって，線路からの衝撃はスパイダと大歯車との小さなすきまで移動し，直接大歯車には伝わらない．

しかし，中空軸と大歯車との間の軸受や，スパイダと大歯車との嵌合などが複雑なため，保守が困難であるという不利をともなう．わが国の新形電気機関車に採用されたクイル式は，電気機関車のばね上装荷式の決定版と期待されたが，各部の摩耗が進むに従って振動が激増し，機関車全体の保守にも大きな影響をあたえるような問題を生じた．また，後述の新形電車による電車化の進展により，電気機関車の高速性能に対するニーズが減ったため，その後の新形電気機関車は元のつりかけ式に戻っている．

なお，電気機関車のこれらの動力伝達装置の歯車はスパーギヤが原則で，歯数比はＥＦ58形式の2.68からＥＦ15形式の4.15の範囲が採用されている．

(4)リンク式動力伝達装置

クイル式が期待に反した結果になったため，抜本的な対策として採用されたのがリンク式(**図3**)である．

リンク式動力伝達装置は，ゴム付きリンク機構により車輪と歯車心との間の変化を吸収し，中間体を介している．

リンク式の最大の特徴は，クイル式を最小限の工事で改造できることで，自励振動とピッチングの共振をさけるため，大歯車の回転方向ばねの定数を小さくし，クイル式のスパイダに相当するリンクを歯車箱の外に出して，歯車箱の密封を容易にしている．

また，ギヤコンパウンドを使用して、長期試用の成

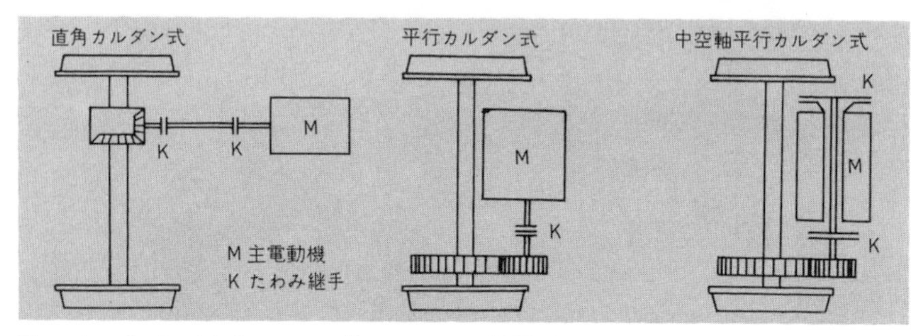

図4　カルダン式動力伝達装置

績はほとんど問題がないため，クイル式は順次リンク式に改造されている．

(5)カルダン式動力伝達装置

戦後の電車が質的に大きく改良された理由の第一に，

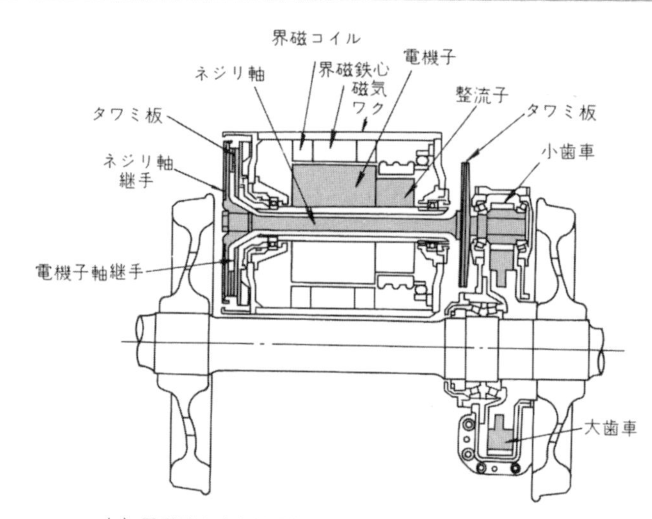

(a) 電動機と中空軸平行カルダン式動力伝達装置

(b) 中空軸平行カルダン式の歯車仕様

項　目	大　歯　車	小　歯　車
歯　数	84	15
歯　数　比	5.6	
モジュール(歯直角)	7	
モジュール(軸直角)	7.4492	
工具圧力角(歯直角)	26°	
転　位　量 mm	−0.8295	＋2.100
ねじれ角・方向	20°右	20°左
中心距離 mm	370	
歯　幅 mm	80	
歯先円径 mm	638.06	129.92
基準ピッチ円径 mm	625.74	111.74
材　料	S40C焼入焼もどし	SNCM23
歯面かたさ	Hs65〜75	Hs75〜85

ばね上装荷の動力伝達装置の採用があげられる．

すなわち，主電動機を台車わくに固定し，歯車装置の中間にたわみ継手を設けた方式で，その構造には**図4**のように中空軸平行，平行，直角の各カルダン式が開発されている．これによって高速電動機と高精度歯車の採用を可能にし，性能とともに乗心地の改良に貢献し，電車化の分野を飛躍的に拡大した．

中空軸平行カルダン式は国鉄の在来線電車や多くの私鉄電車に，平行カルダン式は新幹線電車や広軌の私鉄電車に，直角カルダン式は一部の私鉄電車に採用されている．

中空軸平行カルダン式（**図5**参照）は電動機軸を中

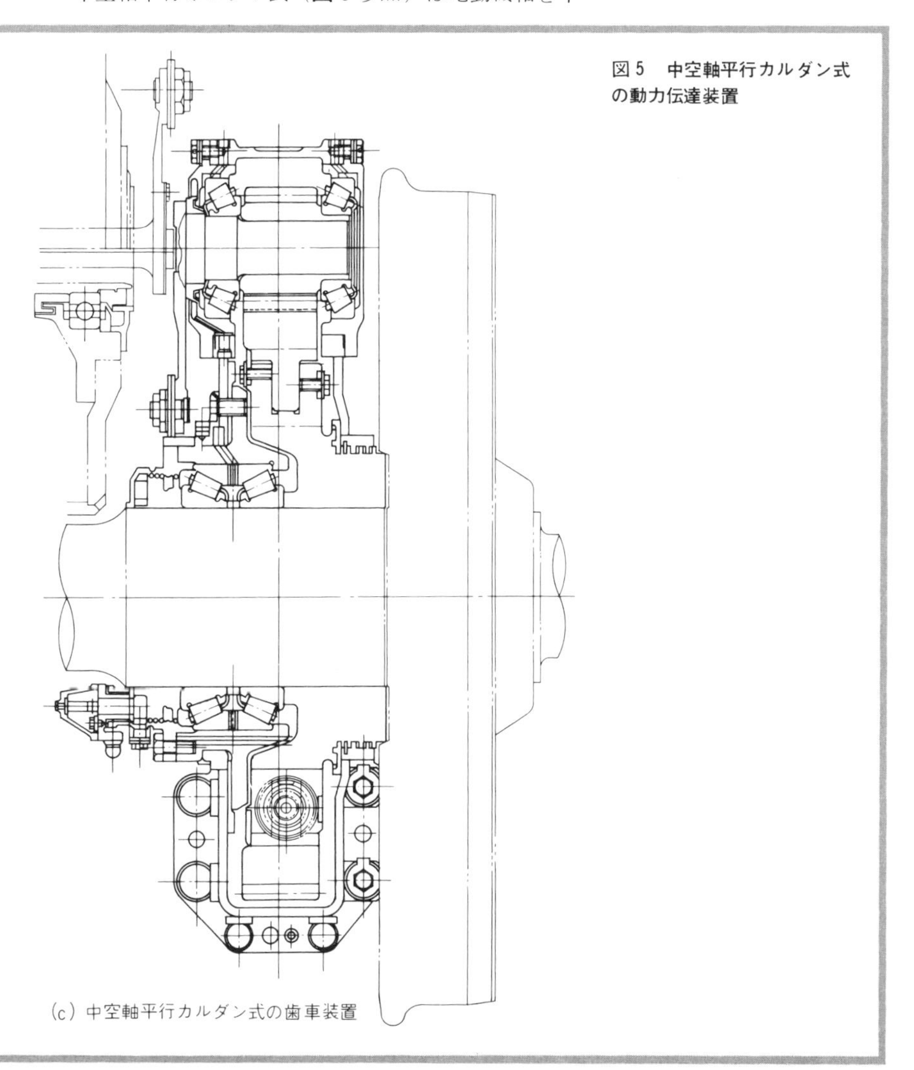

(c) 中空軸平行カルダン式の歯車装置

図5　中空軸平行カルダン式の動力伝達装置

図6　平行カルダン式の動力伝達装置

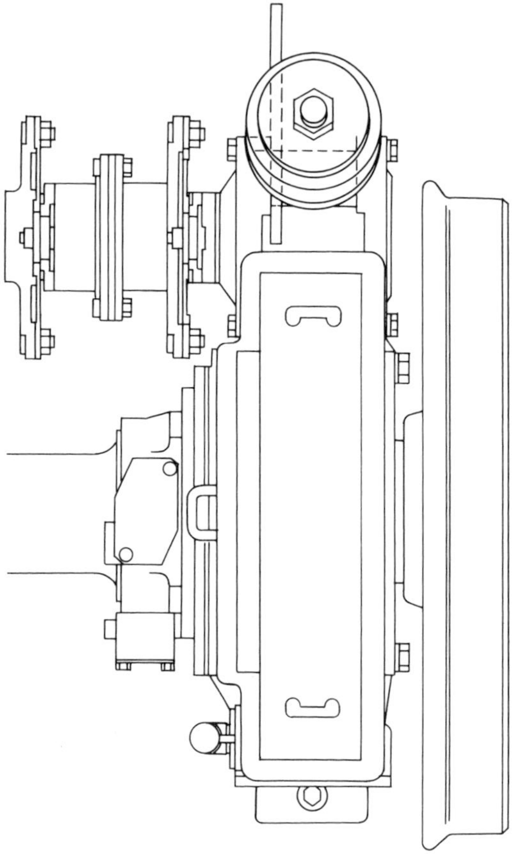

空とし,そのなかにカルダン軸を通し,両端にたわみ継手を設けて電機子軸と小歯車軸をつなぎ，主電動機に対する輪軸の相互偏差を許容している．また，この方式は主電動機の幅を大きくとれるため，電動機の出力容量を大きくでき，車輪間の狭い狭軌用に向く方式である．

図5は，国鉄の 101系電車のものの詳細で，歯車は圧力角の大きいヘリカルギヤを使用し，大歯車には緩衝ばねを挿入している．なお歯数比は 103系通勤形電車の6.07から 181系特急形電車の3.50の範囲が採用されている．

平行カルダン式（**図6**）は電機子軸端と小歯車軸端との中間にカルダン軸，たわみ継手が設けられたもので，車輪間の広い広軌の電車に普及している．営団地下鉄や新幹線電車に採用されているWN式（原設計はアメリカのウェスチングハウス社）はたわみ歯車継手（**図7**参照）である．

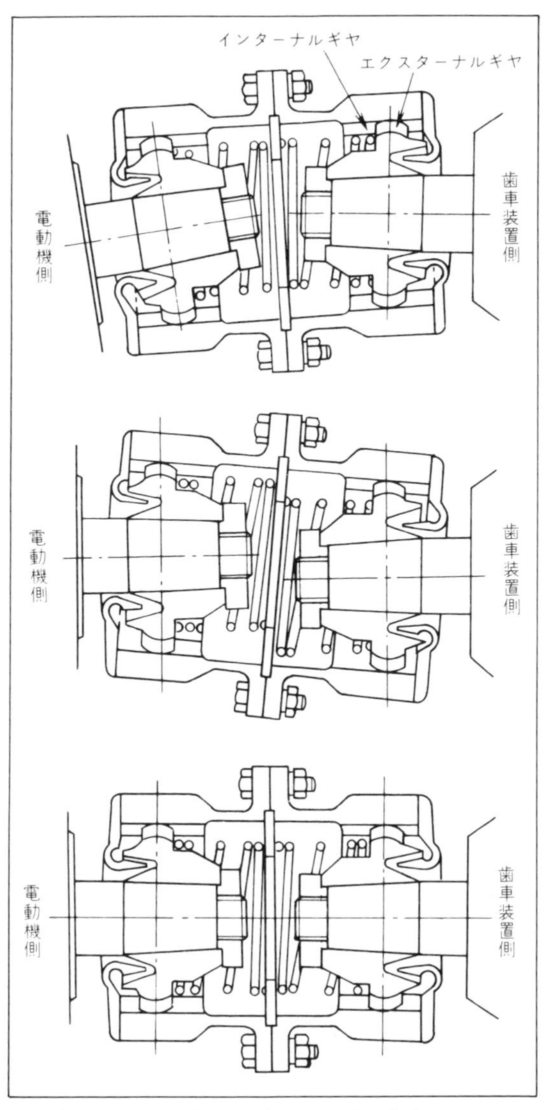

図7　たわみ歯車継手の構造

以上のカルダン式はいずれも故障が非常に少なく，また耐久性についてもとくに問題になることがないのが，採用後約20年をへた実績である．

参考文献

(1)　久保田：最新鉄道車両工学　交友社
(2)　福崎，沢野：電車と電気機関車，岩波書店

ディーゼル機関車の動力伝達装置

図1　引張力−速度特性

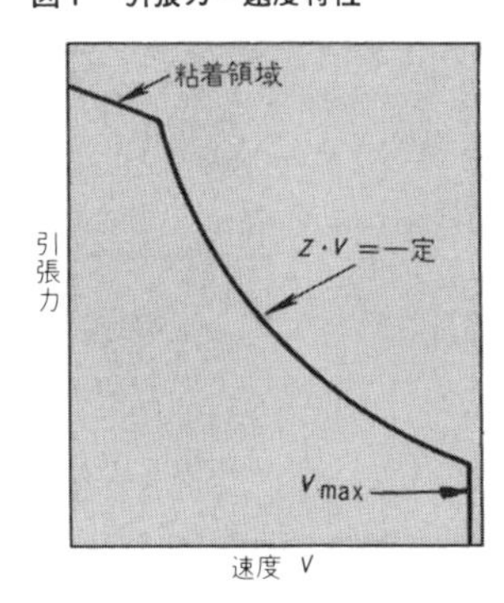

ディーゼル機関の出力を，車両の全速度範囲でつねに有効に発揮させるという要求から，理想的な引張力−速度特性曲線は，**図1**に示すような引張力×速度＝一定の曲線になる．

一方，ディーゼル機関はある回転数以下では運転不能であり，したがって，機関と動輪を直結した状態では始動できない．また，機関は使用回転数の範囲ではだいたいトルクは一定であるから，**図1**に示す引張力の要求（低速時相当の引張力が発揮できること）を直接満たすことはできない．したがって，機関と動輪との間になんらかの装置が必要になり，これを動力伝達装置と呼ぶ．

動力伝達装置の具備すべき条件はつぎのとおり．

ⓐ機関の出力をつねに最高に活用できること．

ⓑ伝達効率が高いこと．

ⓒ低速時相当の引張力が発揮できること．

ⓓ重量が軽く，操作が容易であること．

ⓔ価格が安く，保守が簡単であること．

現在使用されている動力伝達装置の種類は，歯車式，液体式，電気式の**3**種類に分類される．

歯車式動力伝達装置

歯車式動力伝達装置は，**図2**に示すようにディーゼル機関の出力を機関よりクラッチ，歯車式変速機，減速逆転機をへて機械的に動輪に伝える方式で，歯車式変速機の例を**図3**に示す．この変速機は**4**段変速で，変速レバー操作により速度段に応じた爪クラッチを結合させて変速を行なうもので，自動車と同じ方式である．その特性曲線の一例を**図4**に示す．

この方式は，現在では小馬力の産業用ディーゼル機関車などに使用されているにすぎない．

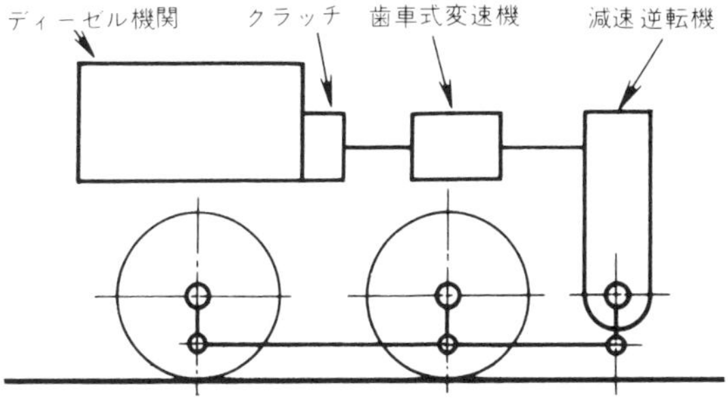

図２　歯車式動力伝達方式

図３　歯車式変速機

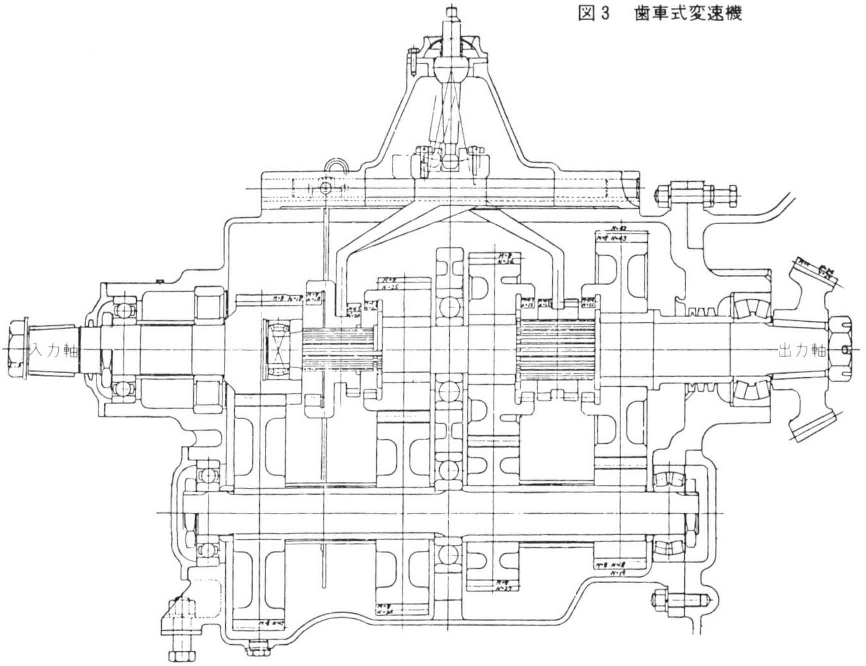

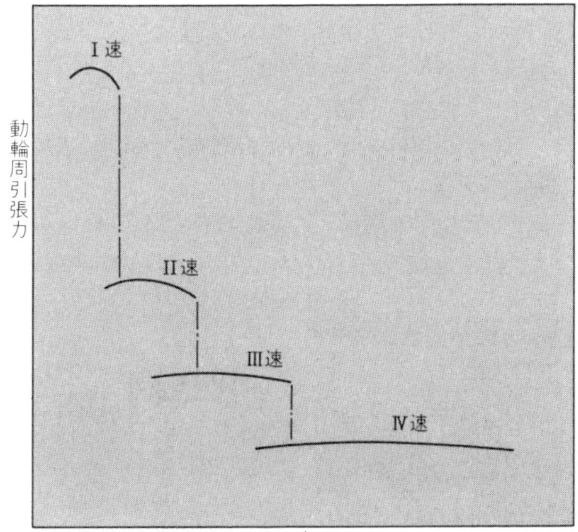

図４　歯車式動力伝達方式（引張力－速度特性曲線）

この方式の長所として，

①伝達効率が高く90%以上である，②構造が簡単である，③重量が軽く，価格が安い，一方，短所としては，①引張力ー速度曲線が階段的である，②変速に多少の熟練を必要とする，③重連運転に適さないなどがあげられる．

液体式動力伝達装置

液体式動力伝達装置の例として，ＤＤ51形ディーゼル機関車の動力伝達装置を**図5**に示す．

機関の回転力は第1推進軸を介して液体変速機に導かれ，液体変速機内部でトルクを増加するとともに逆転機構をへて変速機の出力軸に至り，さらに第2推進軸をへて第2位軸と第5位軸上の第1減速機に伝達される．第1減速機で1段減速された後，第1，第6位軸へ，さらに第3推進軸をへて第2減速機を介して回転力を伝達する．このように動力伝達装置は各部品を機械的に結合した全推進軸駆動方式を用い，運転室の前後に同一の動力伝達装置を2組備えている．次に，この装置の各部品について説明する．

(1)液体変速機

液体変速機は**図6**に示すように，機関からの駆動軸に直結したポンプ羽根車，出力軸に直結したタービン羽根車および固定羽根の3要素を1つの箱のなかに組合わせ，内部に液体（変速機油）をいれたものである．これを別名トルクコンバータ（略してコンバータ）と呼ぶ．

液体変速機を用いると，低速時は効率が悪いため，変速機油が加熱されるのでこれを冷却してやる必要があり，その放熱器はふつう機関連続定格出力の30%放熱で設計される．

液体変速機の長所は，①重量が軽い，②粘着性能がよい，③重連総括制御が容易である，④価格が安い，

図5　ＤＤ51動力伝達装置

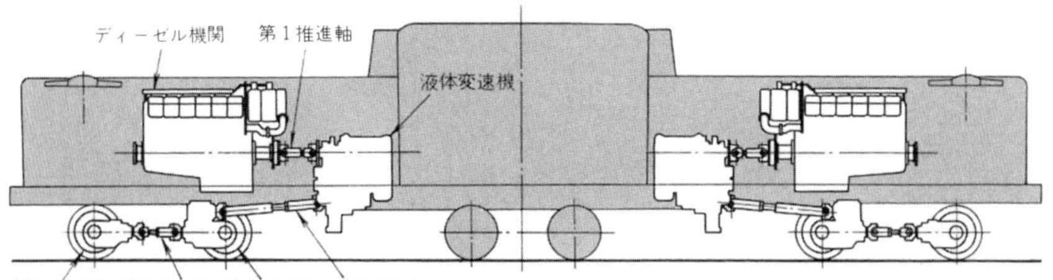

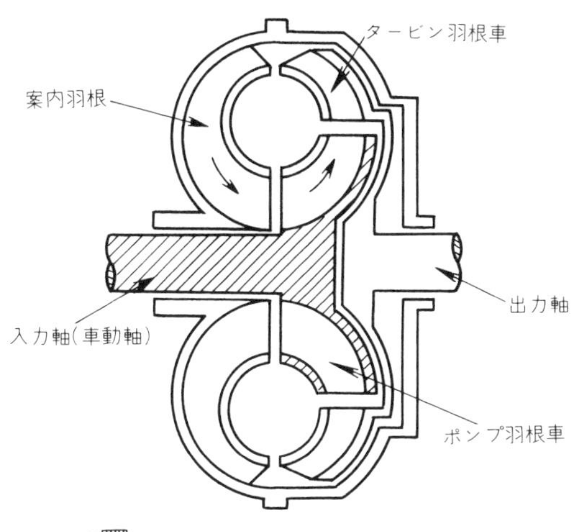

図 6　液体変速機の性能

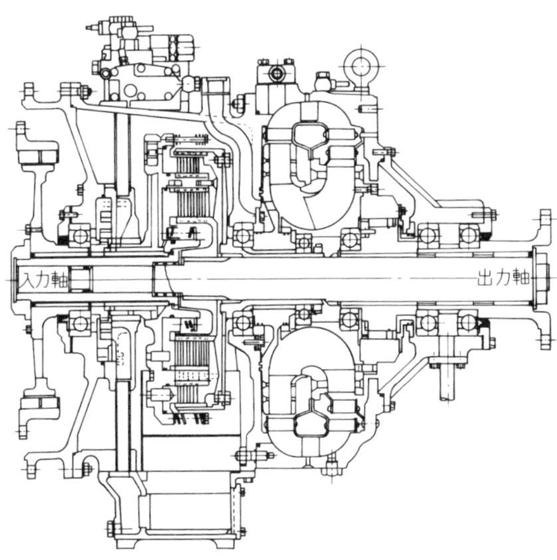

図 7　リスホルムスミス形液体変速機の例

一方，短所としては，①大出力のものは技術的にむずかしい，②低速時の効率が悪いなどがあげられる．

つぎに各種液体変速機についてみてみよう．

①リスホルムスミス形　変速段と直結段を持ち，車両の出発から中速域で変速段を使用し，高い速度域では直結段を使用して効率の低下を防止するもので，国鉄のディーゼル動車，入換用ディーゼル機関車および産業用ディーゼル機関車などに用いられている．

この形式の一例を**図 7** に示す．これは 6 要素 3 段形（ポンプ—第 1 タービン—第 1 固定羽根—第 2 タービン—第 2 固定羽根—第 3 タービン）で，その入力側にクラッチを，出力側にフリーホイール装置を設けてある．クラッチにより中立，変速，直結の切換えを行なう．また，フリーホイール装置により，変速運転中は

図8　ホイト形液体変速機の例

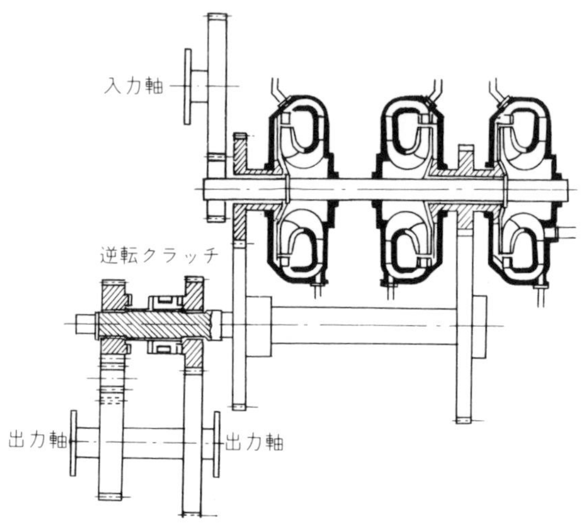

図9　メキドロ形液体変速機の例

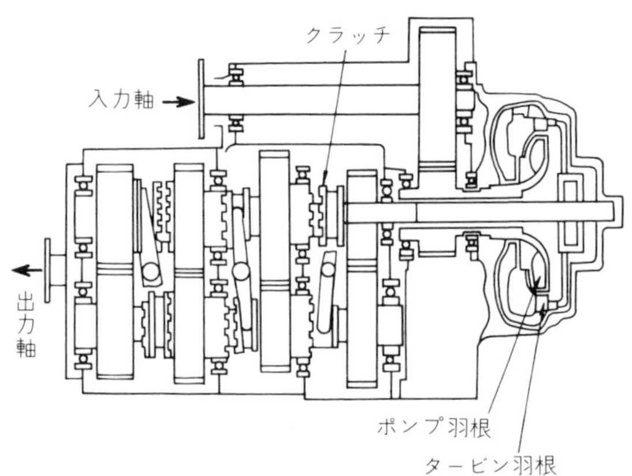

タービン羽根車の回転力を出力軸に伝えるが，直結運転中はタービン羽根車が出力側から回されることを防止している．

②ホイト形　全速度域にわたって液体伝動を行なうもので，複数のコンバータや液体継手と歯車の組合わせからなり，車速によってもっとも効率のよいコンバータや液体継手を選択して使用するタイプのものである．この切換えはコンバータ（または液体継手）内の油を充排して行なうが，入力軸と出力軸の速度比を油圧によって検出し，制御弁によって自動制御される．

図8はホイト形液体変速機の一例である．この形式のものは，全速度比にわたって機関の回転数がほとんど一定に保たれているので，機関は車速のいかんにかかわらずもっとも効率のよい回転数のもとに運転することが可能である．

③メキドロ形　1個のコンバータと歯車変速機の組

容量	1000PS / 1500rpm
変速方式	3個のコンバータの充排油による自動3段切換え
ストールトルク比	約5：3
最高効率	82.5%以上
出力側最高回転数	2300rpm
重量（乾燥）	3700kg

表1　DW 2A形液体変速機の主な仕様

合わせからなり，低速から高速の間に歯車切換えを自動的に行なって，低速を除く全域にわたって効率のよい所だけを用いるようにしたものである。

図9にその構造を示す．歯車切換えは速度比を油圧により検出して歯車に切換え指令を出し，爪クラッチによって行なわれるが，爪クラッチを歯車回転のままかみ合わせるために特殊な同期装置を用いている．

(2)DW 2 A形液体変速機

DW 2 A形変速機は，車速により使いわける3個のコンバータを内蔵した，充排油式3段自動切換えの国鉄標準形変速機である．

この変速機は前述のホイト形の流れをくむものであるが，コンバータの配列，歯車配列など構造，機構が独特のものになっている．**表1**にこの変速機の主な仕様を示す．

電気式動力伝達装置

電気式動力伝達装置は，**図10**にその構成を示すとおり，ディーゼル機関により主発電機を回し，その発生電力により主電動機を駆動し，車両を走行させるものである．

主発電機を分類すれば，直流発電機方式と交流発電機方式に分類される．前者は従来より使用されているが，後者は近年におけるディーゼル機関の大容量化の要求で出現し，優秀な整流器の開発と相まって3000PS以上の機関車では全面的に適用されている．主発電機は機関のクランク軸に直結され，軸受は反機関側だけに設け，片側は機関クランク軸の軸受で支える片軸受

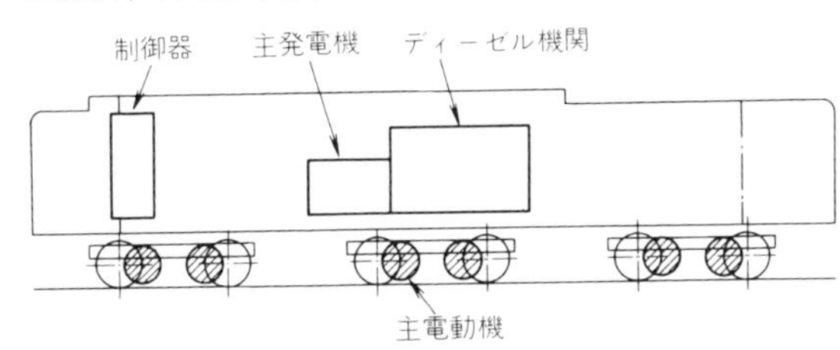

図10　電気式動力伝達方式

図11　機関発電機組合わせ曲線

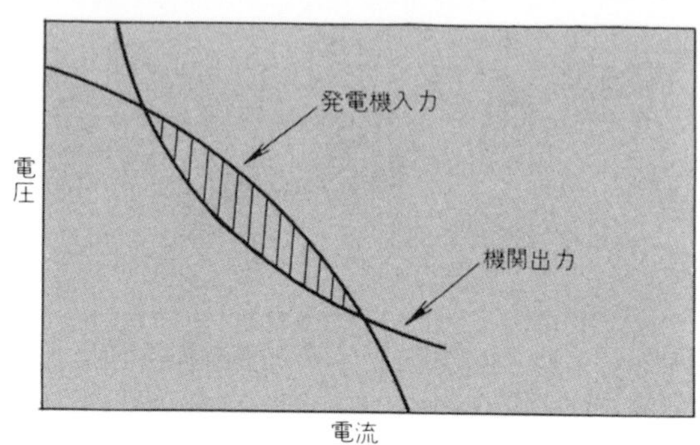

図12　差動複巻界磁式主発電機特性

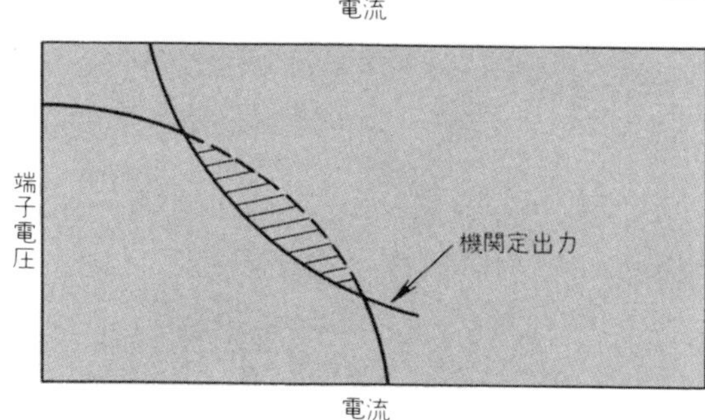

図13　差動励磁機式励磁機特性曲線

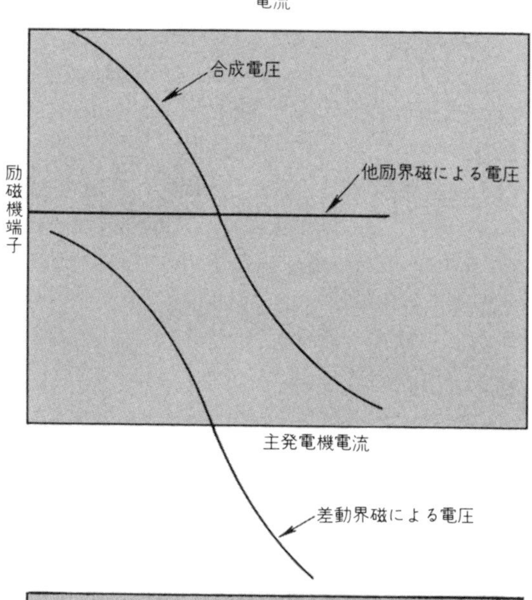

図14　差動励磁機式主発電機特性

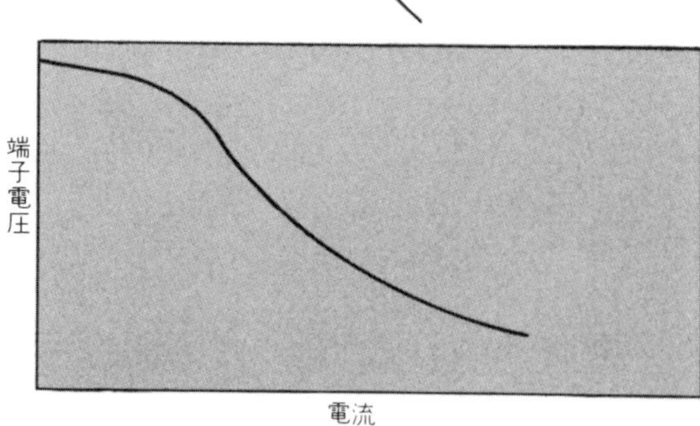

方式が一般に採用されている．

電気式動力伝達方式の長所は，①速度制御が簡単かつなめらかに行なえる，②重連総括制御が容易である，③速度の広い範囲にわたり機関の全出力に近い出力を出せる――など．

一方，この方式の短所は，①重量が重い，②価格が高いことである．

(1)直流発電機と直流電動機による方式

①差動複巻界磁式　ディーゼル機関の出力曲線と垂下特性をもたせた複巻発電機の負荷特性曲線を重ねた場合，**図11**のように重ね合わせるのが一般的で，この場合，図の斜線の部分では発電機の入力のほうが機関の出力を上まわるから，機関は過負荷になる．これを防止するため図の斜線の部分では機関の調速機と連動して動作する界磁調整抵抗器をもった他励界磁を設ける方法が使用されている．この方式はレンプ方式とも呼ばれる．

この特性は**図12**に示すように機関出力とは逆に上に凸になっているから，前述の他励界磁調整抵抗を機関の調速機と連動して自動的に調整して定出力を得るようにする．この方式は励磁機がないので簡単であるが，発電機としては構造が複雑になる欠点がある．

②差動励磁機式　主発電機は他励で，自励分巻，他励および主発電機電流による差動巻線を持つ励磁機によって励磁されるようになっている．**図13**はこの励磁機の特性曲線で，特殊な極配置により，端子電圧は発電機電流が増加すると降下する特性が得られる．この特性をもった励磁機で発電機の界磁を励磁すると，**図14**のような定出力特性を得ることができる．

ただし，この方式によっても発電機の特性は巻線の温度によって変化を生じ，また機関は大気の条件によって出力は一定とは限らず，完全に機関と発電機の特性が一致することにはならない．そこで一般には機関の調速機に内蔵される負荷調整器によって励磁機の他励界磁を自動調整する方法がとられる．この方式は特性がすぐれており，励磁機を必要とするが発電機の構造は簡単である．国鉄のＤＦ50形ディーゼル機関車はこの方式によっている．

(2)交流発電機と直流電動機による方式

この方式の特徴はつぎのとおりである．

①交流発電機は整流上の問題がないので，設計上自由度が大きく大容量のものができる.

②交流発電機／整流器の効率は，直流発電機より2～3％すぐれている.

③交流発電機は電機子反作用により減磁効果を持っているので,その固有特性として垂下特性をもっている.

④整流子がないので閃絡の危険がなく保守が容易である.

①直流励磁機式　直流励磁機式は制御性の良さにすぐれている. この方式は,主として米国,フランスなどで採用されているが，発電機はスリップリングおよびブラシを，励磁機は整流子およびブラシをもっており,これらの保守を必要とする.

②ブラシレス交流発電機式　主発電機はブラシレス同期発電機であるので，整流子はもちろん，ブラシ，スリップリングがなく，保守はほとんど不用である.交流励磁機および回転整流器は主発電機の軸上に組み立てられるので,主発電機の回転界磁に直接励磁電流を供給することができ，このため，ブラシレスが構成される.

主発電機の制御は，機関出力（回転数）に応じた一定の励磁と，機関調速機によって制御される可変励磁の組合わせによって，定出力特性を得ている.

(3)交流発電機と誘導電動機による方式

この方式は，ディーゼル機関で3相交流主発電機を駆動し，ここで発生した電力を主整流装置によって直流に変換し，さらに電圧可変・周波数可変インバータによって，これを3相交流に変換し，3相交流誘導電動機へ給電して，車両を駆動するもので，軽量化と保守の簡易化をねらってドイツで試作されたもので，現在試用中である.

参考文献

玉置・寺山：概説ディーゼル機関車，交友社
大塚：鉄道車両一研究資料，日刊工業新聞社
French Railway Techniques
No.1，1963
〃　No.4，1969

磁気浮上リニアモーターカー

日向灘に沿って伸びる浮上式鉄道宮崎実験線．交差する鉄道は日豊本線，手前は宮崎浮上式鉄道実験センタである．延長7080m，幅 6 m のガイドウェイ上を疾走するML-500が見える．

国鉄は，東海道新幹線開業前の1962（昭和37）年にリニアモーターカーの研究をスタート，各種支持方式，案内方式などの基礎研究を始め，リニアモータ高速性能試験，超電導磁気浮上特性基礎試験などを進めて，磁気浮上実験車両（LSM200，ML100，ML100A）の走行実験に成功している．

1975（昭和50）年には宮崎で実験線の建設に着手，1977年７月からは，一部完成した実験線を使って，ML-500実験車両による走行実験を開始した．そして1979年８月には，幅６ｍ，長さ７kmのガイドウェイが完成，開発目標速度500km/hをめざす速度向上試験へと進み，79年12月21日，ついに時速517kmを達成した．

これは，超電導磁気浮上（支持・案内）リニアシンクロナスモータ推進方式の超高速鉄道が基本的に成立することを実証するものであった，こうした一連の実験により，所期の目標であったその基本特性の確認と，理論解析に必要なデータを得て，車両運動を含む各種の動的特性も明らかになった．

これらの成果をもとに，実用化に際して最も有利と思われるU形ガイドウェイと箱形車両による実験を行なうために，ガイドウェイをU形に改造し，実験車両を新しく製作した．

80年には，延長４kmのU形ガイドウェイが完成，１両の実験車両「MLU001」を使って実験を開始することになった．最終的には３両編成の実験車両が，全長７kmのU形ガイドウェイを快走することになる．

国鉄リニアモーターカー開発の歴史をたどりながら，そのメカニズム，性能，各種試験機なども合わせて紹介する．

（資料提供：日本国有鉄道）

国鉄が開発中の超電導磁気誘導反発形リニアモータは，図のようなしくみになっている．

磁石の同極どうしが反発し合うという性質を利用して，車上の超電導磁石と地上コイル（電磁石）の同極反発力を使い，浮上させる．そして，地上の推進案内用コイルに電流を流し，車上の超電導磁石との間に引き合う力が生じるので，その力を利用して前進する（リニアシンクロナスモータ推進）．スタート時，低速時は，補助支持車輪を使って走行する．

超電導とは，ニオブチタンなどある種の金属を－270℃くらいまで冷却させると，電気抵抗がなくなる現象．このような金属を使ってコイルをつくり，極低温状態で電流を流すと，電気抵抗がないために電源を取り払っても電流はコイル内を流れ続ける．この状態で利用するのが超電導磁石である．

コイルの冷却は，クライオスタットと呼ぶ断熱構造の極低温容器内にコイルを固定し，液体ヘリウムを使って行なう．

なお，図はU形ガイドウェイと箱形車両「MLU 001」の断面である．

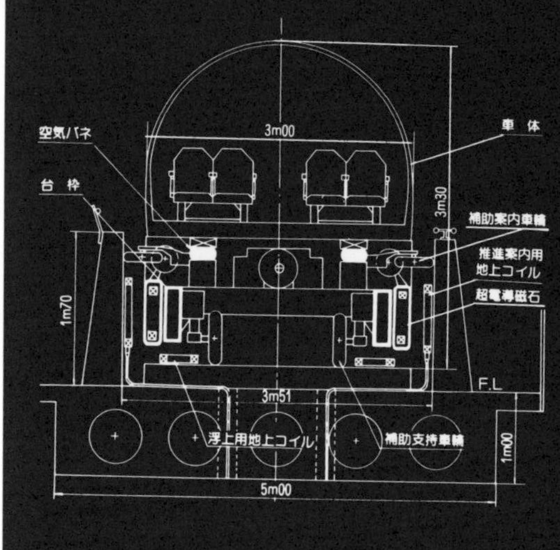

1963

リニアインダクションモータ走行実験車両１号機（昭和38＝1963年10月）．国鉄が初めて試作したリニアモータ走行実験車両である．

1969

リニアインダクションモータの高速性能試験装置（昭和44＝1969年３月）．中央に見える円盤をリニアモータで回転させて，400km/h までのリニアインダクションモータの高速性能を研究した．

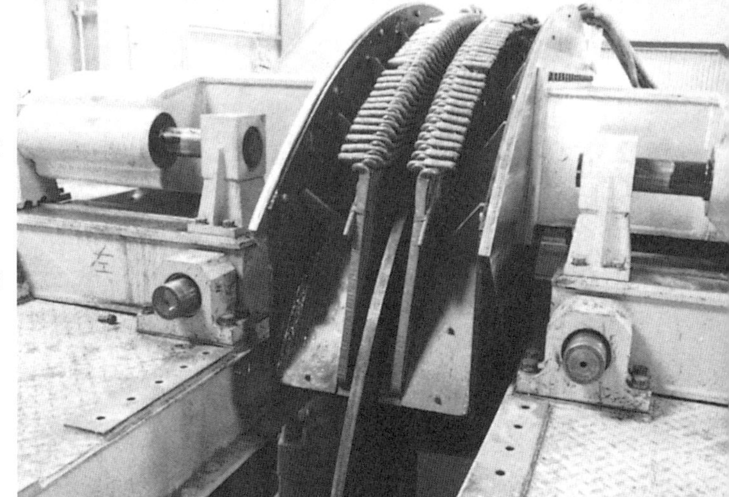

1971

超電導磁気浮上特性基礎試験装置（昭和46＝1971年３月）．ある種の金属を－270℃くらいまで冷却すると，電気抵抗がまったくなくなる，という超電導現象を利用して，磁気誘導反発形の支持方式ができるかどうか，またその特性はどんなものかを研究した．

1972

超電導磁気浮上リニアシンクロナスモータ推進実験車両ＬＳＭ200(昭和47＝1972年３月)．世界で初めて超電導磁気浮上走行に成功した実験車両である．車両の重量は2000kg，最高速度50km/h.

1972

超電導磁気浮上リニアインダクションモータ推進実験車両ＭＬ100(昭和47＝1972年８月)．車体重量3500kg，最高速度60km/h，４座席を持ち，平均浮上高さ10cmで快走した．昭和47年10月に，鉄道100年を記念して一般公開されたもの．

1975

超電導磁気浮上リニアシンクロナスモータ推進実験車両ＭＬ100Ａ(昭和50＝1975年７月)．宮崎実験線のＭＬ-500と同じ方式を採用している．重量3600kg，最高速度60km/hである．下の写真は，浮上走行中，支持車輪が浮き上がっているところ．

1976
|
1979

完成したガイドウェイ．たてに並んで見える四角い輪は推進案内用地上コイル，下側に並んでいるのが浮上用地上コイルである．

指令室の操作盤．中央には力行，ブレーキを指令するマスコンハンドル，左は走行条件を示すディスプレイ装置，右上には丸いスピードメータが見える．テーブル右のボタンは，自動走行時の発進用である．

浮上体位置ディスプレイ．操作盤の上部には，浮上体の位置，車輪走行，浮上走行の区別を示すディスプレイがあり，その右側には時速600kmまで指示できる大形のスピードメータが見える．右下の写真は，1979年12月21日に時速517kmの世界記録を達成した瞬間を示すスピードメータ．

横から見たＭＬ-500. 補助支持車輪が見える.

実験線のカーブ区間(4.3km地点〜6.6km地点. ℓ＝2.3km, R＝10,000m）を走行中のＭＬ-500. カントによって車両が内側に傾斜しているのがわかる.

模擬トンネル（長さ350m, 鋼製）内のＭＬ-500. 運輸省の開発調査委託を受け, トンネル走行時の諸特性（車両運動, 列車風, トンネル内圧力, 磁界など）の把握を行なった.

車輪を引き上げ，浮上走行中のML-500.

尾翼を付けてテストを行なっているML-500. 通常は翼を付けない.

試作した車載形ヘリウム冷凍機. 超電導磁石を冷却してガス化したヘリウムを，ふたたび液化させて再利用するためのシステムである. 下の写真は，その車載形ヘリウム冷凍液化機器を積載したML－500R.

U形実験用箱形車両は，MLU　001と名づけられ，1～3両編成で走行実験を行なう．浮上（支持・案内）・推進併用の超電導磁石，ヘリウム冷凍液化機器を積載し，将来座席を設けるためのスペースも確保されている．

サイズは，幅 3.0m，高さ 3.3mで，1両の場合は尾部に空気の流れを良くするためにダミーを設ける．長さ12.2m，重量約10 tonである．

3両編成時には，全長約30m，重量約30 tonになる．

1980

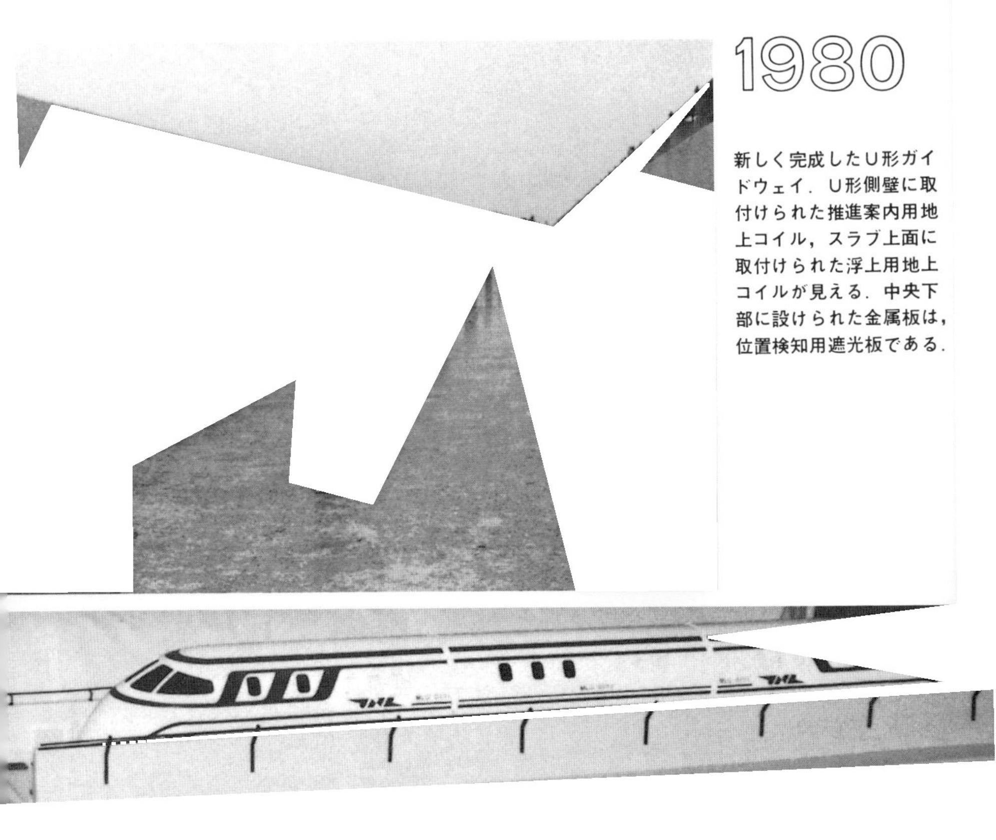

新しく完成したU形ガイドウェイ．U形側壁に取付けられた推進案内用地上コイル，スラブ上面に取付けられた浮上用地上コイルが見える．中央下部に設けられた金属板は，位置検知用遮光板である．

MLU　001の3両編成模型（スケール1/25）と，1両で走行するために尾部にダミーを追加した模型（スケール1/20）．

第4章

走り装置・その他の機器

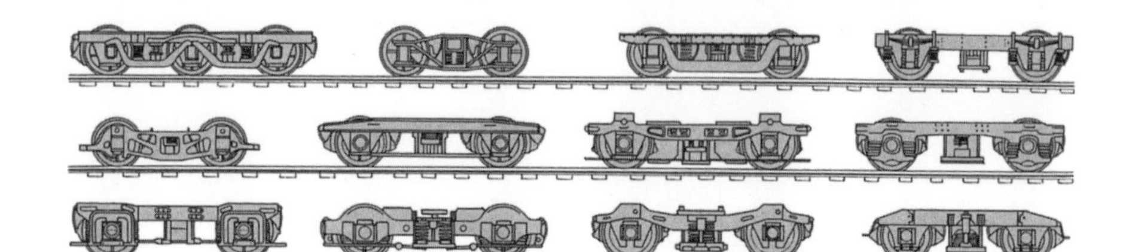

変遷史からみた
旅客車用台車の問題点

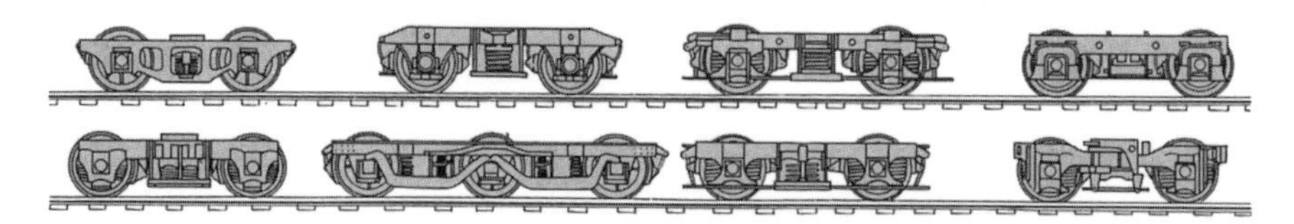

旅客車用台車と貨車用台車

現在の鉄道車両は一部の貨車を除けば，機関車も客貨車もおしなべてボギー式の構造になっている．すなわち心皿を中心として，自由に転向できる前後2組の台車の上に長い車体をかけ渡した様式のものである．当初は線路のカーブにうまく沿って走れるということからスタートしたが，同時に走行性能がよい——走行に際して軌道に不整があっても車体は比較的スムースに走る，あるいは脱線しにくい——という大きな付帯的メリットのあることがわかった．

このようなボギー式車両の考案は遠い昔の1800年代の前半になされ，とくに軌道状態の悪いアメリカでの普及が早かった．**図1**のように創製期のころの台車構造はきわめて簡単であったが，その後性能向上，とりわけ旅客車用のものは振動性能，いいかえれば乗り心地をよくするために，ばね系を中心とした各種の工夫がこらされ，千差万別の種類が生じた．

アメリカとヨーロッパとではおのずからその手法が

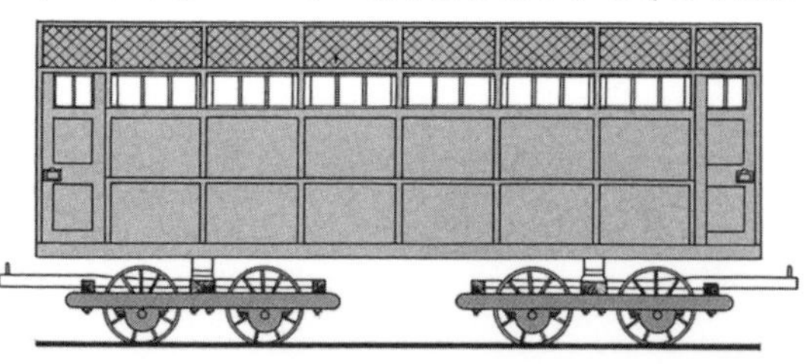

図1　最初のボギー車（ボルチモア・オハイオ鉄道：1831年）

違っていたが，第2次大戦後，とりわけ近年になって欧米の手法が多少とも相互に融和するような様相をとりはじめている．しかし貨車用台車は現在もなお，アメリカとヨーロッパとではその手法がまったく異なっている(**図2**)．

旅客車用台車は，高速運転に応じられる走行性能のよさと乗り心地の向上をはかるため，懸架装置やばね装置について十分な配慮がなされなければならない．

いっぽう貨車用台車は，一般に旅客車に比べてはるかに数量の多い貨車を対象とするため，生産コストの引き下げが重要な要素になる．また，旅客車に比べて速度が低いことともに，日常の点検や保守，修繕の条件が旅客車の場合ほどきめ細かくなされないので，多少の走行性能，振動特性は犠牲にしても，構造のより簡潔なことが大きな要件になる．

このようなことで，旅客車用と貨車用とでは台車の構造上に大きな開きがある．ここでは主として旅客車用の台車を扱うことにする．

●●●●●●●●●●●●●●●●●●●●●●●●●●●

台車の構造

台車の基本構造としては，前後2対または3対の車輪と車軸の組み立てたもの(輪軸)を，軸受を通じて支

a：アメリカ・枕ばね式

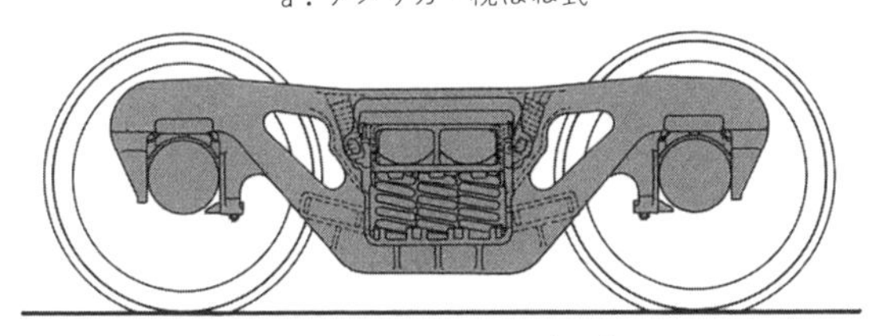

b：ヨーロッパ・軸ばね式

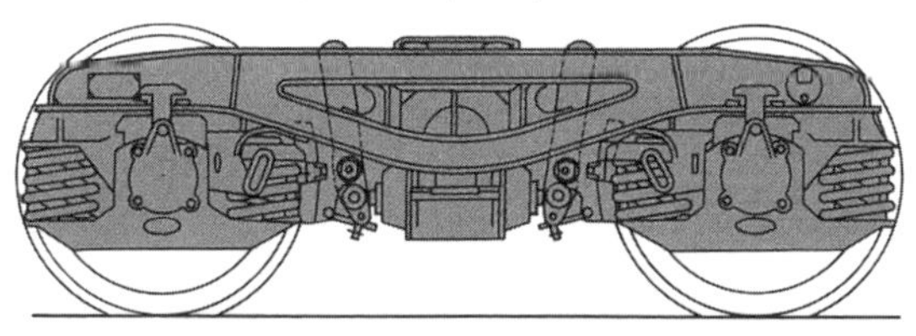

図2　貨車用台車2種

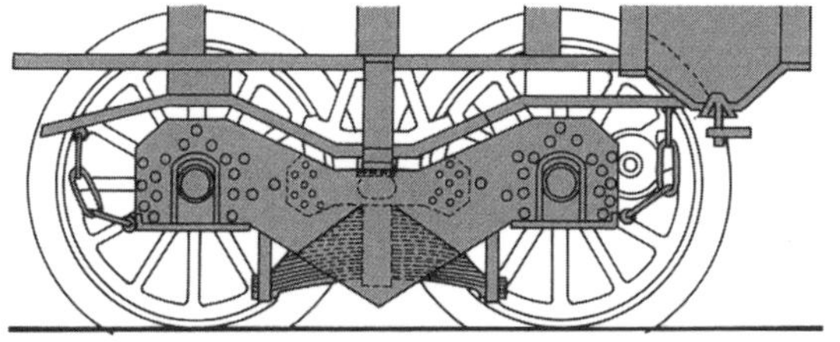

図3　ボギー式車両創始のころの台車

写真1　軸ばね，枕ばねを備えた現在の標準台車(国鉄TR62形)

持する左右の側(がわ)ばりと，これら側ばりの左右間を結びつける枕ばり,または横ばりからできている.側ばりと枕ばり，または横ばりで構成したわく組みを台車わくという.そして枕ばりの中央には心皿,または中心ピンがあって，これを中心として台車は車体に対して自由に旋回し転向することができる.

ボギー式車両が創始された当時のばね装置は，**図3**のように枕ばりの部分にだけばね（このばねを枕ばねとよぶ)を取り付ける手法であったが,その後間もなく軸受を納めている軸箱付近にもばね（軸ばねとよぶ）を取り付けることが始まった.つまり軸ばねと枕ばねを組み合わせた2段構えの方式が採用された.この手法が現在にまで継続されている(**写真1**).

車両の走行に際して，軌道に多少の不整があっても乗り心地が低下しないように，これらのばねの適正な組合わせや，台車各部に種々の工夫がこらされたのである.

旅客車用台車の高速時における性能向上に関して，ちかごろ話題になっている2，3の事項を以下に記す.

●●●●●●●●●●●●●●●●●●●●●●●●●●

軸箱支持方式

台車に軸ばねのなかったきわめて初期のころ，軸箱は直接側ばりに固着された．しかし軸ばねが設けられるようになると，軸箱は，側ばりに対して上下方向の運動をしなくてはならず，いっぽう台車の前後・左右方向にはその動きを抑制されなくてはならないので，軸箱の上下案内が必要になる．したがって軸箱の案内は，前後・左右の側に軸箱が摺動するなめらかな面をもっている．

車両が走行する間，軸箱はこの面に沿って絶えず上下に摺動するので，この面の摩擦や摩耗を少なくする必要がある．それゆえ，この摺動面には通常は一方が軟鋼，他方が硬度の高い肌焼き鋼やマンガン鋼，ときには砲金のような材料でつくった当て金(すり板)が取り付けられる．

近年，日本ではこの部に耐摩レジンを張りつけることが多い．しかし軸箱案内の部分に耐摩レジンを使用することは，外国では日本ほど普及していない．

いずれにせよ軸箱やその案内は軌道に近い，車両の低い位置にあるので，砂塵その他の物質が摺動部の隙間にまぎれこみやすく，これがみがき砂のような作用をするので，この部に摩耗が発生する．この部の摩耗が進んでガタが大きくなると，1組の輪軸にいわゆる1軸蛇行が発生しやすくなって，車両の振動状態が低下，とりわけ左右動が激しくなる．

したがって通常の軸箱案内によらず，軸箱には上下方向の動きこそ許すが，前後，ならびに左右方向についてはガタが生じないように，しっかりと支持する方法がいろいろと工夫されるようになった．これは高速運転に際してもっとも重要な事項である．

このような趣旨による軸箱の支持方式としては，つぎのようなものがある．

① 軸ばり式

② アルストム式

③ 円筒軸箱案内式

④ ミンデン式

⑤ ゴムサンドイッチ（シェブロン）式

⑥ その他

①軸ばり式(**図4，図5**)：比較的その歴史が古く，第2次大戦以前にもしばしば見受けられた．通常の軸箱案内をまったく除去し，軸箱はその片側に設けた腕（軸ばりとよぶ）を通じて台車の側ばりと水平方向のピン接手で結合される．

②アルストム式(**図6，図7**)：第2次大戦のころに出現した．軸ばり式が軸箱の片側で支持するのに対し，これは軸箱の両側にある腕で支えている．ただしこの場合，両側の腕は軸箱に固定されず，水平方向のピンで結合される．したがって軸箱1個につきピン接手が4か所できる．このピン接手は，**図7**のように一般に筒形ゴム接着のブシュを挿入して，ピンまわりの摺動をさけるようにしたものが多い．

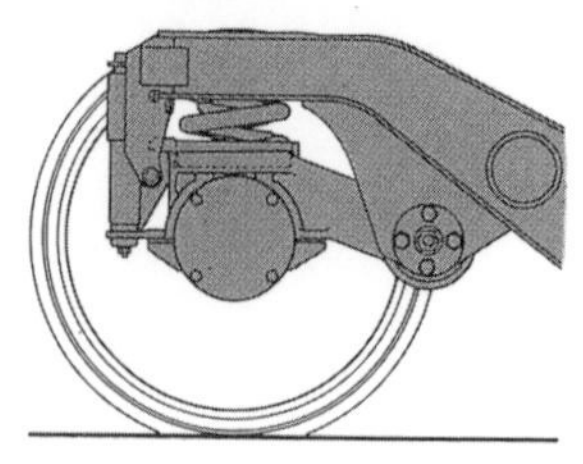

図4　軸ばり式軸箱支持（フランス国鉄Y32E台車）

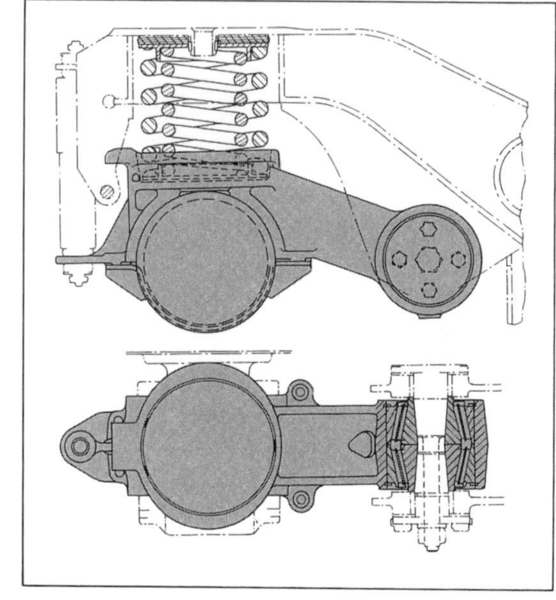

図5　軸ばり式軸箱支持の取付けピン接手

支持腕は通常鋼製の剛体であるが，変種として**図8**のようにばね鋼でできた上下方向に多少撓むようになったものもある．この場合，支持腕のいずれか一端はピン接手によらず，直接ボルトで固定できる．

③円筒軸箱案内式(写真2，図9)：第2次大戦直前のころに現われた．通常の軸箱案内の摺動面が断面矩形の平面であるのに対し，これは円筒形とし，摺動部分は外部から塵埃が侵入しないように密閉されており，さらにこの部分は油浸（オイルバス）になっていて，摩擦や摩耗の対策をはかるとともに，油ダンパの役をして軸ばねに減衰効果を与えるようになっている．

変種として油浸式の代わりに乾式とし，また本来の

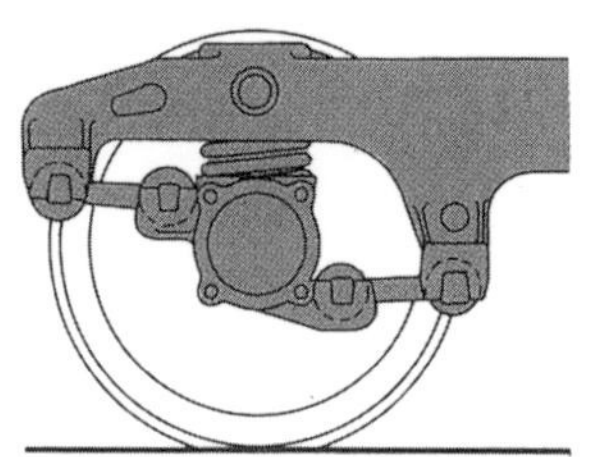

図6　アルストム式軸箱支持（日本の私鉄電車）

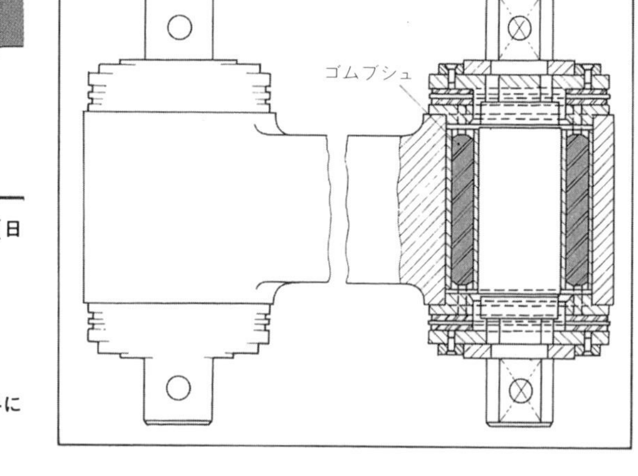

図7　アルストム式のピン接手に使用されるゴム入りブシュ

ものが砲金と軟鋼との接触摺動となっているのに対し，耐摩レジンをすり板として使用したものがある．これは近年，わが国で多く見受けられる方式である．この場合減衰効果は得られない．

④ミンデン式(図10)：第２次大戦直後のころに現われた．軸箱の両側に上下方向に撓むばね板を固着し，このばね板の他端は側ばりにボルトで取り付ける．この支持ばね板の一端は，軸箱の上下動によって多少前後方向に動くので，側ばりへの取付けは前後方向に撓むことができる垂直のばね板を介して行なっている．

変種として，この垂直方向のばね板の使用をさけるため，**図11**のように軸箱を支持するばね板の側ばりへの取付けは，特殊の筒形のゴムブシュを介して行ない，前後方向の移動はこのブシュのゴムの撓みによって得られるようにしたものがある．新幹線電車の台車はこの方式である(**写真３**)．

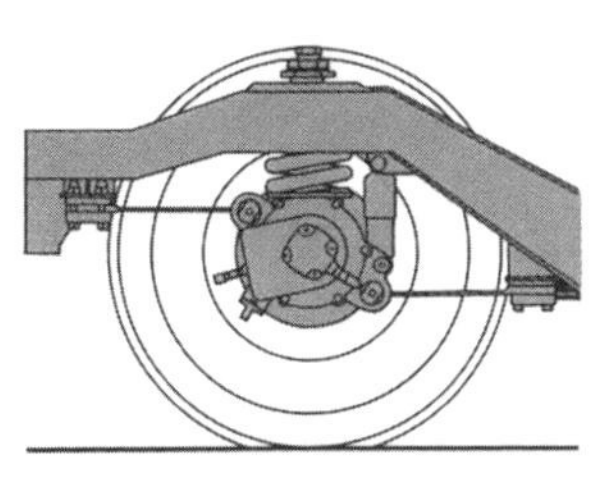

図８　ばね板によるアルストム式の変種(ドイツ国鉄)

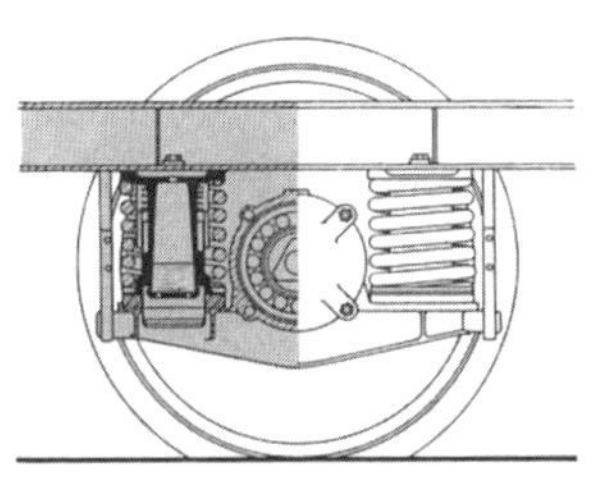

図９　円筒軸箱案内・外筒に油が貯めてある

写真２　円筒軸箱案内式軸箱支持の台車(京阪電鉄)

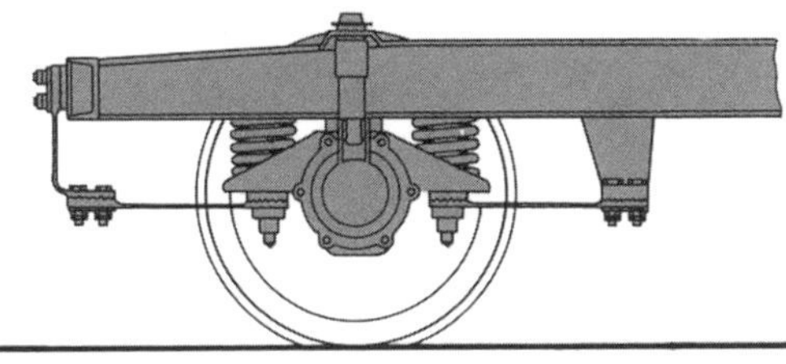

図10　ミンデン式軸箱支持（ドイツ国鉄）

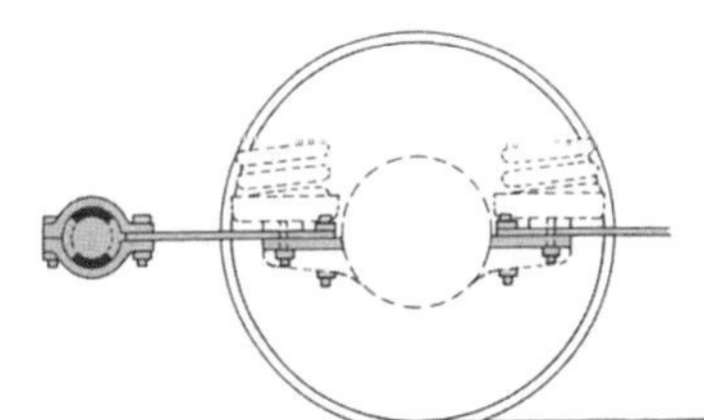

図11　新幹線の軸箱支持・ゴムブシュを介して側ばりへ取付け

写真３　新幹線用DT200台車

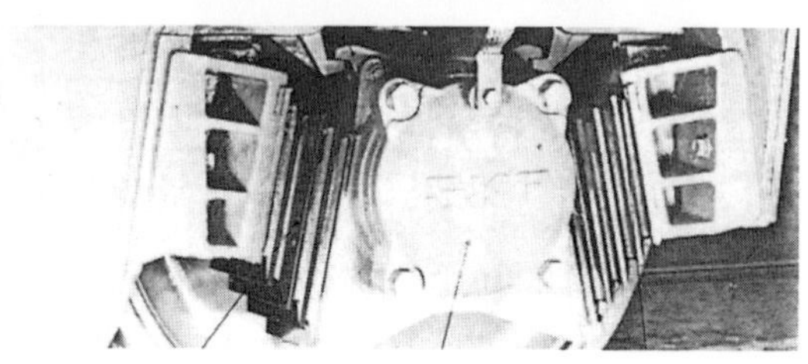

写真４　ゴムサンドイッチ式軸箱支持の台車(フランス国鉄)

また別の変種として，軸箱の両側にある板ばねを，軸箱の片側だけとし，片側に２枚のばね板で軸箱を支持する方式のものもある．

⑤ゴムサンドイッチ式(写真４，図12)：ゴムと鋼板とを交互に接着して得られる積層ゴムを軸箱と軸箱案内の間に取り付け，軸箱の支持を兼ねて積層ゴムのせん断方向のばね作用を利用して軸ばねの作用をさせる方式である．これも第２次大戦直前ころに出現した．積層ゴムは通常軸箱に対して斜めに取り付けて，単純なせん断方向だけでなく，多少ゴムの圧縮方向にも荷重がかかるようにしている．このゴムサンドイッチによる方式を一名“シェブロン方式”ともいう．

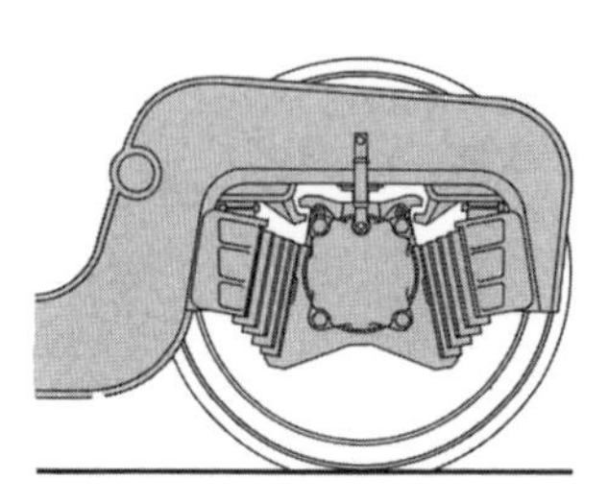

図12　ゴムサンドイッチ式軸箱支持用の積層ゴム

変種として積層ゴムを円筒状にし，前記の円筒軸箱案内方式と組み合わせた様式のものもある(**図13,図14**)．このほかシェブロン方式で，積層ゴムを垂直に取り付けて，大きな垂直荷重に対しては**図14**と同様に通常の軸ばね(コイルばね)と併用する場合もある．

高速運転のため，とりわけ車両の横揺れ防止策としては，以上のような軸箱支持方式のいずれかによらなくてはならない．要は軸箱とその案内の間にガタができないよう，また輪軸を上下方向以外には確実に支持す

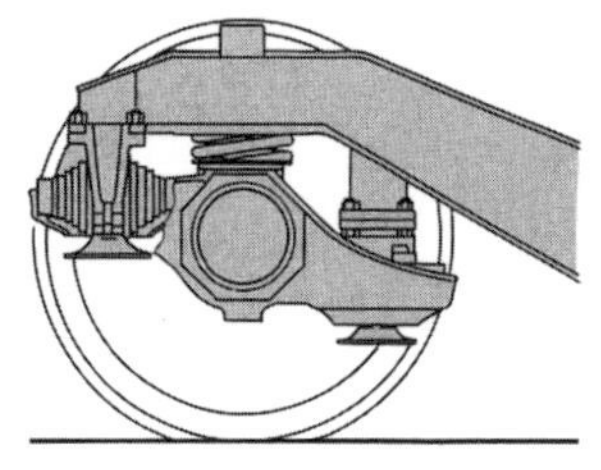

図13　円筒形積層ゴムによる軸箱支持

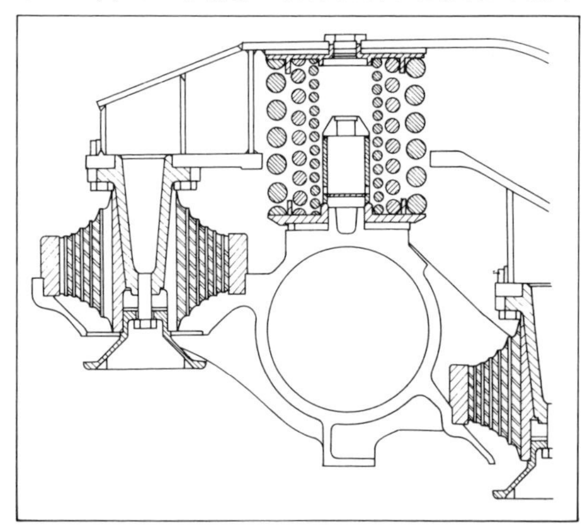

図14　円筒形積層ゴム支持部詳細

写真 5　アメリカで開発された釣合ばり(イコライザ)付き台車

ることが大切である.

以上の各方式はすでに記したように，いずれも第2次大戦前後のころから出現し,次第に幅広く採用されるようになった．そしていずれもいい合わせたようにヨーロッパで開発されたもので，アメリカではこのような趣旨のものはまったく出現していない.

もともとアメリカでは，ボギー式の旅客車が出現した直後のころから,その台車には釣合ばり(イコライザ)というものがいち早く採用された．釣合ばりは**写真5**のように前後の軸箱の間にかけ渡して，字句の通り台車の各車輪に加わる荷重を均等化する(釣り合わせる)目的のものとされた.

アメリカ大陸開拓当時の軌道の状態はすこぶる貧弱で，レールの凸凹や屈曲は少なからぬものがあった．このような場合，各車輪にできるだけ均等に車体の荷重をかけて各車輪に浮き上がりがないようにするためには，釣合ばりの効果が大きかったと思われる.

しかし近年釣合ばりに対する評価は多分に変わってきた．とくにアメリカ以外の国の多くは釣合ばりは無用の存在で，いたずらにばね下重量を増すだけであるとの見解をいだくようになった．いっぽうアメリカでは，いまもなお通常様式の上下に摺動する矩形断面の軸箱案内が普通である．この摺動面にガタが大きくなった場合，軸箱は個々に勝手な動きをするから，輪軸の1軸蛇行の発生がさけられない．このことはすでに記した通りであるが，この際釣合ばりで軸箱をしっかり抱きかかえておくと，1軸蛇行はさけられる，という釣合ばり本来の目的とはいささか違った意味のメリットがあるようだ.

アメリカでは今も釣合ばり偏重の傾向のあることを見逃がせない．見方によっては釣合ばりになみなみならない執着があるように思われる．ニューヨーク～ワシントン間の高速運転で評判の特急電車メトロライナーの台車もやはり釣合ばり付きである（**写真6**）.

写真 6　高速電車メトロライナーの台車

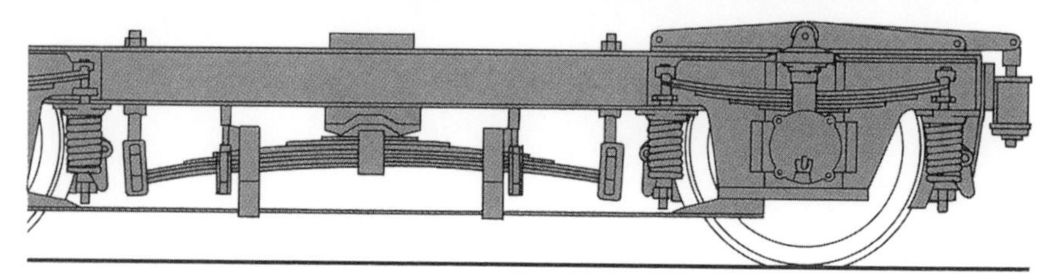

図15　第2次大戦前ドイツで普及したゲルリッツ台車．軸ばねにも板ばねを使用している

ヨーロッパでも1900年ごろから第2次大戦前までの間，イギリスやフランスをはじめドイツなどでも，こぞってアメリカ流の釣合ばりを旅客車の台車に採用した．しかし第2次大戦後になると，ヨーロッパで新製したものには釣合ばりはまったく見られない．日本でも同様である．

さて現行の軸箱支持方式は，全部ヨーロッパで開発されたものであり，日本独自の方式は残念ながら出現していない．日本独自の優秀な軸箱支持方式の開発は，台車設計者に与えられた大きな課題のひとつである．

●●●●●●●●●●●●●●●●●●●●●●●●

台車用ばねの選定

台車に使用する個々のばねの選定もさることながら，軸ばねと枕ばねの組合わせということがむつかしい．もちろん，軸ばねと枕ばねとを総合したばねの撓みは，制限の許すかぎり大きくすることが望ましい．平易にいえば，ばねはできるだけ柔らかくしたい．しかし連結器の高さの最低・最高限度，あるいは車体の沈みによるロード・クリアランスの抵触などで制限を受けて，むやみに柔らかくすることができない．

ところで，旅客車用の台車には古くからコイルばねと板ばねとを組合わせて使用した．戦前，アメリカの釣合ばり付き台車には**写真5**のように，軸ばねとしては釣合ばりにコイルばね(釣合ばねとよぶ)を取り付け，そして枕ばねには板ばねを使用した．

これに対しヨーロッパでは**図15**のように軸ばねにも板ばねを使用することが多かった．ただし軸ばねに使用する板ばねには，その両端のばね釣り部分に小形のコイルばね,またはゴム片を挿入したものが多い．びびり振動除去のためである．そして枕ばねには板ばね，ときとしてコイルばね――あまり撓みの大きくないもの――が使用された．

ヨーロッパ，アメリカともに板ばねの採用が欠かせなかったのは，油ダンパのような適当な減衰装置がなかったため，減衰効果はもっぱら板ばねのばね板間の摩擦にたよっていたためである．しかし第2次大戦直前の頃，自動車の世界に油ダンパ（ショックアブソーバ）が出現し，これが発達したため，アメリカでいち早く旅客車用の台車に取り入れた．

すなわち従来枕ばねには板ばねというのが原則になっていたが，板ばねは構成しているばね板間の摩擦が板の表面の状態でいちじるしく変化し，また一般にこの摩擦が大きすぎて車輪からくるびびり振動を除去しにくかった．そこでこれをコイルばねに変え，油ダンパを付加した(**写真7**)．これで鉄道旅客車の振動性能は格段に向上したのである．

戦後になってヨーロッパもこれにならい，現在では世界各国ともに新形台車では，ばねが鋼製の場合，ほとんどが軸ばねも枕ばねもともどもコイルばねによっている．

戦後，鉄道車両用のばねとして新たに空気ばねが登場した．これは鉄道車両に引きつづいて自動車にも利用された．鉄道車両用空気ばねの開発と実用化は日本が一番早く(**写真8**)，鉄道車両用では現在世界中で日本がもっとも普及している．軸ばね，枕ばねともにコイルばねを使用したいわゆる"オールコイルばね台車"で格段に向上した鉄道車両の乗り心地は，空気ばねの出現でさらに飛躍的な進歩を見たのである．

空気ばねの鉄道車両への採用については，その開発当時，すなわち1950年代にはドイツやフランスあたりでは空気ばねの採用を多分に逡巡していた．そして日本だけが独走の形であった．しかしその後空気ばねのよさ，とりわけ乗り心地のよさということ以外に，車両の荷重の変化，すなわち乗客の多少にかかわらず空気ばねならば，車両の高さを一定に保てる，という空気ばねの付帯的なメリットの認識も深まって，結局はヨーロッパもアメリカもこぞって空気ばねの大幅な採用となったのである．

写真7　初期の全コイルばね台車（ミルウォーキ鉄道）

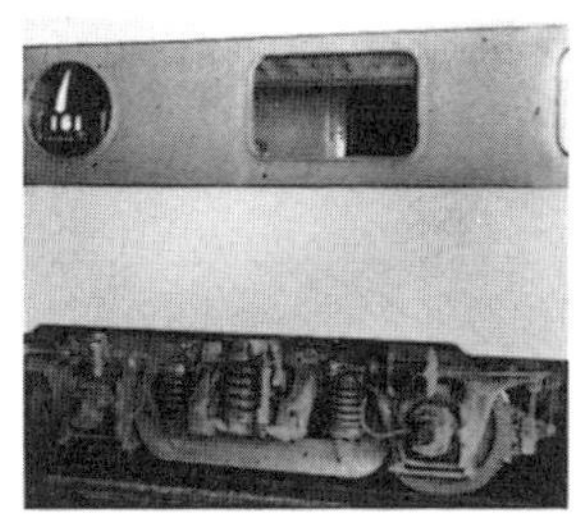

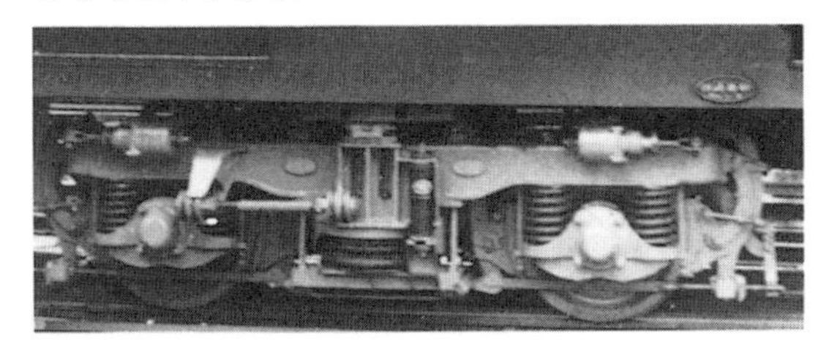

写真8　世界初の空気ばね付き台車の実用化（京阪電鉄）

次に台車に採用する軸ばねと枕ばねとの組合わせについては，軸ばねと枕ばねのこわさの割合，すなわちばね定数の比率をどうすればよいかが大きな問題として取り上げられている．第2次大戦前後のころ，アメリカではこの定数比として，

軸ばね：枕ばね＝6：4

程度がよいとされた．現在もほぼこれに準じた比率のものが多い．すなわち，枕ばねよりも軸ばねのほうをややこわくするのである．日本でも大体この線に沿っているが，ときとして軸ばね，枕ばねのこわさをほぼ同じにして成功した例もある．

一般に枕ばねに比べて軸ばねをこわくすると，車体の動揺は少なくなるが，あまりこわいと車体のびびり振動が強くなる．逆に軸ばねをあまり柔らかくするとびびり振動は小さくなるが，動揺が激しくなる．しかしこの比率の適否は走行する軌道，その他の条件によっていちじるしく異なるので，一律にどの比率がよいとは簡単に決めがたい．

いっぽう空気ばねの出現以来，空気ばねのばね定数は通常使用される鋼ばねに比べていちじるしく小さいので，上記の6：4などという比率はまったく崩れさってしまった．

空気ばね，コイルばねともに油ダンパとの組合わせのうえで，走行する軌道，そしてこれを装備する車両の使用条件などをあわせ考えたうえで，それぞれ最適な組合わせにしなければならない．これはなかなかむつかしい問題であって，一般には実際の走行試験を待たなければならないようだ．

●●●●●●●●●●●●●●●●●●●●●●●●

横揺れの問題

横揺れというのは車両の左右方向の振動であるが，旅客車の乗り心地に関して上下方向の振動以上に，この横揺れということが大きくかかわっている．

横揺れにはいろいろな種類があって，主なものとしては①車体の上部が左右に首を振るように揺れるローリング，②車両の前部と後部が交互に左右方向に揺れるヨーイングがある．旅客車の台車にはこのような横揺れに関していろいろな対策が講じられている．

軌道の上下・左右の不整，とくに左右方向の屈曲によって，これが車輪を通じて車体に伝わってくる左右

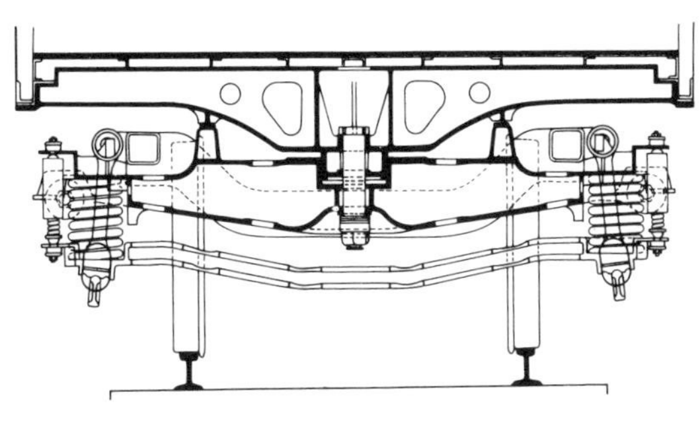

図16　台車の揺れ枕釣り機構

方向の衝撃的な振動を緩和するため，台車には“揺れ枕”というものが早くから考案された．

これは台車枠に取り付けた釣りリンク（揺れ枕釣り：これは**図16**のように垂直方向に対してわずかばかり傾斜させてある）で枕ばりを支持し，車体を直接に支持する枕ばりが台車わくに対して左右方向に関係運動できるようにしたものである．その結果，輪軸から軸箱を通じて台車わくに伝わってきた左右方向の衝撃は，この釣りリンクをへて枕ばり，すなわち車体に伝わるので，左右方向の衝撃や振動が緩和される．

このような釣りリンクによる左右方向の衝撃緩和策は100年を越える歴史をもっているが，現在もなおこの手法を盛んに利用している．構造が簡単で保守も容易，そのうえ効果が大きいので，このような長年月にわたっての大幅な利用となったのである．

釣りリンクの長さや傾斜の角度は使用経験によって設定しているが，近年の傾向としては釣りリンクは条件の許すかぎり長く，おおよそ500～700㎜，傾斜角はあまり大きくせず，7～8°以下がよいとされている．

第2次大戦直前のころ，アメリカでコイルばねを枕ばねに採用したことが契機になって，コイルばねの横剛性を利用して，上記の釣りリンクに代える手法が始まった（**図17**）．結果的にはコイルばねに適当な横剛性があれば，釣りリンク機構によった場合と大差のない左右動の緩衝効果が得られる．

空気ばねの場合もコイルばね同様，空気ばねの横剛性を利用して左右動対策を行なっている．当初，上下方向の振動緩衝の目的で生まれた空気ばねの様式は，いわゆるベローズ形（**図18**）であったが，左右動緩衝の役目も兼ねさせるために，後日になってダイヤフラム形（**図19**）その他の形式の空気ばねが出現した．これは日本をはじめとして，アメリカやヨーロッパ各国

図17　横揺れに対しコイルばねの横剛性を利用した状態

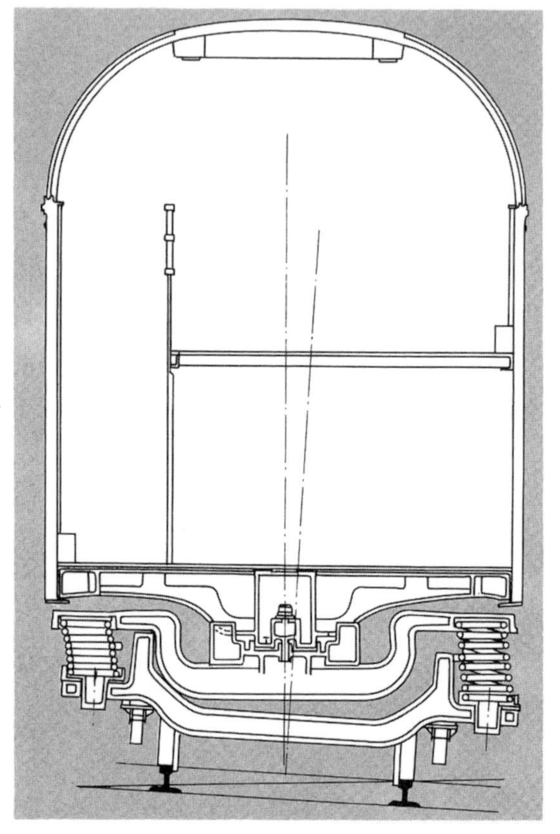

で採用され，近頃では空気ばねを台車に採用した場合，これを上下動だけでなく左右動の緩衝にも利用することが通例になっている．

車体のローリング対策として一言触れなくてはならない．枕ばねの台車への取付け位置，すなわち枕ばねの左右間隔は，戦前には左右の車輪間隔，つまり軌間とほぼ同じ寸法であった．

しかし車体のローリング防止のためには，枕ばねの左右間隔はできるだけ広いことが有効である．とりわけ枕ばねに柔らかいコイルばねや空気ばねを使用した場合，ローリングが起こりやすいので，左右間隔はできるだけ拡げることになった．その結果，戦後の台車では枕ばねを台車の側ばりよりさらに外側に取り付けた例が多い．

また枕ばねの取付けの高さは，車体の重心高さに近づけるほうがローリング対策に有効なので，枕ばねを床面上数百ミリの位置にある重心位置に近づけるため，台車のもっとも高い位置，いわば車体の下面に直接取

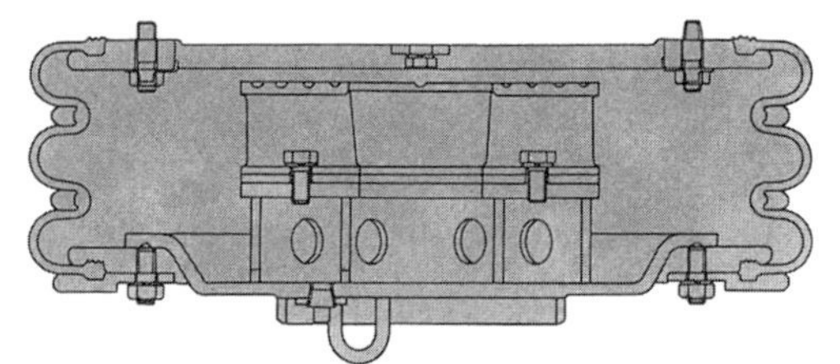

図18　ベローズ形空気ばね

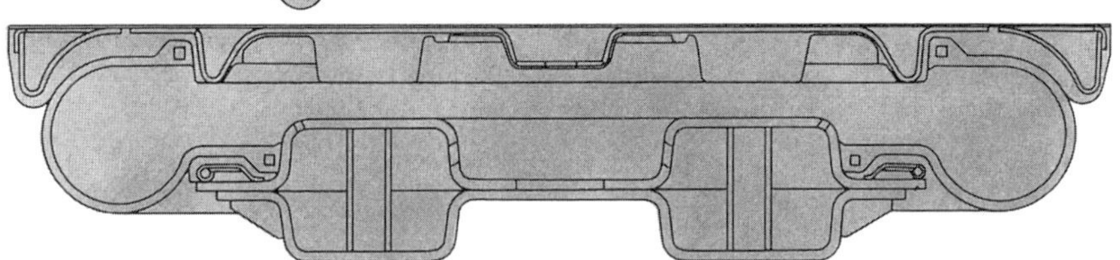

図19　ダイヤフラム形空気ばね

り付けるような手法が普及した.

左右動は，たとえ軌道の状態が良好であっても，輪軸，または台車の蛇行動からも発生することはすでに記したとおりである．これの対策としては輪軸 1 対の蛇行動，すなわち 1 軸蛇行を防がなくてはならない．これには前掲のように，軸箱の適切な支持方法が重要な要素になるが，別途車輪そのもの，すなわち車輪外周のレールに直接接触する踏面やフランジ部分の形状が問題になる．これには車輪の外周をできるだけこまめに正規の形状に修正することが大切である．

また 1 台の台車にも蛇行動が発生する場合がある．本来ボギー式車両の台車は，車両が軌道の直線区間から曲線部分に進入するとき，台車が車体に対して自由に旋回できることが特色であった．しかし高速運転に際し，この自由な旋回運動が台車に蛇行動をひき起こさせ，左右動を発生する根源になるので，台車の車体に対する旋回運動をある程度抑制する必要がある．このためには台車の自由な旋回運動に対し，なにがしかの抵抗を付与しなくてはならない．

すなわち台車旋回の中心であり，車体重量を受ける心皿部分に適当な摩擦をもったライナーを挿入するとか，心皿から離れた位置にある側受けで車体重量の一部を受けさせ，この部の摩擦による抵抗のモーメントで台車の自由な旋回運動を阻止する方法もある．事実，高速運転の場合に激しい左右動の発生に悩まされた車両が，台車の旋回運動に対する抵抗を付加したため，左右動が是正されたという実例がおりおりにある．

鉄道車両用
ブレーキ装置

鉄道車両用ブレーキ装置の特徴

鉄道車両用ブレーキ装置は自動車用のそれと比べて多くの特徴を有するが，その主な点をつぎにあげてみよう．

(1)信頼性の確保

多数の乗客が乗る列車であるため，いかなるときにも確実にブレーキが作動することが絶対条件であり，万一列車分離などの事故があっても，作動不良になることは絶対に許されない．このため，一般の車両では後述するようなフェイルセイフ系のブレーキシステムが導入されている．

(2)吸収エネルギー容量

場合によっては1000ton 以上にも達する重量の編成列車を，高速から短時間に停止させたり，標高差が数百mに及ぶ連続下り勾配を短時間に下降するためには，ぼう大な運動エネルギーを吸収しなければならない．このため，ブレーキ材料の耐熱性や熱応力などの問題について，十分留意する必要がある．

(3)ブレーキ性能の規制

鉄道信号などとの関連で，列車の安全確保のために，列車のブレーキが必要最低限確保すべき値を，運輸省令や国鉄の内規などで定めている．

一般在来線では，どのようなときでも最高速度から600m以内に停止できることが必須条件であり，自動列車制御装置（ATC）を使用している新幹線や一部通勤電車線区などでは，各速度域において確保すべき減速度を規定しており，これを満たすことが必要である．

(4)粘着係数

自動車や航空機の粘着係数（舗装道路とゴムタイヤの間の値）は非常に大きく，さらにある程度の滑走によって粘着係数の向上を期待できるのに反し，レール面上の粘着係数はきわめて小さく，しかも，一般的には滑走によって粘着係数は上昇することはなく，反対に減少する．したがって，粘着限界を越えてブレーキ力を作用させることは，車輪を固着させてしまうことを意味し，この場合にはブレーキ力はさらに低下するとともに，車輪踏面を損傷させる．鉄道車両の粘着係数は，**図1**の例のように，速度域によって大きく変化するだけでなく，たとえ同一の車種でも，レールの状態，たとえば乾湿などの差によっても大きく変わるので，このような変動要素の多い粘着の下で滑走しないブレーキシステムを構成することはむずかしい．

(5)制御性

場合によっては数百メートルに及ぶ長い列車を，スムーズにかつすみやかにブレーキを作動させることもきわめて重要である．低いブレーキ指令伝達速度は，車両の連結器に大きな衝撃を発生させ，乗心地をいちじるしく低下させるだけでなく，場合によっては列車分離の事故を発生させる．

さらに，停車場などでの停止位置の精度向上のためにも，前述のようなきびしい粘着条件の下で，粘着を有効に利用し，しかも車輪滑走を発生させることなくブレーキを作動させるためにも，すぐれた制御性を確保することは重要である．

エネルギー吸収機構（作動機構）

(1)基礎ブレーキ装置

最近の電気車両などの多くは，ブレーキ時に吸収しなければならないぼう大なエネルギーを発電電気ブレ

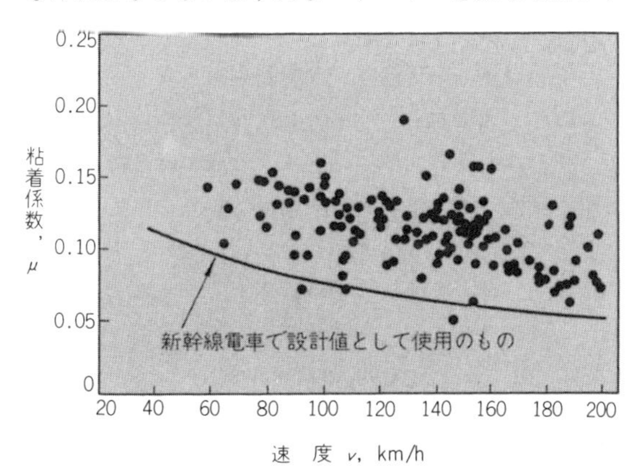

図1　粘着係数と速度の関係（新幹線電車，散水条件下）

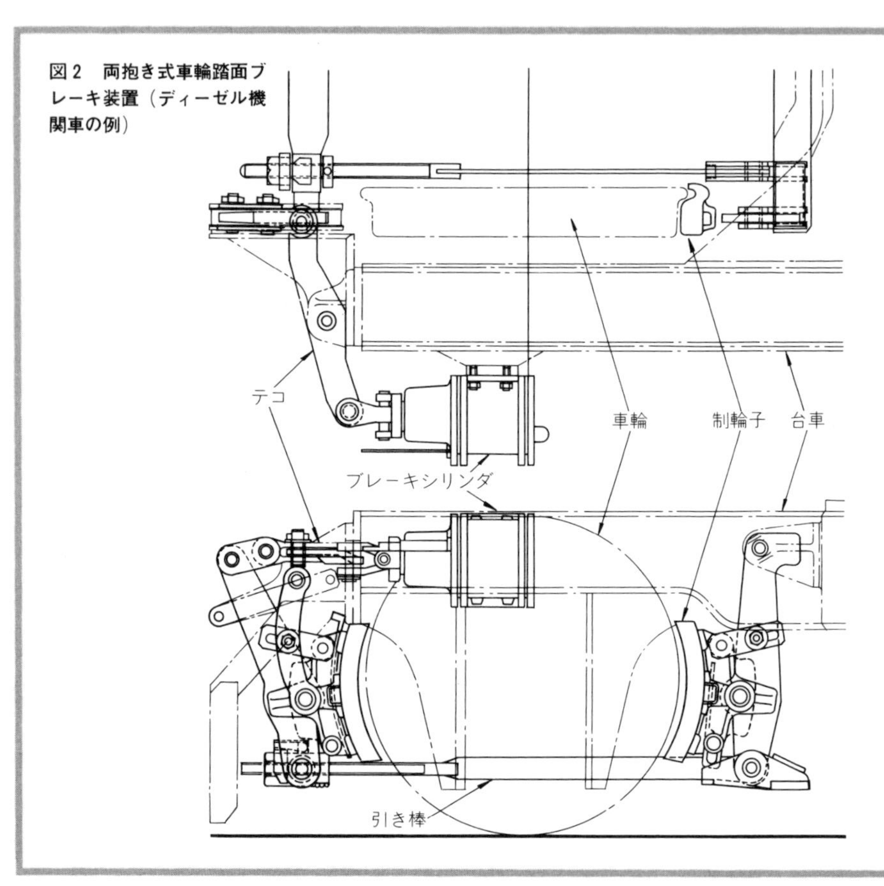

図2　両抱き式車輪踏面ブレーキ装置（ディーゼル機関車の例）

ーキや回生電気ブレーキの電力として回収する．しかし，このような車両でもブレーキの信頼性確保のため，かならず摩擦機械ブレーキを併置しており，客車や貨車などでは全面的に摩擦機械ブレーキに依存している．このようなブレーキ機構を基礎ブレーキ装置と呼び，その代表的な構造を**図2**，**図3**に示す．

図2は，鉄道車両で最も広く用いられている両抱き式の基礎ブレーキ装置で，摩擦機構の一方を車輪踏面が兼ねた方式である．この方式は，車輪径が摩耗で変化しても，一定のブレーキトルクが得られる利点があるが，一方の摩擦材がタイヤ兼用であるため，あまり高い熱負荷に耐えることはできない．

図3は，エネルギー吸収機構をまったく独立に設けたディスクブレーキの一例である．この方式は，摩擦面を広くとれ，熱放散および熱応力などについても良好であるため，ブレーキ負荷の大きい鉄道車両はすべてこのディスクブレーキ方式を採用している．

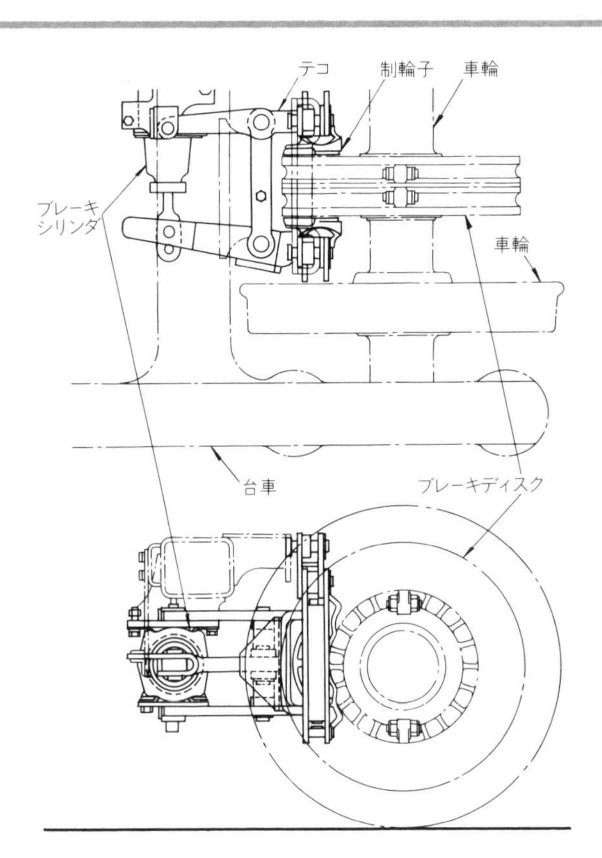

図3　ディスクブレーキ装置（電車の例）

これら基礎ブレーキ装置は，摩擦材料，作動部（シリンダ），リンク機構およびその他に大別されるが，このうち，とくに重要なものは摩擦材料（制輪子およびディスク）である．

なお，作動力としては，一般には5〜8 kgf/cm^2 程度の圧縮空気が広く使用されているが，一部には作動力伝達の媒体として油圧が用いられている．しかし，油圧はあくまで媒体であって，蓄圧された油圧を直接作動エネルギー源として用いることはない．それは，高度な応答性を必要とする制御でも，応答性を高めるために，大容量の中継弁などを用いることによって，圧縮空気で十分対応できるからである．

①制輪子　従来から鋳鉄製が広く使用されている．低価格であること，車輪踏面への好ましい影響，たとえば，作動時に車輪踏面にある汚れや微少キズを削り落とす作用，およびすぐれた熱放散効果，冬期に氷雪が摩擦面にあってもそれによるブレーキ力低下が比較

的少ないなどの性質があって，外国の高速車両には現在でも広く賞用されている.

しかし，摩擦係数が速度によって大きく変わること（**図4**参照），制輪子の耐摩耗性にやや問題があること（ブレーキ負荷の高い車両，たとえば入換機関車などでは2日ごとに取替えが必要）などの理由から，最近では一部の寒冷地区専用の車両を除いては，電車，ディーゼル動車，客車およびコンテナ車などの高速車両にはあまり使用されておらず，これに代わってアスベスト，カーボンおよび樹脂などを主成分とした合成制輪子が多く使用されている.

これらの制輪子は，いわゆるさじ加減でその特性もある程度は変更できるため，用途に応じて使用面圧および摩擦係数などの仕様が異なったものが使用されている．鋳鉄制輪子のように速度による摩擦係数変化が少なく，本質的には車両に適合したブレーキ材料といえる．冬期に氷雪の介在によるブレーキ力の低下防止を考慮したものや，これらの性質にかえて高負荷用で熱放射効果のよい焼結合金を用いた制輪子も，新幹線など一部車両に使用されている.

②ブレーキディスク　他のブレーキ装置を併用しないブレーキ負荷の大きい車両の基礎ブレーキに用いられており，通常はほとんど電気ブレーキに依存する新幹線電車などでは，非常時の安全性を考えて，基礎ブレーキとしてディスクブレーキを装備している.

ただし，このような車両ではディスクの取付けスペースはきわめて限定されるため，車軸の先端が車輪をはさむような形（**図5**）で取り付けられる．これらのディスクはいずれも特殊鋳鉄を使用し，熱放散および熱応力を十分に考慮した形状になっている．制輪子は，合成樹脂または焼結合金が用いられる.

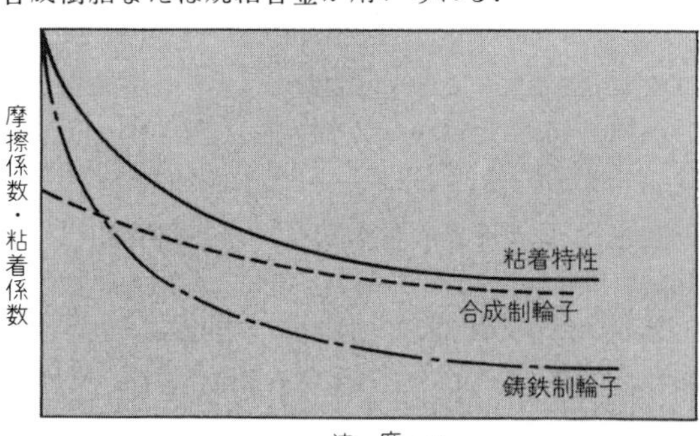

図4　制輪子の摩擦係数の速度による変化

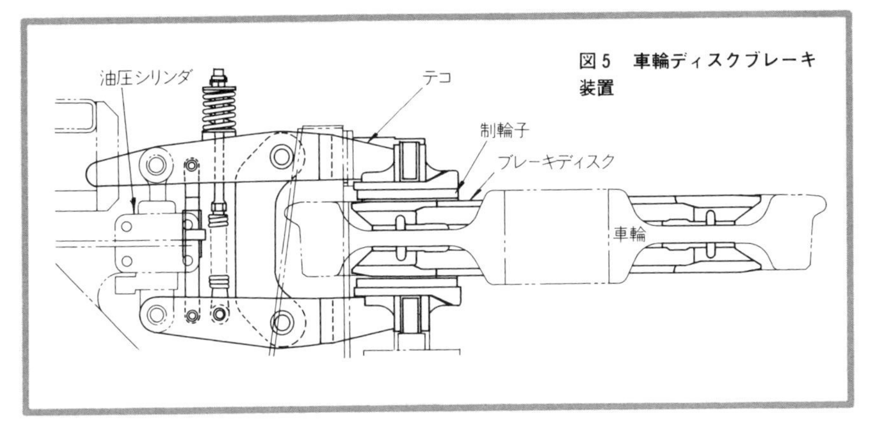

図5　車輪ディスクブレーキ装置

(2)電気ブレーキ

電気車両の主電動機は，回路の変更により容易に発電機になるため，最近の電車の多くは電気ブレーキを装備している(**表1**)．電気ブレーキは部品などの損耗がなく，機械ブレーキのような熱負荷の点での問題点も少ないため，長い下り勾配を走る電気機関車とほとんどの電車に採用されている．電気ブレーキは，発電した電力を車両内部の抵抗で熱に変換する発電ブレーキと，電力を架線を通じて地上側または他の車両の電力へ返還する回生ブレーキに大別される．前者は，長い下り勾配走行時に使用する抑速ブレーキと，減速，停車時に使用する減速ブレーキとがある．両者に本質的な差異はないが，前者は長時間の熱放散に耐えられる大容量の抵抗器などが積載されていること，および抑速専用であるため，ブレーキ力の制御性はそれほど重視した構造になっていない．

一方，後者は制御性をも重視した構造になっており，低速時などで発電ブレーキが失効したときには，ただちに空気ブレーキなどの機械ブレーキが補完するシステムになっている．

回生ブレーキは，省エネルギーの点からも好ましい方式だが，ブレーキ時の発電圧を架線とほぼ等価に制御するための機構が複雑で，高・低速域での制御がむずかしいなどの問題があり，さらに交流電化区間では，回生ブレーキは発生した電力を地上側の周波数と同期させて返還する必要がある．しかし，最近はサイリスタなどの半導体を使用して，これらの複雑な制御を比較的容易に行なえるようになり，急勾配線区の機関車や通勤電車などに広く用いられつつある．

表1　電気ブレーキの種類

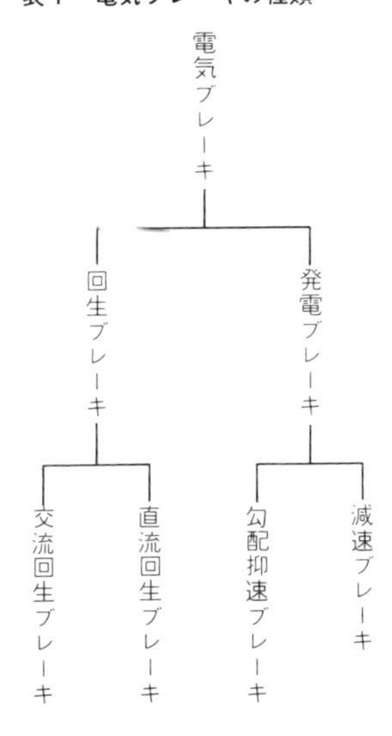

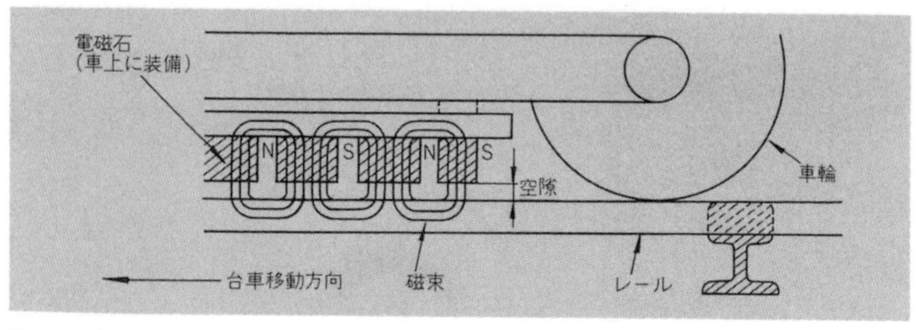

図６ うず電流レールブレーキ

⑶ダイナミックブレーキ

ダイナミックブレーキとは，広義には運転エネルギーを機械摩擦以外の手段で熱に変換するブレーキを意味するが，鉄道車両では液体式ディーゼル車でコンバータまたは流体継手を介してエネルギーを吸収する方式の通称である．わが国では，国鉄のディーゼル動車でディーゼル機関のブレーキと合わせて抑速用として使用されているが，吸収エネルギーはあまり多くは期待できない．

⑷特殊ブレーキ

①うず電流レールブレーキ　レールと車輪間の粘着に依存しないブレーキ方式として，最近各国の超高速列車で試行中のものである．

図６にその構造を示す．レールに近接し，内部に電磁石を内蔵したブレーキ片を装備し，ブレーキ作動時励磁された電磁石とレールとの相対運動により，レール面に誘起されるうず電流により発生するブレーキ力を利用する．粘着に依存しないため，理論的には自由なブレーキ力を得るが，レールとのすきまに限度があり，一般的にはブレーキ力の30％程度負担させている例が多いようである．

わが国でも，新幹線の高速試験電車に試用された例があるが，レール折損時の対策（レールがブレーキ片に吸着する恐れがある)，および重量の問題などで実用までにはなっていない．

②うず電流ディスクブレーキ　同じ原理をレールに代えて車軸のディスクで行なう方式で，前述のディスクブレーキに比べて摩擦部分がないため，常に安定したブレーキ力が得られ，かつディスクの熱応力の点でも好ましいが，場所的な問題および価格などの関係で，わが国では新幹線の一部車両に使用されているにすぎない．

表 2　ブレーキ制御指令の方式

制御指令の方式	具体例	適用車両の例
空気式	自動空気ブレーキ装置	客車列車，貨物列車
電磁・空気式	電磁自動空気ブレーキ装置	ディーゼル動車
	電磁直通ブレーキ装置	電車一般
電気指令式	電気指令ブレーキ装置	地下鉄電車等の一部

特殊ブレーキにはこの他，レールと車上のブレーキ片を電気的に圧着する「電磁吸着ブレーキ」や機械的に圧着する「カーボランダムブレーキ」が急勾配鉄道の一部で用いられている．

ブレーキ制御指令の方式

前項で述べたブレーキ作動機構と別に，これらの作動を指令する制御・指令機構が独立して設けられている．この制御機構は，長大編成の列車全体にブレーキ指令をスピーディにかつ確実に伝達し，しかも列車分離事故などの場合にはかならず安全側に作動指令をするものでなければならない．主な方式は**表 2** の通りである．

(1)空気式

空気だけでブレーキ指令を列車全体に伝達し，ブレーキ力を制御するもので，装置が簡単でありながら，応答性も比較的よいところから，各国の鉄道で使用され，そのうち代表的なものは自動空気ブレーキである．基本的な構造は**図 7** に示すように，前頭車から列車全体に引き通されたブレーキ管と呼ばれる空気管に通常（ブレーキ緩解時）は5 kg f/cm^2 の圧縮空気を充塡しておく．この空気は，各車両のブレーキ作動力源としても使用され，各車が独立に持っている空気溜め（補助溜め）に蓄圧される．

ブレーキ指令は通常，前頭から運転士がブレーキ管の圧力を減圧することによって行ない，これに応じて各車に設けられた制御弁が作動して，あらかじめブレーキ管を通じて補助だめに蓄圧された圧縮空気をブレーキシリンダに放出して基礎ブレーキ装置を作動させ，列車を減速させる．ブレーキ管に圧縮空気を供給し，管内圧力を昇圧させれば，ブレーキはゆるみ，各車両の補助溜めは，次のブレーキ作動に備えてブレーキ管

図７　自動空気ブレーキの原理

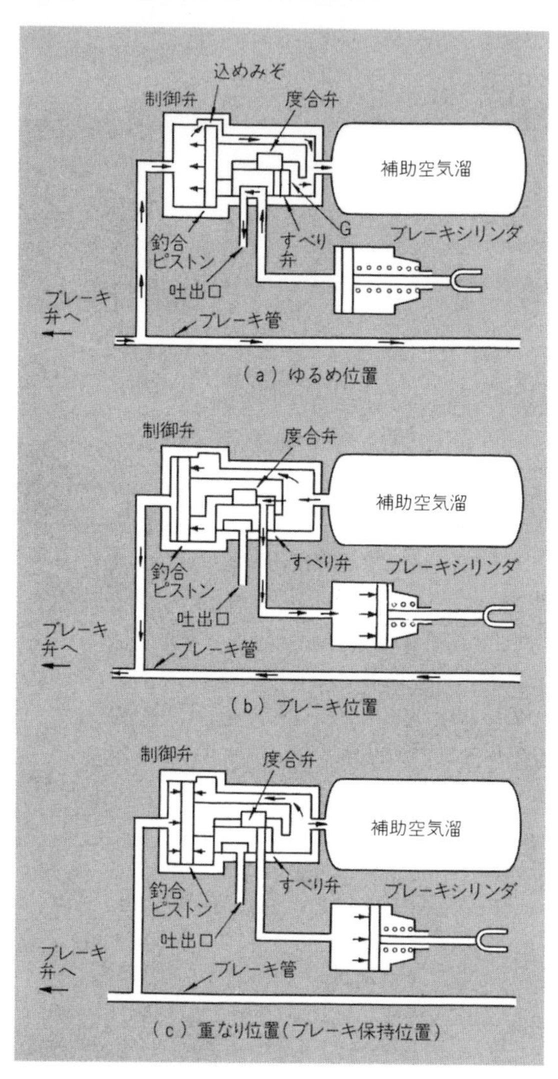

の圧縮空気を分流補給して蓄圧させる．

この方式は，ブレーキ力をブレーキ管の減圧量により，かなり自由に制御できるほか，ブレーキ伝達速度も 100m/s 以上確保でき，さらに列車分離が生じた場合にはブレーキ管も切断されて，自動的にブレーキが作動するなどの利点がある．最近開発された制御弁を用いたシステムでは，ブレーキ伝達速度が 300m/s に達するすぐれたものもあり，これらは高速客車などに使われている．

⑵電磁空気式

①電磁自動空気ブレーキ　自動空気ブレーキは，列車編成が長くなるとブレーキ作動や緩解の動作が緩慢

になるだけでなく，緩解直後にふたたびブレーキを作動させたときには，補助溜め内部に十分な圧縮空気が充塡されていないため，ブレーキ力がいちじるしく低下するので，ブレーキを頻繁に作動させる長大列車には適さない．これを補完するため，電気指令によって各車に設けた電磁弁により，ブレーキ管に対する圧縮空気の給排気を行なうもの(電磁自動空気ブレーキという)も一部の通勤電車やディーゼル動車で使用している．

②電磁直通ブレーキ　前述のように，基礎ブレーキ装置はすべてシリンダによる空気圧作動である．したがって，ブレーキ力の制御，すなわちシリンダ空気圧の制御は自動空気ブレーキのようにブレーキ管の減圧値で行なうよりも，直接シリンダの圧力値制御を行なうほうが乗務員にとって扱いやすい．編成列車で運転されることのない市街電車などは，この方法をとっているものも少なくないが，このような方式（直通ブレーキ）では指令伝達速度が低く，列車には向かない．

そこで，列車全体に直通管と呼ぶ指令管を通し，乗務員がブレーキ弁で任意に設定する制御管のブレーキ指令圧力値とこの直通管圧力を等圧に制御するため，電空制御器の指令により各車の電磁弁でいっせいに直通管内圧縮空気を吸排し，さらに各車のブレーキシリンダ圧は中継弁により直通管と等圧制御する応答性のすぐれた方式（電磁直通ブレーキ，**図8**）が広く電車に採用されている．電気ブレーキの指令も直通管が合わせて行ない，電気への読みかえは各車で独立して行なう.何らかの理由で電気ブレーキが失効したときは，自動的に空気（機械）ブレーキに切り変わる．この方式は，フェイルセイフシステムではないので，一般には自動空気ブレーキを併用している．

⑶電気指令式

ブレーキ力の制御指令をすべて電気で行なうもので，伝達速度がすぐれ，かつ複雑な空気配管を省略できるなどの利点があり，新しい電車に用いられつつある．方式としては，前頭から1対のブレーキ指令線にブレーキ力に応じた直流電圧（通常は0～100V)を印加し，各車でこれを電気—空気圧変換弁（サーボ弁）でブレーキシリンダ空気圧や電気ブレーキ力に変換する方式と，複数の電気指令線（通常は3本）への電圧印加の組合わせにより，ブレーキ力を段階的に制御する方式

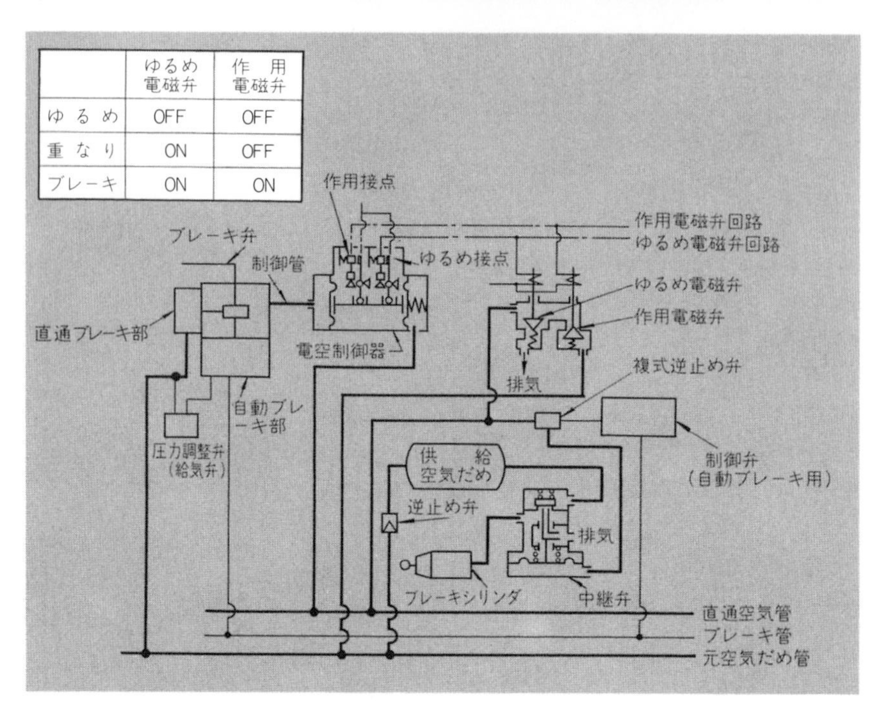

	ゆるめ電磁弁	作用電磁弁
ゆるめ	OFF	OFF
重なり	ON	OFF
ブレーキ	ON	ON

図8　電磁直通ブレーキの構造

が採用されている．

この方式も指令線切断時にブレーキ失効を回避できないので，自動空気ブレーキを併置するか，または常時印加の保安回路を列車全体に引き通し，これの切断時に非常ブレーキを作動させることによって，フェイルセイフを確保している．

⑷その他のブレーキ制御

⑴〜⑶は乗務員の意図するブレーキ制御だが，それら以外にいろいろなブレーキ制御が行なわれている．

①自動運転などの制御　手動操作では達成できない高度な運転操作，たとえば特殊線区などでのきびしい許容誤差範囲での定速度運転を行なう場合，力行と同時にブレーキ指令も自動制御装置から自動で行なわれる．この場合，ブレーキ制御指令装置自体は応答性のすぐれたものを採用することはもちろんであるが，ブレーキの制御指令機構自体は手動運転と同一機構を併用し，新しいものは使用していない．

新幹線や地下鉄などで用いられているＡＴＣは，運転最高速度だけを自動的に規制し，運転操作は手動である．許容速度を越えたとき，自動的に作動するブレーキ指令は，電気的に機能する速度検出器から手動のブレーキ装置に介入する形で行なわれるが，そのブレーキ制御は一段だけで，強弱の制御は行なわない．列車の速度が許容以下に下がれば，ブレーキは自然緩解する．

在来線の多くで使用中のＡＴＳ(自動列車停止装置)のブレーキは，乗務員が誤って信号冒進などを行なったときに自動的に作動するが，この方式は非常ブレーキ作動指令だけで，いわゆる制御のようなものは行なわない．

②応荷重制御　最近の多くの車両には，同一のブレーキ指令に対して車両積載荷重の多少にかかわらず，一定の減速度になるようにブレーキ率を一定にする装置（応荷重装置という）を装備している．荷重の検知は，車両を支持するばねの変位や空気ばねの内圧で行なう．この検知は各車ごとに独立して行なわれる．

③滑走時の車輪固着制御　多様に変化する粘着係数の下で，滑走をゼロにするのは実際は不可能である．車輪滑走発生時，滑走した車輪だけブレーキ力を低減し，固着による車輪損傷やブレーキ力低下のための車輪固着防止制御が新幹線の全部および一部在来線で行なわれ，相当の効果を上げている．

この方式は，滑走時のブレーキ力低減を必要最小限にとどめ，車輪が再粘着した場合にはすみやかにブレーキ力を復元して，ブレーキ力を低下させないことが必要で，高度な検知装置および高い応答性のブレーキ力制御装置を使用している．

参考文献

1)「交通機械の制輪とその周辺」
昭和50年６月　機械学会第 412 回講習会資料.
2)「機械図集・ブレーキ」
昭和51年６月　機械学会

輪軸の設計

輪軸は，台車に取付けられて，車体の荷重を支持しながらレール上を走行するのがその主な役割である．この輪軸は，機能上，牽引力を伝える動輪軸と，この役目を持たない従輪軸の2種類にわけられる．したがって，これに使用する車軸も，動軸，従軸にわけられる．この輪軸を製造方法，形状の両方から分類したものを**図1**に示す．

車輪

車輪に要求される条件は次の4つがあり，これを満足させるために，規格および設計基準が設けられている．それらは，次のような項目である．

●踏面強度が十分であること

図1　輪軸の分類および車輪，車軸の各部名称

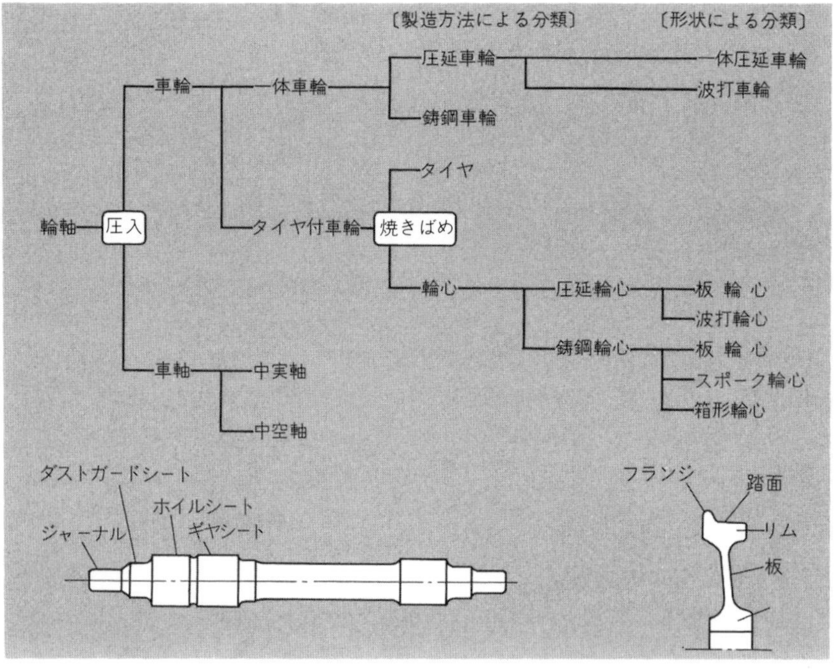

〔製造方法による分類〕
〔形状による分類〕
輪軸
圧入
車輪
一体車輪
圧延車輪
一体圧延車輪
波打車輪
鋳鋼車輪
タイヤ付車輪
焼きばめ
タイヤ
輪心
圧延輪心
板 輪 心
波打輪心
鋳鋼輪心
板 輪 心
スポーク輪心
箱形輪心
車軸
中実軸
中空軸
ダストガードシート
ホイルシート
ジャーナル
ギヤシート
フランジ
踏面
リム
板

規格	記号	熱処理	化学成分(%) C	Si	Mn	P	S	Cu	引張強さ (kgf/mm²)	備考
JIS 5402	SSW-R1	徐冷	0.60~0.75	0.15~0.35	0.50~0.90	≦0.045	≦0.050	≦0.35	≧78	R1, R2は試験方法により, R2, R3は引張強さにより区分
	SSW-R2									
	SSW-R3								80~100	
	SSW-Q1S	踏面焼入れ焼きもどし							≧78	Hs 37~45
	SSW-Q2S									
	SSW-Q3S								80~100	
	SSW-Q1R								≧78	Hs 46~52
	SSW-Q2R									
	SSW-Q3R								80~100	
AARM-107	U	——	0.65~0.80	≧0.15	0.60~0.85	≦0.05	≦0.05	——	——	
	L	踏面焼入れ焼きもどし または 全体焼入れ焼きもどし	≦0.47							H_B197~277
	A		0.47~0.57							H_B255~321
	B		0.57~0.67							H_B277~341
	C		0.67~0.77							H_B321~363
UIC 812-3	R1 — / N	—— / 焼きならし	——	≦0.50	≦1.20	≦0.04	≦0.04	≦0.30	61.2~73.4	
	R2 — / N	—— / 焼きならし							71.4~85.7	
	R3 — / N	—— / 焼きならし	≦0.70		≦0.90				81.6~95.9	
	R6 T	踏面焼入れ焼きもどし	≦0.48	≦0.40	≦0.75				79.6~91.8	
	R7 T		≦0.52		≦0.80				83.7~95.9	
	R8 T		≦0.56						87.8~100	
	R9 T		≦0.60						91.8~107.1	

表1　代表的な車輪規格(抜粋)

●耐熱き裂性が十分なこと

●耐摩耗性が高いこと

●垂直荷重および水平荷重の繰返しに十分耐えること，すなわち，十分な疲れ強さを持つこと．

(1)材質

主な国の規格の概要を**表1**に示す．材料は，使用条件に十分耐えるものでなければならず，歴史的な経緯もあるが，0.40~0.80C％の炭素鋼が使用されている．わが国では，JIS[1]に化学成分，機械的性質が規定されている．

機械的性質は，踏面熱処理の有無により2種類にわかれ，SSWR系は熱処理を行なわないもので，主として使用条件の楽な貨車用として使用されている．SSWQ系は熱処理を行なうもので，電車用などに使用されている．

各国の規格の特徴を挙げると，アメリカではAAR[2]に使用条件別に化学成分を規定し，機械的性質については，本体の硬さ測定だけを行ない，引張試験は行なわない．ヨーロッパでは，幹線鉄道用としてUIC[3]規

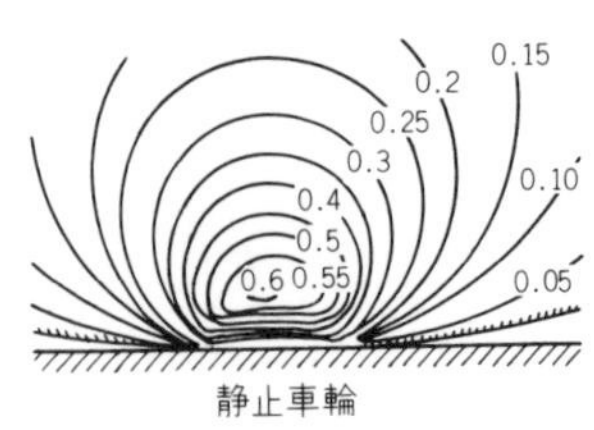

図2　等せん断応力曲線

写真1　踏面はく離例

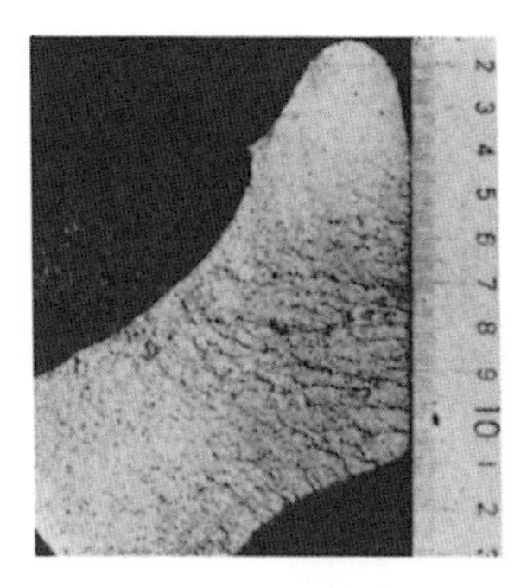

写真2　車輪割損実験例

格があるが，わが国と同様に，化学成分および機械的性質両方が規定されている．

主成分である炭素量を比較してみると，日本0.60～0.75%，アメリカ0.47～0.80%，ヨーロッパ0.40～0.70%，となっており，使用実績からみると，わが国およびアメリカは，ヨーロッパに比べて高炭素鋼が使用されている．ただし，最近アメリカでも，耐熱き裂性を考慮して，ブレーキ条件のきびしい車両用として，低Cの材質（C≦0.47%）がAARに追加された．

これらの材質は，線路条件，車両条件などにより，実績をベースにして使用者あるいは設計者により選定される．

(2)踏面強度

車輪に荷重が加わると，レールとの接触近傍に応力が発生する．この応力分布がどうなっているかについては，光弾性による模型実験で直接見る他に，応力をヘルツの理論により求めることができる[4]．等せん断応力曲線を**図2**に示す．

大きな接触圧力が繰り返し作用すると，接触面下の数ミリの位置にき裂が発生し，それが表面に進展し，**写真1**に示すようなはく離になる．

計算による電車用車輪の接触面圧は100～120 kgf/mm²であり，材料のほうから内部変形を生ずる面圧を求めると，抗張力85 kgf/mm²，降伏点55 kg/mm²として，接触圧力は87.5 kgf/mm²となり，はく離が生ずることになる．しかし，実際には発生していないことを考えると，レールおよび車輪が摩耗して変形し，面圧は実際には許容限界近くまで下がっているためと思われる．

最近の実績からみると，接触面圧は約120 kgf/mm²が許容限度と考えられ，これはアメリカで規格に採用されている値とほぼ同じである．

車輪に作用する荷重条件が与えられた場合に，最小車輪径は，この接触圧力によって決定される．

(3)耐熱き裂性

踏面にブレーキをかけると表面が急激に加熱され，ブレーキが解放されると急冷される現象は，現在の踏面ブレーキ方式では避けられない問題である．

この急熱急冷の繰返しにより，リム部に引張応力が蓄積されてこれが増大し，ついに材料の破断強さを超えるためにき裂が発生する．こうして発生した熱き裂は，その切欠き効果のために疲れ破壊の起点となって，き裂は深く進行し，同時にリム内に生じた引張残留応力によって，脆性的に破壊，すなわち割損することがある．熱き裂を起点とした車輪割損実験例を**写真 2** に示す．

最近になって，車両の速度向上，重量増などにより，ブレーキ条件がきびしくなってきており，車輪にとってはさらに苦しくなっているが，この対策として材質，形状両面から種々検討が加えられている．

車輪の割損は，**図 3** に示すように，引張残留応力による熱き裂先端の応力拡大係数 K が，材料の破壊靭性値 K_{IC} より大きくなった場合に発生するので，割損を防止するためには，材質の改善による破壊靭性値の向上と，形状改善による引張残留応力の低減を行なう必要がある．

破壊靭性値は，化学成分の選定により改善することが可能で，Al添加による細粒化などの効果が確認されている．踏面の熱き裂について，K および K_{IC} の関係を**図 4** に示す．

一方，車輪踏面にブレーキが作用したときの車輪の温度上昇，発生する応力，冷却後の残留応力，変形について，有限要素法により解析されている．**図 5** に残留応力の計算結果の一例を示す．これより，板偏心を大きくすることにより，またリムおよびボス付根の形

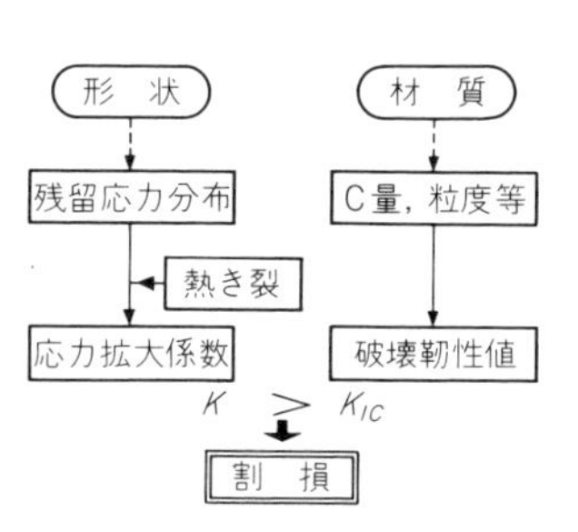

図 3　車輪の割損

図 4　K および K_{IC}

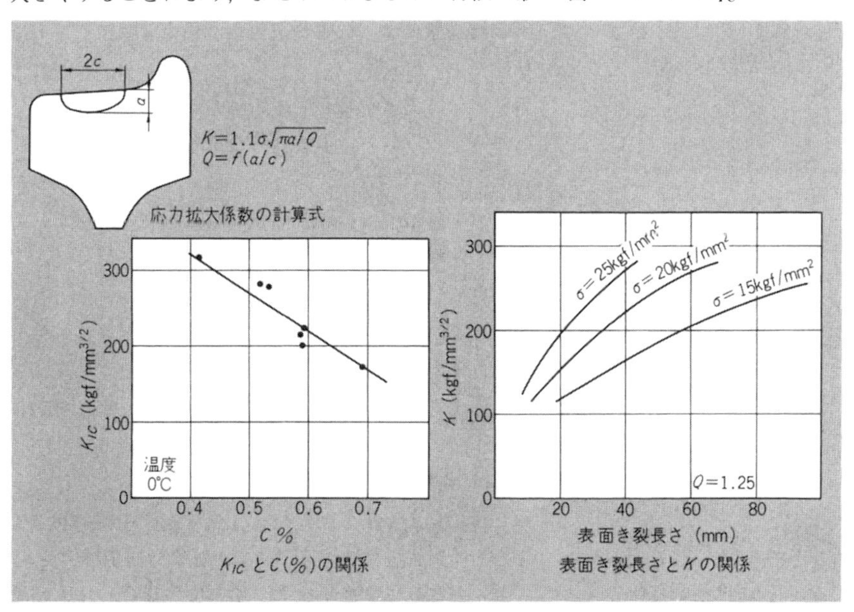

図 5　残留応力計算例

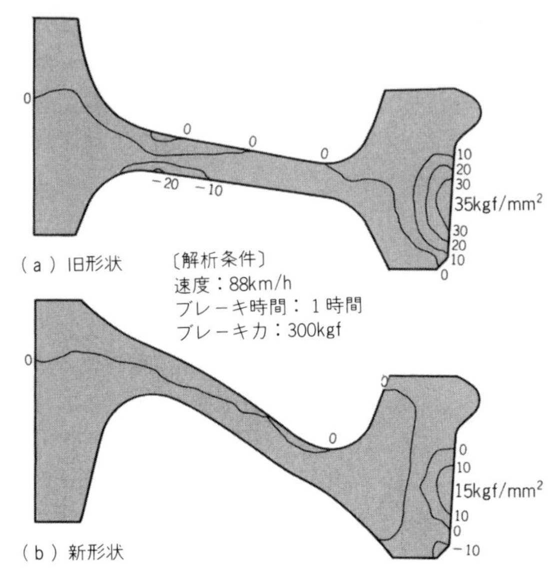

状を改善することで，残留応力を大幅に低減させることができる．

(4)耐摩耗性

耐摩耗性は，安全の問題もあるが，経済性の問題も大きい．踏面が摩耗すると，輪軸の蛇行動がはげしくなり，これに伴って車両の左右動が大きくなり，乗心地が悪くなる．また，フランジが極端に摩耗したような場合には，脱線など安全性の問題の発生も考えられる．

車輪の摩耗は，材質が大きな因子であり，レールと車輪の相互摩耗について，古くから数多くの研究がなされている．そのなかでも大正の末期から昭和の始めにかけて，当時の鉄道省と住友金属が共同で実施した研究[5)]は有名である．　一例として，摩耗に及ぼすレール，車輪の硬さの影響の試験結果を**図 6** に示す．レール，車輪ともに硬さが大きい組合わせのほうが，摩耗が少ないことがわかる．

最近の傾向として，車輪の取替えの原因は，純粋な摩耗によるものは少なく，スキッドなどによる踏面きずを除去するために，削正する量が多くなり，早期に使用限度に達するものが多くなってきている．

このスキッドは，粘着をこえるブレーキ力が作用するために発生し，車両，軌道，運転操作などが関係するため，発生を防止することはむずかしい問題である．スキッドによるフラットは，騒音発生原因のひとつで

図6　摩耗量に及ぼす硬さの影響

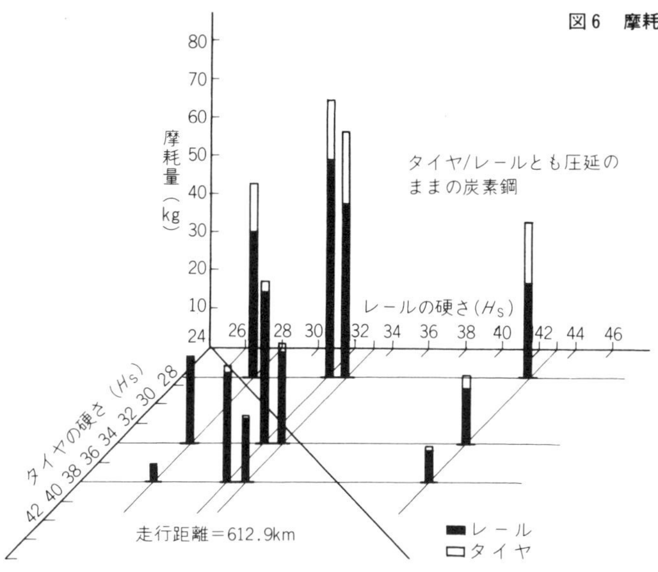

あり，また，フランジ摩耗，ブレーキシューによる偏摩耗も，現時点では，削正してこれを除去している．

(5)板部強度

板部の強度検討は，有限要素法によって計算し，実物を製作，応力測定で最終確認する方法を取っている．

有限要素法で計算する項目は，主に次のものである．

- レールからの垂直力による応力
- レールからの水平力（横圧）による応力
- 車軸とのはめ合いによる応力
- 遠心力による応力
- ブレーキによる熱応力

計算結果の一例として，横圧が作用した場合の板部応力分布を**図7**に示す．図中のプロットは，実測結果を示し，計算値は実測値とよく一致することを示して

図7　板部応力分布

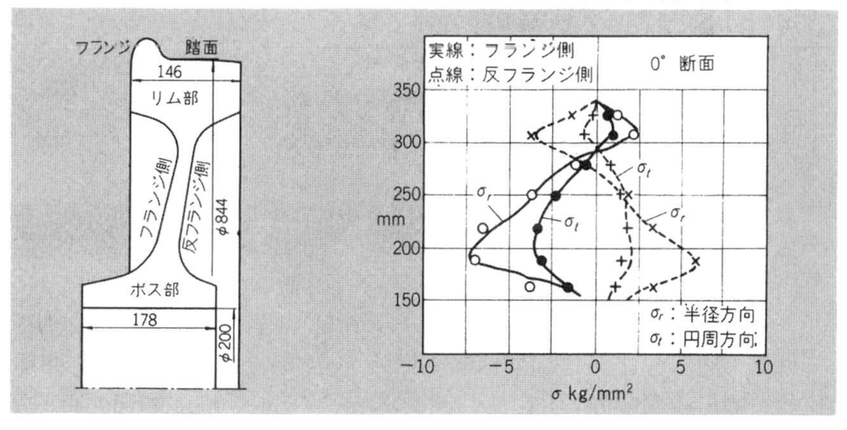

図8　実体車輪疲労試験結果

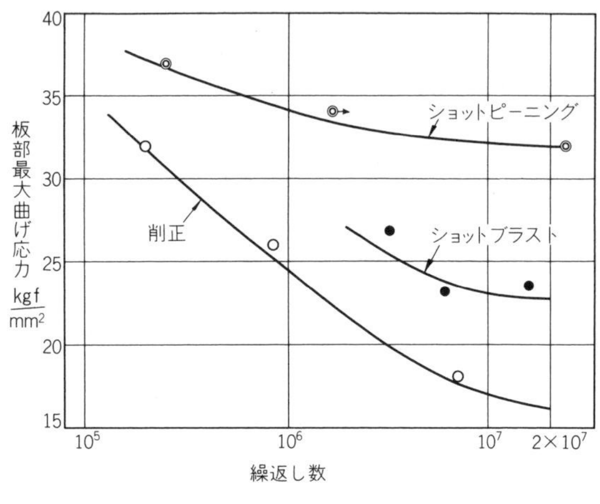

いる．こうして得られた応力と，別にある耐久限度線図より，安全率を求める．現在，国内で使用されている一体圧延車輪は，垂直力，水平力の合成力に対して安全率2以上である．

車両部品は，軽量化をはかることが設計の目的のひとつであり，車輪もこの観点から，板部の疲れ強さを向上し，板厚を薄くする努力がなされている．研究結果の一例を**図8**に示す．ショットピーニングは最も効果的な方法であり，削正に比較して約2倍疲れ強さが向上する．

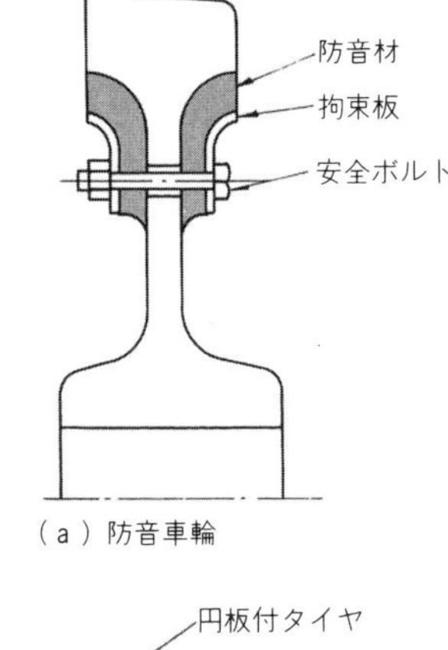

(a) 防音車輪

(6)防音車輪，防音防振車輪

最近，鉄道車両の騒音公害も大きな問題になってきた．騒音発生源の解明，対策などいろいろ研究されているが，これは非常にむずかしい問題である．

車輪がレール上をころがることにより発生する音の低減対策として，防音車輪，防音防振車輪が開発されている．**図9**にその一例を示す．(a)は防音車輪，(b)は防音防振車輪[6]である.防音車輪は,主に車両がカーブを通過するときに発生するきしり音の低減をねらったものである．防音防振車輪は，騒音低減に加え，地盤の振動に対しても効果が認められているが，荷重の制約，寿命など，さらに検討が必要である．

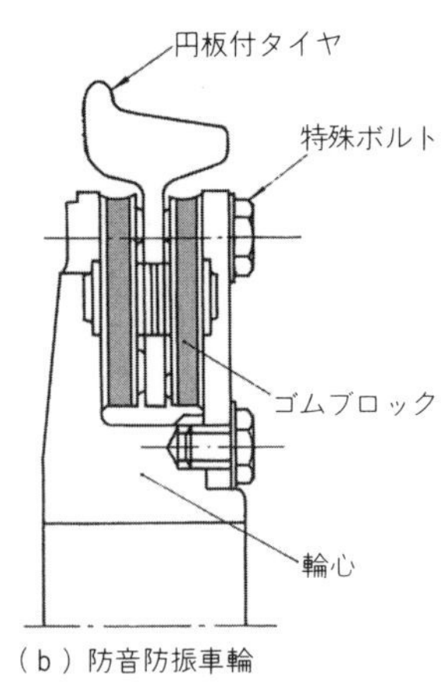

(b) 防音防振車輪

図9　防音車輪と防音防振車輪

車軸

(1)材質

車軸は，その性質上，十分な回転曲げあるいはねじり強度が必要である.代表的な規格を**表2**に示す.JIS[7]は，化学成分は P,Sだけを規定し，機械的性質によ

規格	記号	熱処理	化学成分(%)							備考
			C	Si	Mn	P	S	降伏点 kgf/mm²	引張強さ kgf/mm²	
JIS E 4502	SFA55A, B	焼きならしまたは焼きならし焼きもどし	—	—	—	Aは ≦0.035 Bは ≦0.045	Aは ≦0.040 Bは ≦0.045	≧28	≧55	—
	SFA60A, B	焼きならしまたは焼きならし焼きもどし						≧30	≧60	
	SFA65A, B	焼入れ焼きもどし						≧35	≧65	
	SFA QA, B	指定箇所を高周波焼入れ焼きもどし						≧30	≧60	
AAR M-101	U	—	0.40~0.55	≧0.15	0.60~0.90	≦0.045	≦0.050	—	—	
	F	焼きならし焼きもどし	0.45~0.59					≧33.8	≧60.5	φ203.2~φ304.8
	G	焼入れ焼きもどし	—					≧33.8	≧59.7	φ177.8~φ254
	H	焼きならし・焼入れ焼きもどし						≧45.7	≧73.8	φ177.8~φ254
UIC 811-0	—	焼きならし	—	≦0.50	≦1.20	≦0.05	≦0.05	—	50~65	—
		焼入れ焼きもどし							55~63	

表2　代表的な車軸規格(抜粋)

りわけられている．SFA55は主に貨車用に，SFA60，SFA65は，電車，機関車などに使用されている．A，Bは試験方法の違いによりわかれており，Aは超音波探傷試験，磁粉探傷試験が義務づけられている．

アメリカでは，AAR[8]に熱処理なしの車軸は化学成分が規定され，熱処理を行なう車軸は化学成分を規定し，さらに引張試験を実施することになっている．UIC[9]では,化学成分,機械的性質両方が規定されている．

車軸用材料は，一部を除いて中炭素鋼で，機械的性質として引張試験を規定している場合は，降伏点，引張強さ，伸び，しぼりなどが規定され，引張強さは，65 kg/mm²になっている．また，降伏点は，焼入れ，焼きもどしなど熱処理するものに規定している．

(2)強度

車軸の強度計算方法は，JIS[10]に規定されているが，これは車輪の圧入部についての計算方法である．一般にはこれで十分であるが，さらに，車軸各部についてくわしく計算する場合は，たとえば「鉄道車両用車軸の強度計算方法について」[11]によるとよい．

①荷重の求めかた　静的荷重に対する走行中の振動，衝撃などによる動的負荷の割増量を，走行試験，実績などから速度別に，次のように決めている．

	垂直方向加速度	水平方向加速度
120超100km/h以下	$0.4g$	$0.3g$
120超160km/h以下	$0.5g$	$0.4g$
160超190km/h以下	$0.6g$	$0.4g$
190超210km/h以下	$0.7g$	$0.5g$

②材料の疲れ強さ　小形試験片，あるいは実体車

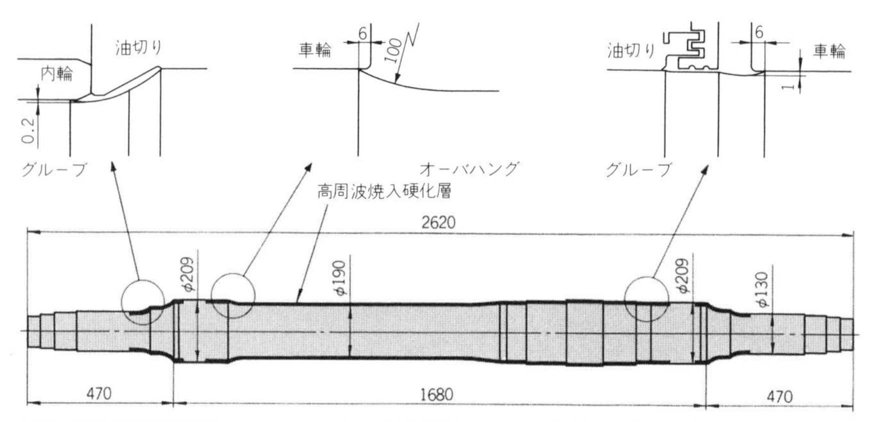

図10　新幹線用車軸断面

軸の疲労試験により，各材質ごとに疲れ強さが求められている．次に，圧入部での疲れ強さを示す．平滑部については，実体で得られた疲れ強さに対し，表面仕上げ，段付きの影響などを考慮して求める．

SFA 55（焼きならし）　10.0kg/mm²

SFA 60（焼きならし）　10.5　〃

SFA 65（焼入れ焼きもどし）　11.0kg/mm²

③**安全率**　車軸に作用する曲げ応力，ねじり応力を求め，次の式より安全率を計算し，車両の種類によって，応力の発生頻度を考慮し，車種ごとに安全率の基準値を設けている．

$$S_f = \frac{1}{\sqrt{\left(\frac{\sigma_b}{\sigma_{wb}}\right)^2 + \left(\frac{\tau}{\tau_e}\right)^2}}$$

ここで，σ_b　：外力による曲げ応力

σ_{wb}：曲げ疲れ強さ

τ　：外力によるねじり応力

τ_e　：ねじり弾性限

S_f　：安全率

1.2（通勤車など空車，満載の区別ある車両）

1.6（特急車など定員乗車の車両）

2.0（機関車など一定荷重の車両）

車軸で，使用中に問題になるのは，圧入部に発生する微細なき裂である．これは，フレコロきずと呼ばれ，フレッティングによるさびのなかに，深さ0.1～0.5mmの円周方向きずとして，磁粉探傷の結果認められる．このフレコロきずの発生を抑え，進展を防止するために，あるいは平滑部の疲れ強さを向上させるために，

次の方法が，実用化されている．

- オーバハング
- グルーブ
- 表面圧延
- 高周波焼入れ
- タフトライド
- 低温焼入れ

実際には，これらを単独，あるいは組合わせて採用している．一例として，新幹線用車軸を**図10**に示す．高周波焼入れ，オーバハング，グルーブを採用している．

(3)軽量車軸

車両の高速化をはかるためには，軽量化が必要であるが，そのひとつとして，中空車軸があげられる．中空軸の採用は古くからあったが，製造に起因する品質の問題，検査の問題などで，広く採用されるまでになってない．しかし，最近になって，加工技術の進歩，さらには探傷技術の開発などにより，改めて中空軸の利点が見直されつつある．

車輪，車軸の組立

一般に，輪軸は車軸に車輪を圧入して組立てられるが，この圧入作業について，JIS[12]に規定されている．基本的には，締めしろを管理し，圧入力が規定値内にあることを確認する方法である．

ここでは，一例として，一体圧延車輪を動軸に圧入する場合の締めしろ比，およびϕ100mm当たりの圧入力を示す．

締めしろ比(1/1000)	標準値	1.4
	最大値	1.5
圧入力(ton)	最大値	55
	最小値	35

なお，圧入作業では，圧入部のかじりなどの問題は避けられず，これの対策として，油圧ばめ，油圧抜き技術が開発され，新幹線などで実際に採用されている．

参考文献

1）JIS E 5402 鉄道車両用炭素鋼一体圧延車輪
2）AAR M 107 WHEELS, WROUGHT CARBON STEEL
3）UIC 812－3V
4）小田，西岡「タイヤ踏面の強度について」住友金属 Vol. 10. No.2 1958
5）斉藤，松山「摩耗試験」金属材料検査叢書８巻 昭18－3
6）里田，西村，菅原他「防音車輪による車両走行音低減の研究」 住友金属 Vol. 29. No. 1 Jan. 1977
7）JIS E 4502 鉄道車両用車軸
8）AAR M 101 AXLES, CARBON STEEL, NON－HEAT－TREATED AND HEAT－TREATED
9）UIC 8110
10）JIS E 4501 鉄道車両用車軸の強度計算について
11）鉄道車両用車軸の強度計算について，住友金属（住金製設輪報第344号）
12）JIS E 4504 鉄道車両用輪軸

鉄道車両用軸受

鉄道車両にころがり軸受が使用されたのは，1903年ドイツにおいて始まり，わが国でも，1932年には，採用されるようになり，非常に長い歴史がある.[1] 鉄道車両へのころがり軸受の使用箇所は，車軸用，主電動機用，駆動装置用，内燃機関用および補助回転機用などであるが，これらのころがり軸受は，鉄道車両の特殊な使用条件，制約に適合するように，設計仕様，製作仕様には，特別の配慮がされている.

なかでも車軸用軸受は，車両用としての特殊性をすべて備えており，他の鉄道車両用軸受の選定，設計に際しても，参考となる点も多いので，ここでは，代表として車軸用軸受を取りあげる.

軸受の選定と設計基準

車軸用軸受は，いわゆる“ばね下”に配置されることもあって，車輪と線路間に発生する振動，衝撃を直接受けることになり，人命への危険も大きいため，耐久性，信頼性に最も重点がおかれる.

さらに，構造的には軸方向寸法に比較して，直径方向に制約を受けることが多く，標準寸法（ISOの寸法系列）の軸受だけでなく，車軸用として設計された特殊寸法の軸受がよく用いられる．車軸用軸受として，特別のカタログが軸受メーカーからも発行されており参考にする必要がある．軸受の選定に当たって考慮されなければならない問題について解説する.

(1)車両の仕様および使用条件

①鉄道の性質

②車両形式，軸受支持形式

③線路状況，運転状況，運転速度

④車両の自重，積載重量

⑤車軸寸法，軸受中心距離，車両限界

⑥車両の保守技術，設備

⑦価格など

(2)軸受荷重の算定

車軸用軸受にかかる荷重には，車両自重，積載重量から求められる“静ラジアル荷重”のほかに，上下振動によるラジアル荷重，車両の横動およびかたよりによるスラスト荷重，さらに線路の継目，ポイント，車輪，線路の不整による衝撃荷重がある．

軸受にかかる動的荷重は，計算で求められる静荷重に，上下振動，左右振動による荷重を付加して求める．実際には静的荷重に経験的な荷重係数を乗ずることによって算定される．

$$F_r = f_r \cdot (G - w) / 2$$

$$F_a = f_a \cdot (G - w)$$

ここで，F_r：軸受の動ラジアル荷重

F_a：軸受の動スラスト荷重

G：軸重（レール上）

w：輪軸重量

f_r，f_a：荷重係数

上式の荷重係数f_r，f_aは，車両形式，速度および線路条件などによって異なり，実測によって修正すべきものであるが，国鉄などでは，**表1**に示す値がほぼ妥当であると考えられている[2]．

軸受にスラスト荷重が作用しているときの等価ラジアル荷重（P_t）は次式で求められる．

$$P_t = X \cdot F_r + Y \cdot F_a$$

ここで，X（ラジアル係数）およびY（スラスト係数）は，軸受によって固有の値でカタログなどに記載されている．スラスト荷重は常時作用するわけでなく，カーブ通過時の車両の横動などで発生するもので，その作用割合をϕとすると，軸受の平均等価荷重は次式で表わされる．

$$P = \{(1-\phi) \cdot F_r^{10/3} + \phi \cdot P_t^{10/3}\}^{3/10}$$

ϕの値は，一般には3％～5％をとることによって実態とよく合う．

(3)軸受の定格寿命（B_{10} Life）

前項で求められた，動的軸受荷重と軸受の基本定格荷重から，軸受の定格寿命(B_{10} Life)L_sが求められる．

$$L_s = \left(\frac{C}{P}\right)^{10/3} \times 10^6 \times \pi \times D$$

表1　荷重係数

使用最高速度 km/h	ラジアル荷重係数 f_r	スラスト荷重係数 f_a
100以下	1.4	0.3
100～120	1.4	0.3
120～160	1.5	0.4
200～（新幹線）	1.7	0.5

表 2　軸受の必要定格寿命

車両形式	定格寿命　$L_s$km
機　関　車	3.0×10^6
電　　　車	3.0×10^6
客　　　車	2.0×10^6
貨　　　車	1.0×10^6

ここで，C：軸受の基本動的荷重

P：軸受の動的等価荷重

D：車輪径

最適の定格寿命は，車両の年間走行距離，車両の形式，保守点検期間，軸受破損による損害の程度などによって異なるが，大略の目安としては**表 2** の値をとる．

(4)軸箱支持形式

車軸用ころがり軸受を組込んだ軸受を台車わくまたは車体へ固定する方式は,車両特性に応じて多くのものがあるが，軸受への影響から分類すると，車軸と台車との回転方向および軸方向の変位を，軸箱内部で吸収するもの〔**図 1**(a)〕および軸箱外部でカバーする方式〔**図 1**(b)〕がある．

回転方向の動きを軸箱内部でおぎなうためには，自動調心ころ軸受を 1 個用いる方法（**図 2**）が，唯一のもので，また，軸方向変位を内部でカバーするには，円筒ころ軸受を用いた形式（**図 3**）にする必要がある．

軸方向動き（横動）には何らかの緩衝機構を設けるが，これを外部緩衝とするか，内部に**図 3**(a)のように緩衝ゴムなどを設置するかについても軸受の形式に影響を与える．

(5)保守点検

車両の運行の安全性を確保するためには国家またはそれに準ずる機関によって，軸受，車軸などの重要部

図 1　軸箱支持形式

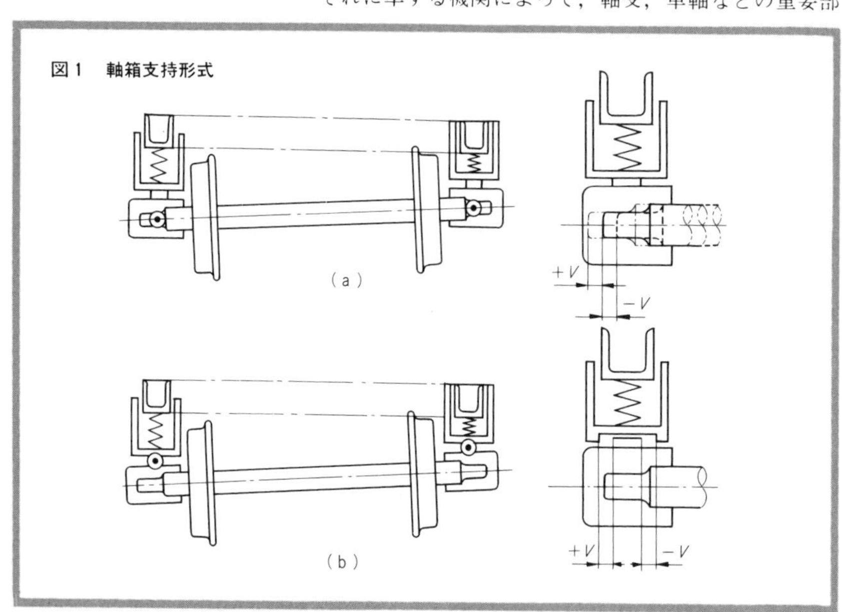

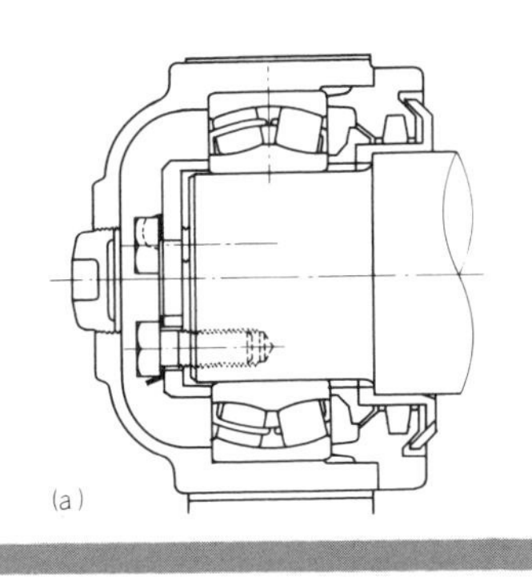
(a)

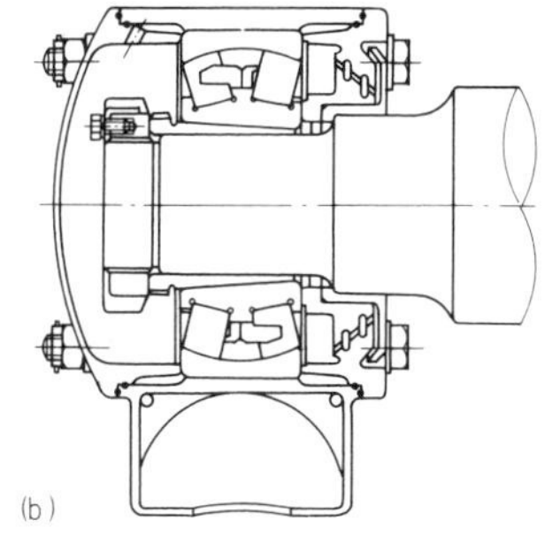
(b)

図2　自動調心ころ軸受（1個）

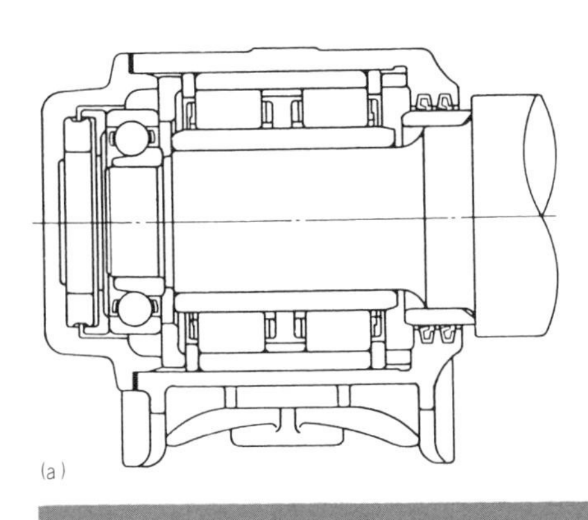
(a)

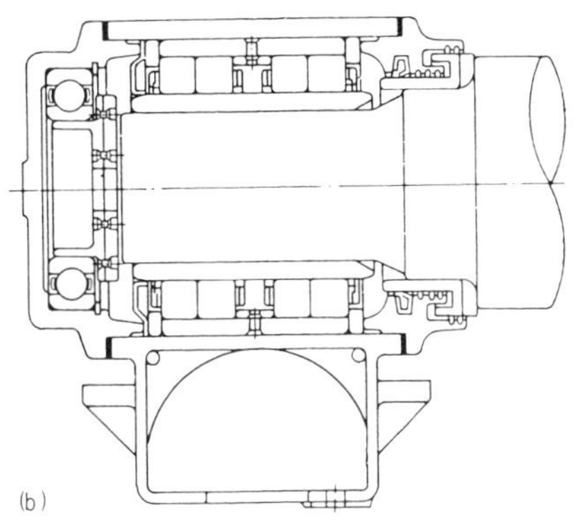
(b)

図3　円筒ころ軸受(玉軸受併用)

品は一定期間ごとの定期検査が義務づけられている．したがって，軸受は定期的に必ず，車軸から取りはずされて，車軸，軸受の点検を受けることになるが，軸受の着脱によって，車軸などを損傷しない構造にしておかなければならない．安全性がとくに重視される電車，客車にあっては，検査周期も短いため，着脱作業が容易で，部品などに損傷をあたえる要素の少ない形式を選定する必要がある．

保守技術水準またはその設備は，それぞれの運輸機関で差がある．特殊設備を要したり，高度の技術経験を前提とする設計構造を採用する場合には，使用先の状況を十分把握した上で行なわなければならない．

(6)規格および仕様書の検討

国鉄またはその他の運輸機関では，車軸用軸受の形式，寸法，適用区分などを規格，規則で制限していることが少なくない．それぞれの保守基準，安全規則に適合するように定められているもので，おのおのでかなり異なっている．

一般には，ＵＩＣの規格に準拠している場合が多いが，ＪＲＳ（国鉄）[3]，ＡＡＲ（北米）には，車軸用ころがり軸受に関する広範囲の事項が規定されているので，これらの規格，仕様書に従って軸受の選定設計を行なうことなどが必要である．

車軸用軸受の形式と特徴

(1)円すいころ軸受

円すいころ軸受は，**図4**に示すように軸箱に2個(複列の場合は1個)組込まれて使用される．この軸受はラジアル荷重とともに，スラスト荷重に対する負荷容量も大きく，内径に比較して外径の小さい軸受でもスラスト負荷能力が大きいため，外径寸法を大きくとれない場合には有効な軸受である．

組合わせかたとして，**図4**(a)は背面組合わせ，**図4**(b)は正面組合わせである．背面組合わせは，軸受の作用点距離が大きく，軸箱にモーメント荷重が作用する場合には，正面組合わせより寿命が長い．

最近の傾向としては，内輪または外輪間の間座寸法をあらかじめ適切に調整しておき，軸受組込み時にすきまを適正に保つためのシム調整を要しない形式が多く使用される．このため，2個の軸受および間座を任意に組合わせて使用することはできず，取換えの場合セットとして取り扱う必要がある．

車軸に直接圧入または熱ばめする**図4**の場合には，衝撃荷重に対しても，軸受のクリープ，緩みが少ないが，取りはずす場合には，内輪を車軸に対して冷間で引き抜く方法しかなく，車軸または軸受自体を損傷する率も高いので，電車，客車など検査期間が短く，軸受を車軸より取りはずす機会の多い車両形式には，なるべく用いないほうが望ましいといえる．**図5**に示すように，スリーブ付きとすれば，着脱作業は容易であるが，スリーブ締付時のすきま調整を要し，スリーブの緩みなども生ずるという欠点がある．

円すいころ軸受は国鉄においても過去には広く用いられていたが，最近では保守面の問題と高速化が進んだこともあり，本線用車両にはあまり用いられない．鉄鋼会社などの構内車両，保線関係の車両など，比較的低速，高荷重の車両に多く採用される形式である．

(2)自動調心ころ軸受

自動調心ころ軸受は，同一スペースでは最も定格荷重を大きくとることができ，衝撃に対する容量も大き

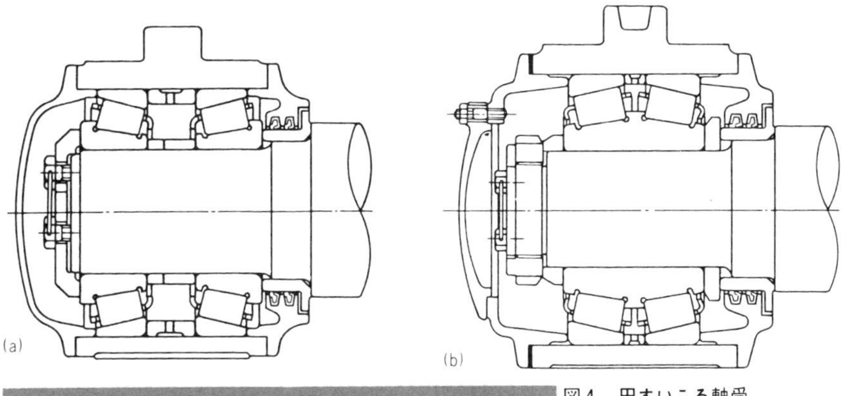

図4　円すいころ軸受

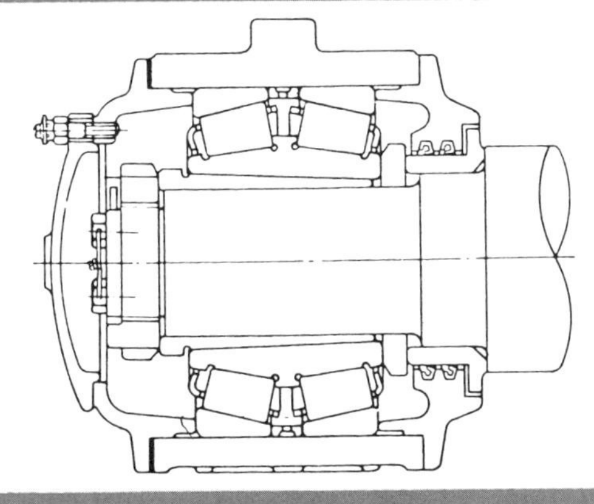
図5　スリーブ付円すいころ軸受

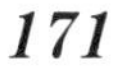

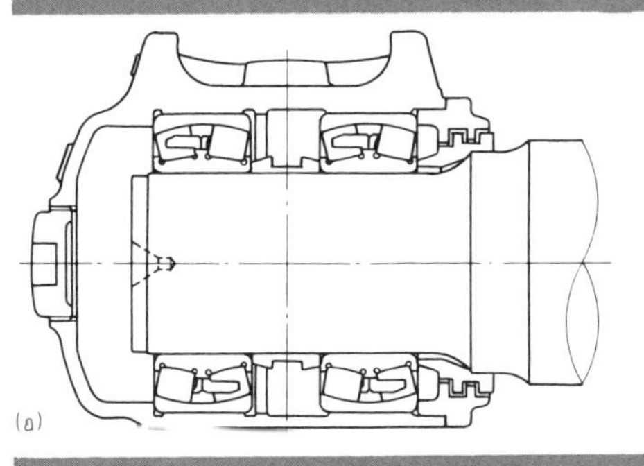

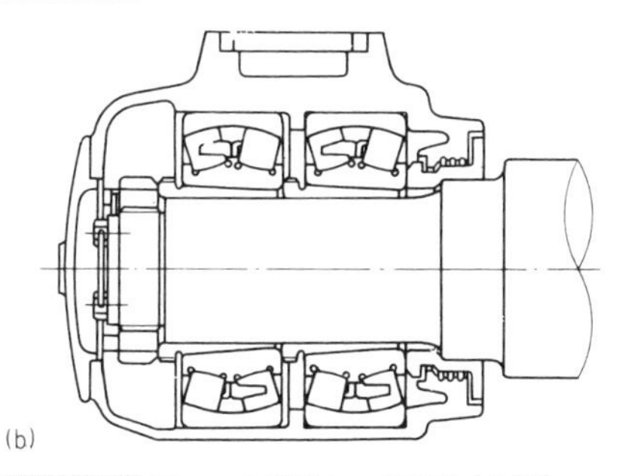

図6　自動調心ころ軸受（2個）

い，さらにラジアル荷重とスラスト荷重の両方向の荷重を受けることが可能である．

自動調心ころ軸受（複列）を軸箱に，1個組込む場合（**図2**）と2個組込む場合（**図6**）とがある．軸箱に1個組込むものは調心性があり，軸箱内で回転方向の自由度を持ち，特定の軸箱支持方式には最適である．2個組込む形式は,自動調心ころ軸受の調心性はまったく利用できないが，その負荷容量の大きい点にメリットを求めたものである．

この軸受も，円すいころ軸受と同様，車軸から軸受を取りはずす際に誘導加熱による方法が使用できないこと，および内輪，外輪が非分離形であるため，軸受内部の点検にやや不便な点がある．スリーブ付き〔**図2**(b)，**図6**(b)〕では取りはずし作業の問題は解消するが，締付け，スリーブ緩みなどには問題がある．

国鉄では，本線用車両にはほとんど用いられていないが，私鉄では電車に採用しているところもある．外国では，ほとんどの車両形式に採用されている．

(3)円筒ころ軸受

円筒ころ軸受は保守面での利点，高速に適しているなどのため，今日では車軸用軸受の主流になっている．この軸受はラジアル荷重に対する負荷容量は大きいが，スラスト荷重は負荷できないか，比較的小さいという欠点があり，これをカバーする対策が必要になる．

円筒ころ軸受の使用例としては，**図3**に示すように，円筒ころ軸受ではスラスト荷重を受けずに，スラスト荷重負荷用玉軸受（深みぞ玉軸受またはアンギュラ玉軸受）を組合わせて用いる方法と，**図7**のように内輪または外輪のつばと，ころ端面のすべり面でスラスト荷重を負荷する方式が一般的な方法である．

スラスト荷重を玉軸受で負荷する方法は，国鉄をはじめ，各私鉄で最も広く用いられるもので，軸箱内で比較的大きな軸方向変位を許容することが可能で，必要であれば，玉軸受と前ぶたとの間に緩衝ゴムまたは皿ばねを配置することによって，車軸と台車間の横動のダンパとして作用することになり，乗心地の改善にもなる．

スラスト荷重を軌道輪のつばところ端面のすべり面で負荷する，いわゆる“つばスラスト”形式は，比較的小さな接触面でスラスト荷重を受けるため，極圧性の高い潤滑剤を要し，ころ端面およびつば面に特別な配慮が必要である．最近では，グリース性能が向上したこともあって，使用される例が多くなってきている．しかし線路の曲線部が多く，長い距離スラスト荷重を負荷すると予測される場合は使用を見合わせるほうが望ましい．

内輪と外輪が分離できるため，車軸に取付けられた内輪の取りはずしには，誘導加熱を用いることができ，車軸ジャーナル部を損傷することも少なく，最も疲労

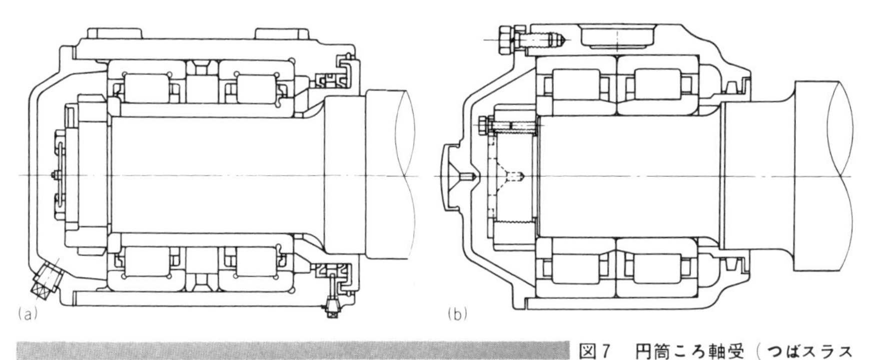

図7　円筒ころ軸受（つばスラスト式）

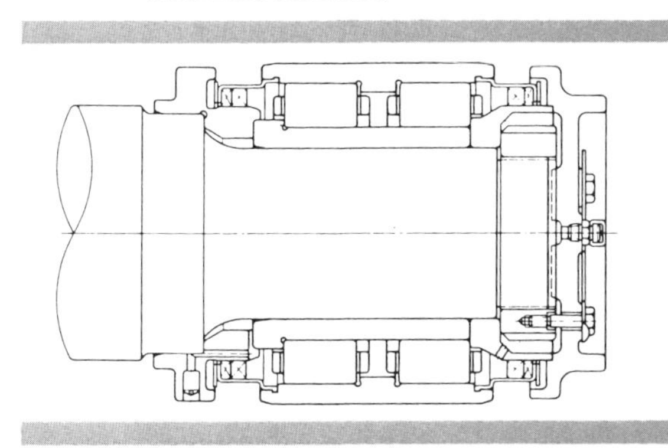

図8　密封円すいころ軸受(RCT)

図9　密封円筒ころ軸受(RCC)

現象の現われやすい内輪転走部の検査も容易であることもあって，とくに信頼性を高く確保しなければならない車種には最も適した軸受形式である．

(4)密封軸受

前項で述べた軸受は，いずれも軸箱を用いて，軸受は外部に露出していることはないが，軸箱は多くの部品から構成されており，そのスペース，重量も比較的大きく，組込みにも熟練と経験を要する．

これらの点を簡便化し，軸受そのものにシールを設けた通常の軸箱を要しない密封軸受がある．**図8**はＡＡＲ（米国鉄道協会）で開発された貨車用軸受で，平軸受（メタル）からころがり軸受への転換を目的に設計されたもので，平軸受とほぼ同じスペースにおさめることができ，軽量化，信頼性向上，保守コストの低減にいちじるしい効果がある．

米国では貨車用として標準化された数種の寸法系列がある．わが国でも，国鉄用貨車として，同形式の軸受がＪＲＳ（国鉄規格）に認められており，ボギータイプの貨車のほとんどがこの形式になっている．この軸受は最近では，貨車用に限らずほとんどの車種に適用されている.内部仕様を高度化することによって250 km/hを超える高速列車にも試験的に適用された例が外国にある．また，完全に管理された環境でグリース封入および密封を行なうことができるという密封軸受の特性を利用し，10年以上完全にメンテナンスフリーの軸受が開発されている．

図9は，保守面でわが国の実状に合わせて設計開発された密封円筒ころ軸受で，内輪の取りはずしに誘導加熱方法をとることができる．電車，ディーゼル動車および客車に使用されているが，保守コストの低減，信頼性の向上に非常にメリットがある．今後，この形式の軸受は使用分野が広がるものと思われる．

今後の展望

⑴信頼性の向上

鉄道車両用軸受は車軸用に限らず耐久性，信頼性を最重点項目とすべきであるが，車両の高速化，大量輸送，過密ダイヤなどの傾向が強くなるとともに，軸受の破損による車両運行の阻害は，いろいろの面で大きな損失をもたらし，軸受の信頼性向上に対する要請はますます強くなってきている．

軸受の破損要因の調査によれば，軌道論，転動体が疲労することによるものは，近年いちじるしく低減傾向にある．これは使用材料の品質向上，熱処理などの加工技術のレベルアップによるものであるが，このためにかえって，保持器の破損によるものが目立つようになった．[4] 保持器に作用する力の発生機構およびその定量化に関する研究[5] も進んではいるが，未解明の分野も多い．今後の軸受信頼性向上には，保持器の運動，応力解析の確立がキーポイントになると考えられる．

⑵高速化

わが国の新幹線電車は，最も実績のある高速車両である．車軸用軸受は**図10**に示すもので，わが国では唯

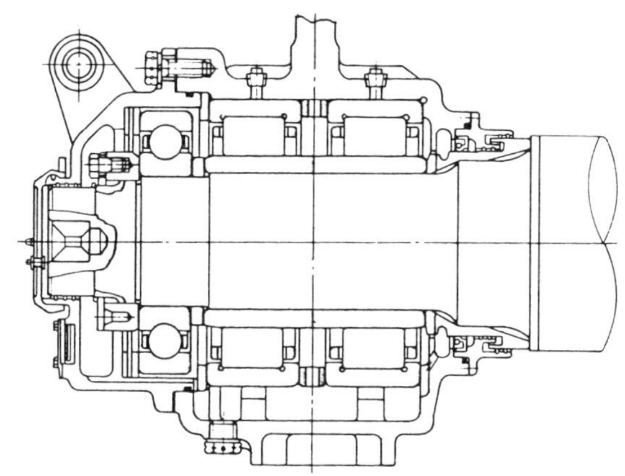

図10　新幹線電車用軸受

一の油潤滑となっている．構造的には在来線車両のそれとほとんど同一であるが，材料，製造方法，品質管理は，航空機用軸受と同等の厳しい基準で製造され，十数年間にわたる無事故運転に寄与している．

高速車両用軸受には，航空宇宙産業で開発された，技術，手法，材料などが応用されており，性能の飛躍的な改善が実現されている．

(3)保守点検の簡便化

鉄道車両を安全に運用するには，日常の保守点検が不可欠であるが，そのコスト低減は運輸機関にとって重大関心事である．保守点検のコストを小さく，かつ信頼性は確保したいという矛盾した要請に応えねばならない．

数年間またはそれ以上の期間，まったく分解点検，潤滑剤の補給などメインテナンスを要しない軸受が実用化されはじめている．この軸受は,密封軸受形式(**図8**または**図10**）とし，その材料，熱処理，加工法および潤滑剤などに特殊な仕様をもち，鉄道機関では軸受の分解も行なうことなく，専門メーカーで点検，再調整を行なって，運転に戻すというシステムである．運用面などに若干の困難さはあろうかと思われるが，興味ある方式であろう．

(4)新形式車両への対応

運輸手段の多様化に従い，トラック，トレーラを積荷のまま輸送するトレーラ・トレーン（低床貨車ともいわれる）などが構想されているが，在来車両とは設計構造が異なり，ころがり軸受の用いられる箇所が多い．新分野であるため，未だ確立した設計基準に類するものは乏しく，データの蓄積が望まれる．

参考文献

(1)車両用転がり軸受研究会編：車両用ころがり軸受，白泉社(1959)

(2)田中真一他：鉄道技術研究資料，30，12 (1973) 575

(3)日本国有鉄道：車両用転がり軸受，JRS 17601-1

(4)関口晴夫他：鉄道技術研究資料，29,6 (1972) 39.

(5)角田和雄：日本機械学会論文集，32,293(1966)1164，1176

(6)斉藤誠一：潤滑，22,2(1977) 83.

集電装置の構造と集電系の問題点

電気車の集電装置は，電気鉄道が始まって 100年にもなるから，種類が多い．導体を地上高くに架設する方式には，２本の線の上に載せた小さなトロッコ（左右の車輪は絶縁されている）から電線を引っぱるもの，電線をたんなる棒でこするもの，電線を受でこするもの，アングルを導体として，ひっかけた腕で集電するものなどがある（**写真１～写真８**）．導体を地下に置くものでは，軌道中央にトラフを設けるもの，一定間隔に隠見式のスタッドを設け，車両の電磁石で吸いあげてスケートで集電するものなどがある．

これらのうち，第３軌条を蝶番式のシューでこすって集電する方式が現在も一般的に用いられ，架空導体式は，硬銅線を張り，これにトロリーポール，ビューゲル，パンタグラフを押しつけて集電する方式に落ち着いたようにみえる．しかし，新交通システム用に３相交流の電気方式も採用され，集電装置にも種々のものが案出された．なかには，昔のトロリーと似たものも見受けられ，どんな形が生き残れるか興味深い．

ここでは，主としてパンタグラフについて述べる．

写真１　２本の線上を走るトロッコによる集電装置．トロリーの語源と思われる．車がすれ違うときは，車体側の接続部をはずし，互いに交換した．

写真２　最初の交流電気機関車（1904年スイス）．２本の弓状棒で集電する．運転室屋根上にパンタグラフの元祖のような集電装置がある．

パンタグラフの形状と動作機構

⑴形状

パンタグラフといえば，一般には図形を拡大縮小するのに使う４節リンク機構を指すが，集電装置のパンタグラフはふつう５節リンク機構で，この他，左右対称に上下させるための「釣合装置」を設ける.「菱わく形」というのは，下部に延長すると菱形になるように寸法を決めるからで，なかには菱形から大きく離れたものもある．

近年フランスで始まり，広く使われるようになった「片脚形」パンタグラフ（**写真９**）は４節になっている．この形では，垂直に上下するように節の関係を選び，また，舟(ふね)を水平にするためのリンクをつけ加える．

「ふね」は架線に接する部分で，線路の分岐部分で合流する線の架線をすくい上げるためのもの．両端が下がっていて，あたかも舟を逆さにした形に似ているところから，その名がある．

架線は，線路のカーブでは折線状に張られ，直線路でも，すり板の局部摩耗を防ぐため，ジグザグに張られるから，舟はある幅を持っていなくてはならない．その舟を水平に支えるため，わく組は左右に離して2組設ける．米国や日本では，舟の水平部を支えるが，ヨーロッパでは舟の端を支え，かつ舟が前後に傾くことができるようにつくるものが多い．

左右方向の剛性を上げるため，斜めの補強をいれる．その形で，X，N，Mなどと呼ぶ．これによって，複雑あるいは軽快な印象を与えるため，電気車のスタイルに大きい影響を持っている．5節リンクで，下側のリンクをとくに長くすると，下わく交差形になる．

サイドアームという装置もある，軌道の真上でなく，側方に張った架線に腕を伸ばして集電する装置で，機械荷役の防げにならない．

(2)動作機構

パンタグラフを上げるには，ふつう引張りコイルばねを使う．たたむときは空気シリンダを使い，折りたたみ位置を保つのにカギをかけておく.この方式を「ばね上昇・空気下降式」という．カギをはずすのにも，小形の空気シリンダを使う．なかには電磁石，引き棒，ひもを使うものもあり，折りたたむにもひもを使う手動式があるが，小形のものに限られる．

「ばね上昇・空気下降式」は，構造が簡単で軽量であり，電車に多く用いられるが，上昇速度がはやく，ダンピングがないので，上げるときに架線をたたく欠点がある．たたかれた架線は，躍って着線するまで数回バウンドし，アークを発生し，曲げ疲労も多くなり，まれに断線することもある．

上昇用ばねは，引張力が200kgfにもなる強いばねで，主ばねと呼ぶ．主ばねを下降時はゆるめておき，空気シリンダで張って上げる方式のものもあり，「空気上昇・自重下降式」と呼ぶ(図1)．

主ばねを常時張っておき，これより強い折りたたみ

写真3　アルプス越え用電気機関車（イタリア）．3相交流を使うので，上部に絶縁した2組の子集電子をつけた親子ビューゲルともいうべきもの．

写真4　イングリッシュ・エレクトリック社（英国）製．左右方向強化のために，鋼線をターンバックルで張ってあるのが特徴．

写真5　自動車王H．フォードがつくった電気機関車．補助のわく組は，保守の良くない，たるんだ架線でもひっかけないためらしい．

写真6　GE社（米国）がフランス向けにつくった電気機関車．まっすぐに折ったホーンは，初期の米国製によく見られる．

写真7　車体幅より大きいパンタグラフもある．鉱山用の機関車．

写真8　フランス最初の商用周波数単相交流電気機関車のひとつ．運転台の屋根に張出しをつくり，２台のパンタグラフを載せている．

ばねでたたんで，空気シリンダで折りたたみばねを殺して上昇させる方式は,「空気上昇・ばね下降式」と呼ぶ．

空気上昇式では，上昇速度を制御する装置を設けて，架線にソフトランディングさせることができ，舟の重い電気機関車に主に用いられる．ばね下降式では，折りたたみ位置がばねの力で積極的に保たれるから，車両の振動や風圧でふわふわ動くことがない．パンタ２台取付１台使用の交流電気機関車に用いられ，積雪地方でも，雪がはさまって折りたたみ位置を保てないというふつごうが少ない．

パンタグラフの動作方式は、電気車の容量、電気方式，保安の考えかた，操作方式などで使いわける．

集電系の問題点

架線と集電装置の組合わせを「集電系」と呼ぶ．市内電車の，トロリーポールでは，架線からはずれることがときどきあり，車掌を悩ませた．ビューゲルにしてはずれることはなくなったが，室内灯が点滅し，力行が断続することがあった．このような大きい離線は乗客を不安にし，定時運転を不能にし，主電動機に閃絡を生じさせることがある．パンタグラフでも，離線が秒のオーダで生じていたのを，架線と双方の改良で，0.1, 0.01sのオーダにまで追随性を改善してきた．

離線は，架線と集電装置が離れることであるが，アークでつながって，数V～数十Vのアーク電圧による電圧降下しかないときをどう判断するか，その定義と測定はむずかしい.架線の電圧は公称1500Ｖでも, 1800～750Vの広範囲で変化することがある．とくに最近では，無線雑音や騒音が公害として問題にされるようになり，0.001sの離線，微小離線，微小アークも問題になってきた．

微小離線は，架線の吊金具部分，架線を巻きわくから延ばすときのくせなど，架線のわずかな不均一性によって生ずるので，これをなくすことはむずかしい．

(1)集電系の力学

集電系で起こる力学的現象は，コンピュータを使ってできるだけシミュレートしようとする努力が払われているが，ここでは基礎的なモデルについて，共振および離線の始まる列車速度の算式だけを示す．

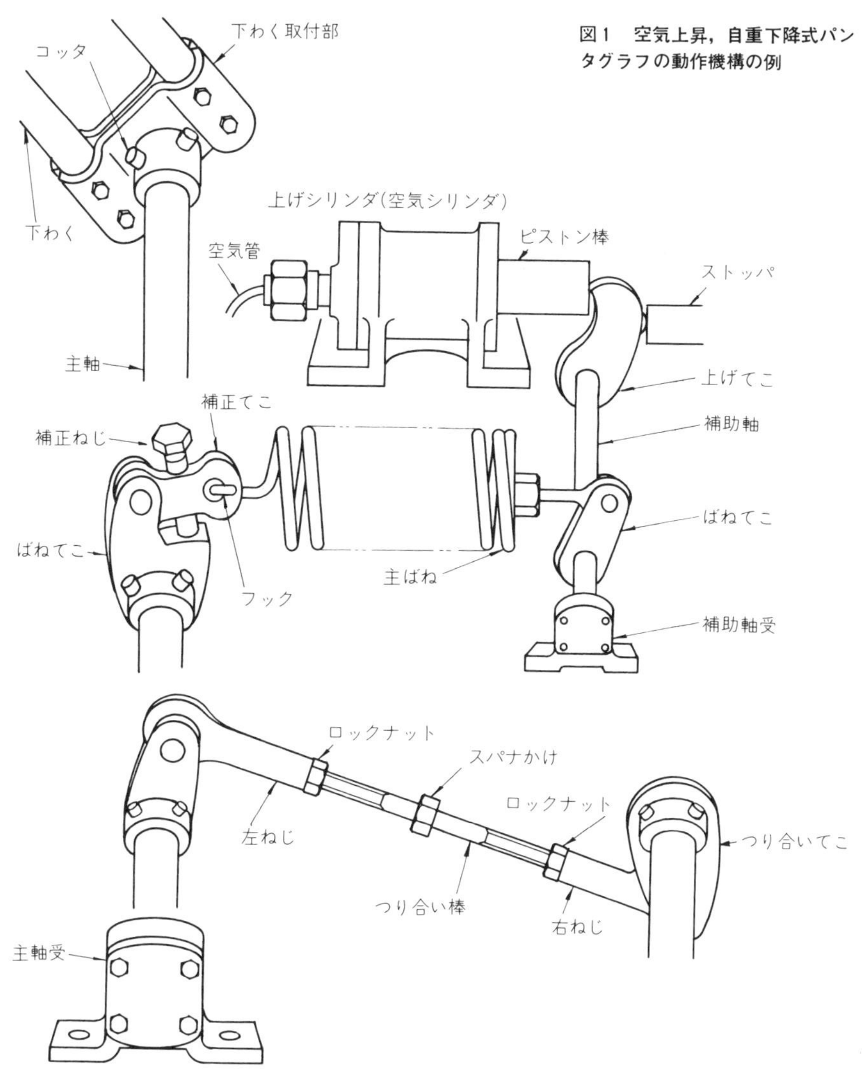

図1　空気上昇，自重下降式パンタグラフの動作機構の例

架線を質量のない弦と見なすと，上下方向のばねと考えられるから，このばね定数をkとする．パンタグラフは，舟，復元ばね，わく組の3つから成るものと考え，舟の質量をm，復元ばねのばね定数をK，わく組の相当質量をMとすると，mの固有振動数fは次の式で表わされる．

$$f=\frac{1}{2\pi}\sqrt{\frac{k+K}{m}} \cdots\cdots(1)$$

kは，実際の架線では，支持物の直下では大きく，中央では小さい，その平均をk'，不同率をε，支持物間隔をℓとすると，架線とパンタグラフが共振する速度V_c，離線の始まる速度V_rは，次の式で表わされる．

写真9　フランスで始まり，ヨーロッパで広く使われている「片脚形」.太い下わくと，舟の傾きを防ぐ上わくの構造が目につく．

$$V_c = \frac{\ell}{2\pi}\sqrt{\frac{k'}{M+m}} \quad \cdots\cdots(2)$$

$$V_r = \frac{V_c}{\sqrt{1+\varepsilon}} \quad \cdots\cdots(3)$$

これらの式から，高速度まで離線しない集電系は，不同率 ε を小さくした架線と，質量の小さい舟，等価質量の小さいわく組とを備えたパンタグラフの組合わせによって得られることがわかる．

これらの動特性を調べるために，加振機で舟を抑えて，上下にゆする試験機が使われる．そして，振幅を変え，振動数を変え，追随性をみるのである．しかし，これでは摺動の影響がわからないから，回転円板でこすりながら，上下に加振する大がかりな試験機もつくられた．これにより，これまで観測されなかった現象が観測されるようになった．この装置に，実際の架線が持つ上下方向の弾性とその不同が与えられるようになれば，より実際に近くなる．

(2)離線率

離線率は，次の式で表わされる．

$$離線率 = \frac{離線時間の総計}{全走行時間}$$

これは，集電系の良否を判定する重要な数値である．同じ区間を，あまり日数を隔てずに，違うパンタグラフつき車両で走り，小さい離線率を示したほうが，よいパンタグラフといえる．日数を隔てずにというのは，架線は温度や通過パンタグラフによって，状態が変わりやすいからである．

(3)外力

パンタグラフに働く外力は，押上力×摩擦係数＝前後力，というようななまやさしいものではない．押上力は，5.5kgfに調整したものが，運転中は20kgf の測定器がスケールアウトするほど変化する．また，摩擦係数は試験機ではしばしば1以上を示す．新幹線のような高速では，抗力が100kgfのオーダになり，プラスマイナスの揚力も働く．

そこで，各パンタグラフメーカーは，自社のノウハウとして前後方向何百 kgf，左右方向何百 kgf で材料が降伏しないこと，剛性はその力で変位何十mm以下というようにしている．上わくは，両端がピンのため引張りか圧縮，下わくには曲げと引張りか圧縮かの分力，主軸にはねじりが働き，どの高さでもこれに耐えるように強度を与える．

架線は約5mごとにハンガ（吊金具）が付けてあり，45～60mごとの柱には振れ止め，カーブでは曲引きをつけて折線状にする．これらは，信頼性を高めるくふうがしてあるとはいえ，はずれることがまったくないとはいえない．したがって，ときにはパンタグラフに衝撃を与え，変形，破損を生じ，その正常な形でないパンタグラフが，架線を十数kmにわたって痛め，ついには架線にパンタグラフがからみついて，両方を壊して運転不能になったという例がある．

パンタグラフの追随性を良くするためには，直接架線に接する部分の質量を小さくする以外にはない．これには，耐摩性の良い新材料を得るか，取替回帰は短くなるが断面積を小さくするしかない．

(4)すり板

架線は，導電性のよい硬銅線が主に用いられ，他には，少量のAg入り(軟化温度を高くする)，Sn入り(抗張力を高くする)も用いられる．Cd入りは，抗張力は大きいが，公害の点からやめた．また，銅をパンタグラフとの摺動で減らしてしまうのは惜しいので，導電性は並列につないだ給電線にまかせ，架線を鋼線にした例がまれにある．今後，資源保護の見地から見直されるかもしれない．

パンタグラフのすり板は，架線と摺動して，相手も傷めず，自分も減らず，接触抵抗の小さいものがよい．接触抵抗が小さいために銅板が使われるが，適当な潤滑剤がないとはげしい凝着摩耗を起こす．しかし，耐アーク性がよいため，冬期，架線に霜や氷が付着して離線の多い線区（日光付近や大糸線）では，他のすり板では摩耗が多くて列車運転ができなくなる場合があるため，やむを得ず銅板を使うことがある．

そこで，耐アーク性がよく、しかも架線を痛めない「寒冷地用すり板」を開発して，数年前から使い始めた．最も架線を痛めないのがグラファイト化したカーボンで，このすり板を使う電鉄では，架線が20年ももつという．架線すり面を指でこすってみると，なめらかで黒くグラファイトの粉が付く．潤滑剤を十分につけないで金属すり板を使う電鉄では，爪がひっかかるくらい荒れ，架線が2年半くらいしかもたない．

カーボンすり板の欠点は衝撃に弱いことで，この欠点を補うために，架線に付く金具などに考慮を払うことは，追随性向上にも役立つ．もうひとつの欠点は，接触抵抗が金属すり板に比べて1桁大きくなることで，このため，停車中も大きい電力を取るようになった冷房車では金属すり板とし，混用の結果架線が荒れ，カーボンすり板の摩耗が3倍にもなった電鉄もあり，カーボンすり板で3000Aも集電する試験をしたうえ，冷房車にもあり変わらずカーボンすり板を使っている電鉄もあるのは，注目に値する．

潤滑成分を配合した合金すり板を焼結してつくることは1950年ころから行なわれ，種々のものがつくられて好成績をおさめているものもある．Pbは摺動を安定させる性質があり，潤滑性もあるので，主要な成分であったが，公害の点で現在は使用しない．内部潤滑によるものは，私見では75km/h級までのようで，120km/h級，200km/h級のものは，外部潤滑によらないと，現行の25㎜幅では潤滑不足になるようである．

万能のすり板はなく，現在，高速度用，寒冷地用というように，鉄道技術研究所を中心に用途別の改良が続けられている．200km/h級のものを120km/h付近で使うと，すり板はもつが架線の摩耗を早めるというように，用途別に適したすり板を使いわけしないといけない．

集電系の進歩

(1)新幹線

架線は，標準5000㎜，最高5300㎜，最低4800㎜と、高さ範囲 500㎜に抑え，コイルばねと空気ダンパを組み合わせた合成架線素子を使って，上下ばね定数を一様にした（(3)式で $\varepsilon = 0$ ）．

狭い高さ範囲を有効に生かして，パンタグラフはわく組を小さくすることができ，等価質量を小さくするために下わく交差形とし，共振時の振幅を小さく抑えるためにオイルダンパを取付け，機器はすべてケーシングにおさめて，200km/h ≒ 55m/sという台風なみの強風の悪影響を防ぎ，抗力の減少をはかった．

このような風速下では，舟に働く風の影響は大きい．数次にわたる風洞試験の結果，揚力がほとんど発生しない縦横比1：1.3 の矩形断面が選ばれた．

抗力を減らすべくつくった流線形の舟は，大きい揚力十数kgを発生した．わく組に働く力も大きく，ある種のわく組では押し下げられて中腰になるものもあり，上下振動を始めるものもあった．

すり板は，当初在来線特急用のものを使ったが，東京・大阪片道しかもたず，急きょ耐摩耗性の大きいすり板を開発して対処した．すり板は，銅を主としたものと鉄を主としたものとがあり，試用の途中ある割合で混用したとき，すり板・架線とも摩耗が少なくなることが発見されて以来，この割合の混用が続いている．**写真10**に東北新幹線のパンタグラフを示す．

写真10　最も新しい東北新幹線用の試験用パンタグラフ

(2)特急電車用パンタグラフ

151系（旧こだま形）で，一段高くなった運転台に後方が見える窓がつき，パンタグラフも見えるところから，アークの多発に気がつき，予備にしておくパンタグラフも上げて，並列集電することになった．

最近は，チョッパ制御，電力回生ブレーキの採用により，離線は機器の安定動作の支障になるため，1両に2台のパンタグラフを備える例が多くなっている．しかし，比較的小さい間隔で多くのパンタグラフを上げることは，架線の振動が複雑になり，追随性はだいたい悪くなるし，摩耗も増す．

(3)架線の軽量化

新幹線では，はじめ性能を重視して，合成架線素子を使った．現在は，メインテナンスフリーを重視して太い材料を使い，張力も大きくした重い架線方式に変わった．横風に強い長所もあるが，次のカーボン系すり板の開発によって，架線の摩耗が抑えられれば，細い架線，一様な上下ばね定数にもどさないと，良好な集電は得られないと考える．

(4)カーボン系すり板の開発

およそ金属どうしをすり合わせる部分で，潤滑をしないものはない．現在のように，潤滑不足の状態で金属すり板を使って，摩耗が多い，騒音が多いというものの，潤滑がむずかしい架線とすり板は，一方をどうしてもカーボンのような自己潤滑性のすぐれた材料にすべきであろう．

潤滑性の他に，軽い，耐アーク性が良いという利点もある．軽い舟，剛性の高いばねで得られる高い固有振動数は，追随性を改善し，アークも減る方向にある．

各種連結器の構造と性能

連結器の種類と構造

鉄道車両用の連結器は，機関車および貨車を主体に使用されている自動連結器，電車および新幹線に使用されている密着連結器(**図1**)，高速貨車，特急寝台車(**写真1**)，ディーゼル動車(**写真2**)，および一部の私鉄の電車に使用されている密着式自動連結器の3種類に大別される．その他，特殊な連結器として固定編成車用の固定連結器（**写真3**）などがある．

(1)自動連結器

この連結器は，発明者（柴田兵衛氏）の名を取って，柴田式自動連結器とも呼ばれているもので，大正14年ころから現在まで，国鉄の機関車や一般貨車を主体に使用されている．

角形中空状をした胴体に頭の付いた連結器本体が主体になっており，この頭のなかに肘が肘ピンによって回転自由な状態で取り付けられている．連結器本体の頭のなかには，肘を抑え止める錠や，肘を開くための肘開きがかん入されている．錠には長穴が設けられていて，この長穴のなかに錠上げがかん入されている．お互いの肘をかみ合わせて錠を落とせば連結されたことになり，また反対に錠を上げれば肘は開くので解放される．

解放，つまり錠を上げる方法によって，上作用と下作用がある．上作用は機関車や有がい貨車に多く用いられるもので，錠を上錠上げによって上方向に引き上げる．解放テコが車体妻壁に取り付けてあるので，車側でこれを操作すれば，テコに釣った錠上げカギで上錠上げが持ち上げられて錠は引き上げられる．また下作用は無がい車に多く用いられるもので，錠を下錠上げによって上方向に突き上げる方式である．

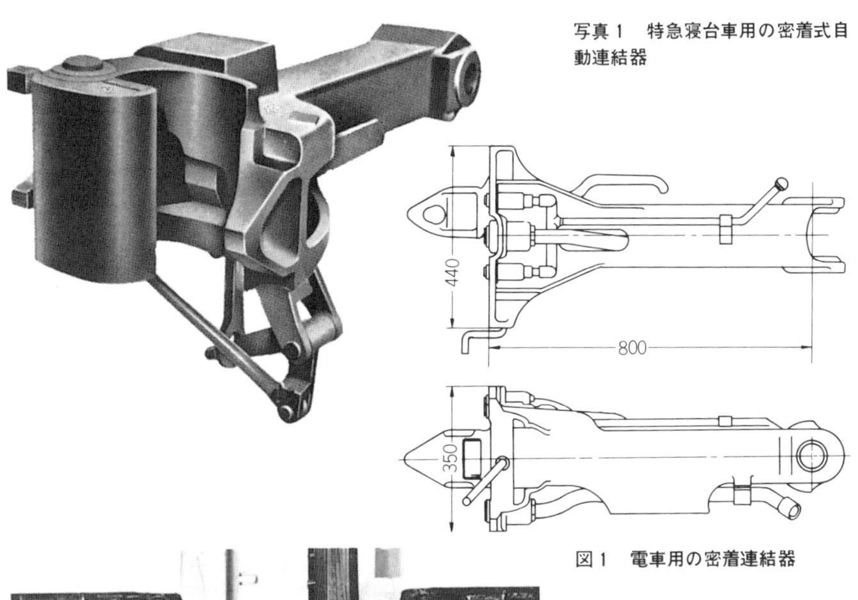

写真１　特急寝台車用の密着式自動連結器

図１　電車用の密着連結器

写真２　ディーゼル特急車用の密着式自動連結器，上はその正面

写真３　固定編成車用の固定連結器

この種の連結器は，車体の種類によって座付き，並形，横コッタ式，継手付き横コッタ式の４種類があり，上作用および下作用の別によっては７種類にもなる．

連結器の主要構成部品である連結器本体および肘は，引張りに強く，しかも溶接性の良い「連結器合金鋼鋳鋼品」が使用されている．その成分は，MnやNiを主体にVやSiを加えた特殊合金鋼で，ちなみに機械的性質は，降伏点は40kg/mm^2，伸び25％以上，絞り35％以上となっている．

(2)密着連結器

この連結器は，柴田衛氏（自連の柴田兵衛氏の弟）

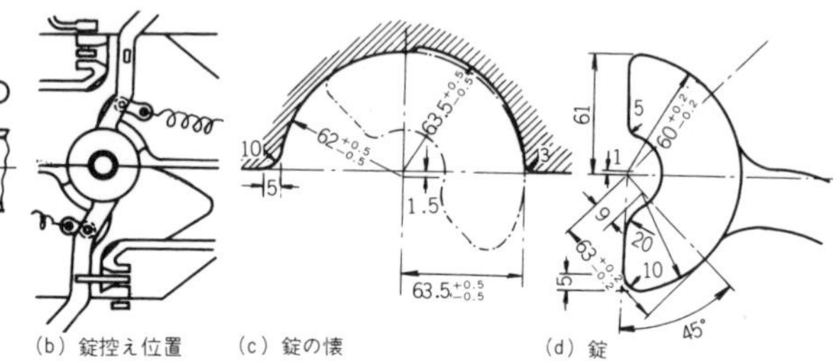

図2　密着連結器

の考案によるものであるが，その構造は角形中空状をした胴体と突起状をした頭の付いた連結器本体が主体になっており，この頭の部分に円弧状をした錠がかん入されて，連結器本体の軸心に対し約45度の角度をもって組み立てられている．錠には連結(鎖錠)位置を取らせるために引張ばねがついており，また錠のハンドル部と連結器本体の側部（相手の錠ハンドルがある側）には解放（錠控）位置を取らせるために，それぞれ突起と錠かけかぎが取り付けられている（**図2**）．

連結器本体の材料は，自動連結器と同様な「連結器合金鋼鋳鋼品」が，また錠は「普通鋳鋼品」が使用されている．

⑶密着式自動連結器

この連結器は自動連結器とほぼ同じ構造をしているが，違うところは解放装置が連結器に取り付いていることや，密着性を保持するのに錠を傾斜させ，これに傾斜板を接触させて，各部の摩耗による補正を行なって密着性を維持する点である(**図3**)．また，連結器本体および肘の材料は，車種によって「連結器合金鋼鋳鋼品」や「普通鋳鋼品」が使用されている．

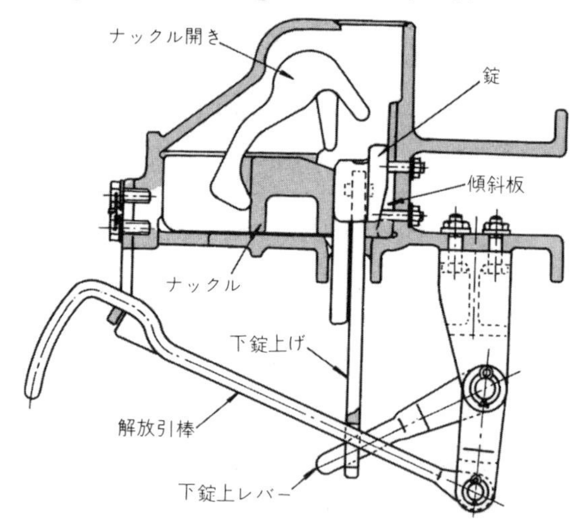

図3　密着式自動連結器の内部構造

(4)固定用連結器

この種の連結器は，連結面で分割せず完全に1本の棒状になったものであるが，**写真3**のように中央で分割できるものもある．中空棒状をしていて先端にフランジを持った連結器本体を，相互に締付金とボルトで締め付けただけの簡単なものである．しかも，締付金のボルトに連結器の引張力が直接負荷されないように，連結器本体のフランジ面と締付金の接触面は傾斜面になっている．

使用されている材料は，連結器本体と締付金はともに「普通鋳鋼品」である．

連結器の機能と性能

(1)自動連結器

自動連結器の所要条件には次のようなものがある．

①錠掛け位置：錠が落ちて肘が開かない状態．

②肘開き位置：肘が十分開かれて，相手の肘を迎えいれる位置．連結を行なうためには必要な位置で，ふつう,錠を引き（または突き）上げると，錠は肘開きを持ち上げる．持ち上げられた肘開きは，連結器本体の壁を支点にして，肘を蹴り出すようになっている．また，肘開き位置にあれば相手車両の肘は閉めてあっても（つまり錠掛け位置),そのまま肘はこちらの連結器側にはいってくる．そして，相手連結器の頭の前壁部でこちらの開いた肘を押し，肘を閉めてくれる．肘が閉まれば自動的に錠が落ちて錠掛け位置になり，連結が完了される．これは，自動連結器である以上必須の条件である．

③錠控え位置：連結してある車両を解放するため，テコをひねって錠を上げても肘は相手連結器本体の頭部前壁につかえて肘は開かない（肘開きがあっても蹴り出さない)．このとき，テコから手を離せば錠がまた落ちて錠掛かり位置に戻っては何にもならない．このときに上がった錠は，どこかに腰をかけて落下しないでおり，車両を引き出せば肘はそのまま開いて連結が解放されなければならない．これが錠控え位置である．

④上がり止め装置：運転中，車両の上下衝動のために錠がおどり上がって連結がはずれるようでは大変である．この防止装置は錠上げに施してあり，連結器本体に作用して効果を生じさせるようになっている．

⑤部品点数が少なくて摩耗箇所が少ない．

⑥各部品の分解組立が容易である．

⑦解放作業が軽い．

⑧錠掛かり，錠控えが確実なこと．また，その位置に完全にあることの確認が容易にできること．

自動連結器は，こういった基本的な機能を持っている．また，連結部輪郭はアメリカ鉄道協会（ＡＡＲ）のNo.10コンタと同一形状になっている．

(2)密着連結器

自動連結器は，上下，あるいは左右の曲線上を無理なく走行させるのに，連結面にガタを設けてあるが，これが車両走行のときに衝動となって乗心地を悪くする．密着連結器では，連結面にはガタを設けず，連結器とわくとの間に自在継手を設けている．密着連結器は密着面にガタが起きないように，錠の外面および連結器本体の錠懐の内面は，真円ではなく円弧のくさび形になっている．このため，接触面が摩耗してもそれに応じて，錠がよけいにまわり込むことによって，密着性を保つ特性を持っている．したがって，いつまでも密着性が保てるため，連結器の連結と同時に空気管（または電気配線）の連結が可能になっている．

また，密着連結器も所要条件として自動連結器に備わっているような錠掛け位置，および錠控え位置を持っている．連結の際は，連結器本体の頭の角部は相互に案内されて相手連結器本体の頭のかん入穴に進み，錠の出鼻を押し込んで錠を回転させ，連結器本体の連結面が相手の連結面に当たるまで進入する．このとき，錠はそのハンドルに取り付けた戻しばねによって引き戻され，連結（鎖錠）位置になる．解放を行なうときは，一方の連結器の錠のハンドルを引き寄せて，相手連結器側面にある錠掛け金を回して，錠掛け金のあごを錠のハンドルの上面にある小突起に引っかければ，両連結器の錠は垂直面上に向き合って留められるので，車両を引き出せば解放が行なわれる．

(3)密着式自動連結器

この連結器は、自動連結器の欠点であるガタをなくした密着形の連結器で，しかも自動連結器と連結可能な連結器である．連結面はすべて機械加工をして密着性の精度を上げている．また，車両が曲線を通過するときの左右動あるいは上下動の揺動に対して，問題な

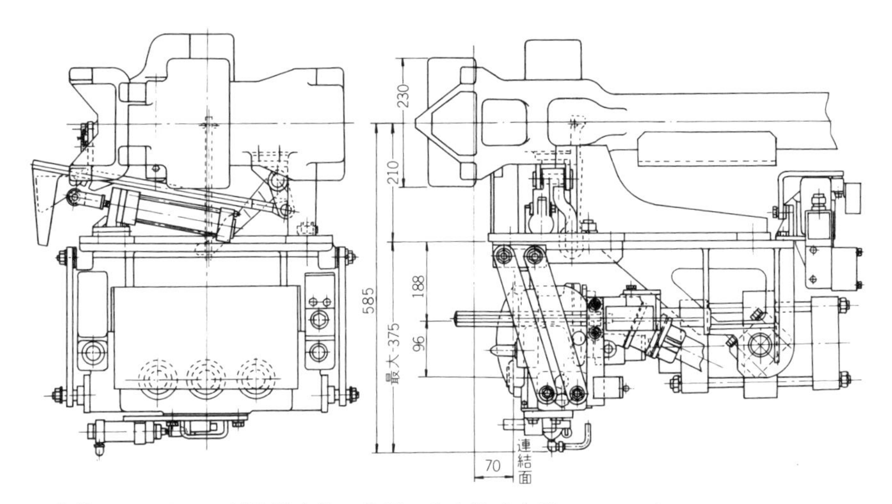

図4　連結・解放操作を自動化した密着式自動連結器

く走行できるよう，連結器本体の後部に自在継手を使用してあることは密着連結器と同様である．

密着式自動連結器の所要条件は，自動連結器に備わっているものとまったく同様である．

連結器の最近の動向

(1)貨車用

数年前，ヤード（操作場）の合理化を目的として，国鉄で連結器の自動解結化が検討されて，試作テストされたことがあった．対象車両が約15万両もあったため，車体の改造および連結器の改造に経費がかかり，結局ヤードの地上設備を開発して，連結器を自動解結させたほうが得策との結論になり，すでに実用化されている．

したがって，自動連結器の自動解放化は，まだ時間を要するものと予想され，当面は現状の機構で推移していくものと思われる．

また，特殊なものとして，荷物を積載した長距離トラックを乗せて運ぶ低床貨車については，石油事情を反映してか，製作の機運にあり，これに省力化した連結器が使用されてゆくものと予想される．

(2)旅客車および電車用

車両の分割・併合作業の合理化と危険作業の防止の見地から，電気および空気を含めた連結器の自動解結化が，早晩はかられてゆくものと予想され，徐々にではあるが，**図4**にあるように国鉄のディーゼル車でこの試作テストが行なわれ，実用化をはかりつつある．

緩衝器の構造と特性

列車の接続，発進，停止および走行中の加速減速時，車両には加速度（正負の）が生じようとするが，緩衝器はその加速度を吸収し，車両や積荷の破壊を防ぎ，列車の乗心地を損なわないようにするという重大な使命がある．ここでは，現在使用されている緩衝器の種類と性能，および最近の開発上の話題について述べる．

緩衝器の種類と構造

表1　ゴム緩衝器の種類，および性能

グループ	形式	パッド数 中間用	パッド数 端用	取付長 mm	取付荷重 ton	最大荷重時長さ mm	最大荷重 ton	静的吸収エネルギー kgm	一組重量 kg	用途
1	RD 11	8	2	213	6.5±1.5	171±3	100	1,200	36	新幹線電車 客車・電車
	RD 12	9	2	241	4.5±1.5	189±3	100	1,400	39.8	機関車・貨車
	RD 14	11	2	276	9.0±2	226±3	100	1,550	47.2	貨車
	RD 18	13	4	380	9.5±2	318±6	100	1,900	77	大形貨車
	RD 19	18	4	480	12.5±2	410±6	100	2,350	95.4	特急貨車
2	NR60C 1	6	2	166	2.5±1.5	124±3	60	580	15.5	電車
	RD 21 (NR60C2)	7	2	181	4.0±1.5	140±3	60	640	17.1	電車・客車
3	RD 13	13段一体		199	2.5±1.5	163±3	60	500	10	気動車
	RD 23	23段一体		250	8.5±2	214±4	60	850	12	特急気動車

注：RD18とRD19は間座（厚さ32mm）1枚を，RD13は座板（厚さ10.5mm）2枚を含む

車両用の緩衝器として，以前は単に金属製ばねあるいは金属摩擦式のものが用いられていたが，欠点が多

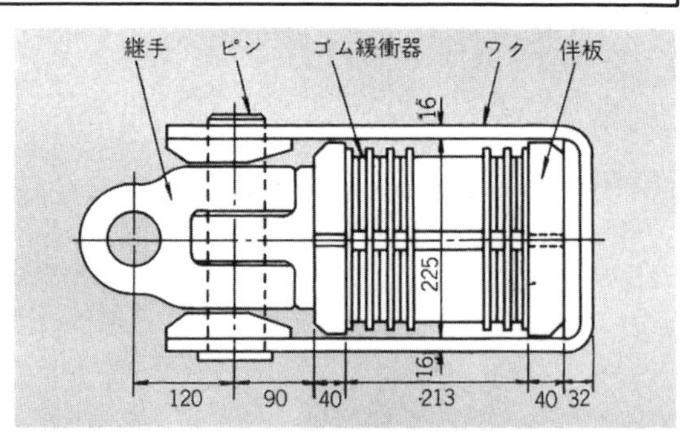

図1　ゴム緩衝器RD11（取付状態）

く次第に淘汰され，現在わが国で使用される緩衝器は，緩衝素材としてゴムを用いたものと流体を用いたものの2種類に大別される．

表1にゴム緩衝器の種類と性能を示す．ゴム緩衝器は，それを構成するパッドの形状によって，3つのグループに大別される．第1グループは，四角いパッドを用いたもので，主に国鉄などの比較的重い車両に使用される．第2グループは，第1グループよりは小形のパッドを用いたものであり，私鉄車両などの比較的軽い車両に使用される．第3グループは，丸形の形状をしたもので，主に気動車などに用いられる．

ゴム緩衝器の場合は，パッドの段数と取付時の長さにより，初圧，ストローク，緩衝容量など，それぞれの車両に適した特性が得られるように構成している．

図1に，これらのうちの代表的な例として，RD11を緩衝器の枠のなかに取り付けたものを示す．緩衝器の両端にも伴板(ともいた)と称する板が装着されており，この板が車両側に設けられた伴板守(ともいたもり)に支えられ，連結器の引張力と押込み力に対する力の支点になるわけである．1枚1枚のゴムパッドは鉄板上にゴムをモールドし，加硫して製作する．材料としては天然ゴムを使う場合が多いが，特殊な用途のものには合成ゴムが用いられることもある．天然ゴムが多用されるのは，荷重特性が安定していること，静的，動的荷重に差が少ないこと，温度依存性が少ないことなどがあげられる．

表2　シリコン緩衝器の種類および性能

形　式	国鉄呼称	取付長 mm	取付荷重 ton	最大荷重 ton	ストローク mm	最大吸収エネルギー kg·m	一組重量 kg	用　途
SDG1	SHD 90	450	約 3	100	80	6,000	85	大形貨車
SDG2	SHD 1	600	約 3	60	80	3,600	124	車掌車
SDG3	SHD 92	450	約 3	60	80	3,800	95	アルミタンク車
SDG4	SHD 93	580	約 14	100	57	4,500	166	特殊機関車

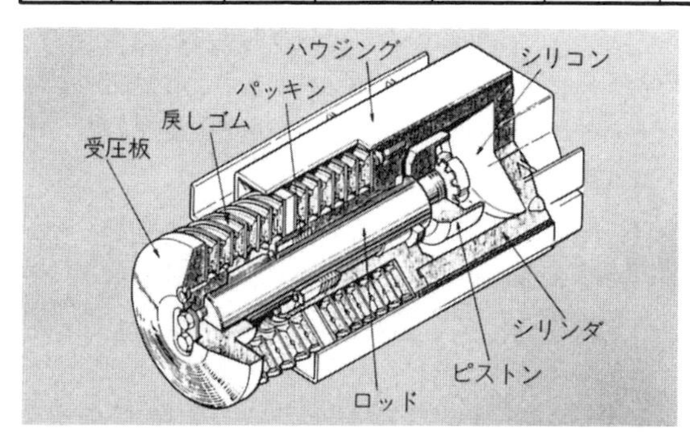

図2　シリコン緩衝器SHD 1

ゴムパッドの形状については，圧縮の際にゴムが逃げる場所を確保するために全面がフラットではなく，いくつかの突起部分にわけられていることと，パッド相互のずれを防ぐため，丸い凸部と凹部があって，それらが互いにはめ込まれているのが特徴である．

流体緩衝器は，さらに油圧緩衝器とシリコン緩衝器[1]にわけられる．このうちシリコン緩衝器の種類と性能を**表2**に示す．

シリコン緩衝器の代表例として，SHD1を **図2** に示す．シリンダのなかには，ロッドの移動量に見合う空気を混入させたシリコンが封入されている．相手車両からの衝撃が連結器をへて受圧板に与えられると，ピストンとシリンダのすき間にシリコンの流れが起こる．このとき，シリコンのせん断応力に対応する圧力がシリンダ内に発生するが，この圧力と壁面のせん断摩擦力が緩衝作用を果たすことになる．いったんシリンダ内で変位したピストンは，戻しゴムによってもとの位置にもどる．

緩衝器の性能

緩衝器が車両のエネルギーを吸収するときは，次の関係式が成立する[2]

$$\frac{W_e}{2g}V_0^2=\int FdS \cdots\cdots (1)$$

ただし，

$$W_e=\frac{W_1 W_2}{W_1+W_2} \cdots\cdots (2)$$

ここで，W_1，W_2：打ち当たる車両の重量（kgf）

V_0：2車両間の相対速度（m/s）

g：重力加速度（m/s^2）

F：緩衝器の荷重（kgf）

S：緩衝器のたわみ量（m）

式(1)から明らかなように，緩衝器の性能に関しては，荷重Fとたわみ量Sの関係が最も重要である．

(1)ゴム緩衝器の性能

ゴム緩衝器の性能の一例として，**図3**にＲＤ11の静的な特性曲線を示す．ゴムは完全な弾性体ではないので，自由長から荷重を測った試験荷重曲線と，取付長に保持して荷重を測定した使用荷重曲線に多少の差が生じる．このそれぞれの曲線はアムスラ圧縮試験機な

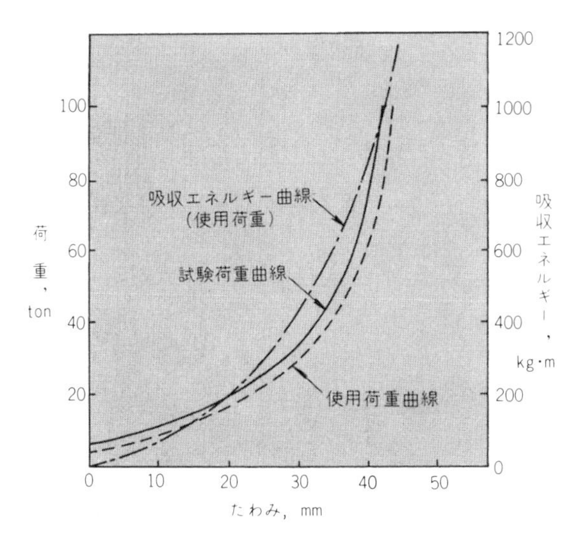

図3　RD11の特性曲線

どで測定されるが，その方法についてはJRSに規定されている．車両の実際の走行には動的な荷重曲線が当てはまるが，これは静的な使用荷重曲線よりもいくらか剛いものになる．一般には，ゴム緩衝器の性能は（静的な）使用荷重曲線で表示される．

ゴム緩衝器に要求される性能としては，厳密には車両全体の連成振動から考えねばならず，この場合には取付時の荷重（初圧）や荷重の勾配なども無視できないが，まず基本的に重要なことは，

①緩衝容量が大きいこと

②適度な消散効率を持つこと

である．通常，荷重の上限は車両の設計強度に応じて決められてしまうので，緩衝容量を増やすには，たわみ量を大きくするか，荷重の増えかたがなるべく上に凸になるようにすることである．しかし，ゴムのヘタリを少なくしてなるべく耐久性を確保するためには，ゴムのたわみ率（＝ゴムのたわみ量／ゴムの自由長さ）をふつう35％程度以下にしなければならず，たわみ量にはおのずから制限がある．また，荷重の増えかたは主にゴムの機械的性質によって決められてしまう．

消散効率は，ゴムからのはねかえり量を示す尺度となるもので，〔加荷と除荷の差のエネルギー／加荷のエネルギー〕で定義されるが，これもゴムの性質によってほとんど定められてしまう．

ゴム緩衝器は，構造簡単，安価など多くの長所を持つが，ゴムの性質によって設計が限定されてしまうの

図４　SHD１の特性曲線

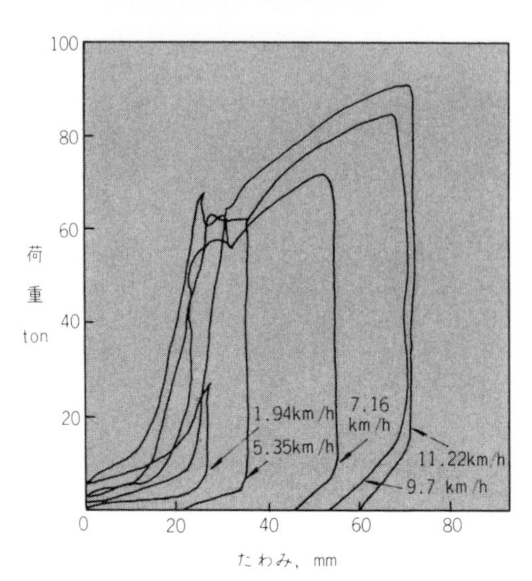

がやや難点といえる．

(2)シリコン緩衝器の性能

シリコン緩衝器の性能の一例として，**図４**にSHD1の特性曲線を示す．シリコン緩衝器はその構造上，荷重が速度に依存する．荷重媒体であるシリコンコンパウンドは，10^4 poiseのオーダをもつ高粘度のものであるが，その粘度特性は緩衝器の性能に大きな影響を与えるので，測定方法はJRSに規定されている．

ゴム緩衝器と比較した場合の，シリコンおよび油圧緩衝器の性能上の特徴は次のようである．

①ストロークの最初から高い荷重を発生でき，大きなエネルギーを吸収できる．

②消散効率が大きい

③流路のすきまを変えることによって所要の荷重に設計できる．

また，油圧緩衝器に対してシリコン緩衝器は次のような特徴を持つ．

①高粘度の流動体を用いているので，漏れがほとんどない．

②万一事故などで漏れたとしても，シリコンは不燃性である．

③シリコンはほとんど劣化せず寿命が長い．

④高粘度なのですきまの寸法管理や表面仕上程度がラフで良い．

このような理由から，貨車および機関車などを主な対象にシリコン緩衝器の需要は増加しつつある．

なお，シリコン緩衝器の動特性はすでに解析されており，実車テストの結果とよく一致している．当社では，デスクトップコンピュータを使って，初期設計や各種の打当て条件に対する特性の予測などを短時間のうちに処理している．

緩衝器の開発例

表1，**表2**に示したように，車両用の緩衝器はすでに多くの標準品を持ち，これらは厳重な品質管理体制のもとに量産され，用途に応じた分野で十分に性能を発揮している．しかし，緩衝器に対しても常に技術開発が要求されている．ここでは最近の開発の2つの例について述べる．

(1)低初圧化

従来の緩衝器では，ゴムのへたりから生ずるガタをなくすという目的で2.5～12.5ton程度の初圧というものが与えられていた．この初圧が発車や停車時などに車両に衝撃を生じさせ，乗心地をそこねる一因になっていた．そこで最近は通勤用の電車や寝台車に対し，初圧を低下させたものを取り付けようとする動きがある．初圧を下げる方法としては次の2つがある．

①ゴムパッドの突起部分を錐状にし，たわみはじめの部分でゴムの接触面積を少なくする．

②同一枠のなかに2組のゴム緩衝器を組み込み，初圧を相殺する．

①については，ＲＤ16（201系通勤電車用)，ＮＲ60Ｃ３（私鉄車両用）として現在実車テスト中である．

②の構造および特性を**図5**に示す．これは，特急寝

図5　初圧ゼロ緩衝器（寝台車用緩衝装置RDO11）

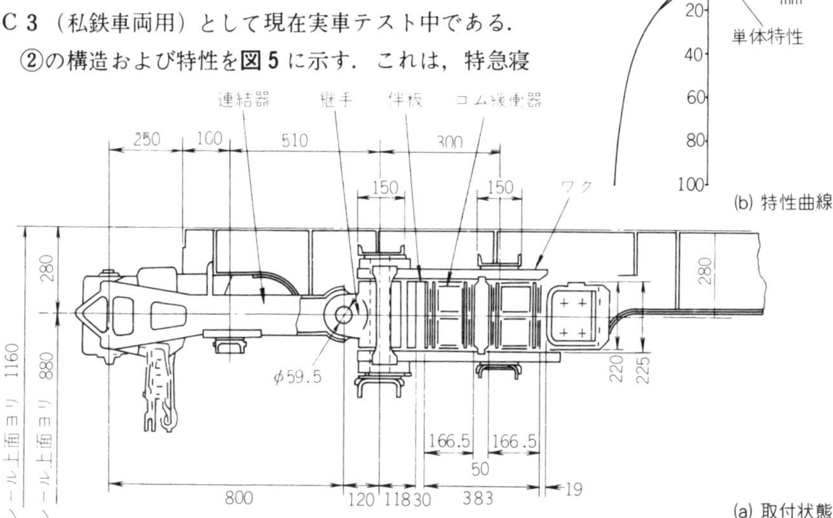

(a) 取付状態

(b) 特性曲線

台車に取り付けられ実用運転を終了し，量産が決まっている．

なお，同構造のものが国鉄貨車操車場における牽引用ディーゼル機関車ＤＥ11改にも取り付けられている．これは，初圧ゼロという特徴を車両連結の際の騒音低減に役立てようとするものである．

(2)高初圧緩衝器

平地走行では初圧低減の車両は乗心地を改善するということがわかったが，坂道では別の問題が発生してくる．これは，車両総重量の傾斜方向成分がはじめから緩衝器をたわませてしまい，坂道走行における有効緩衝容量を減じてしまうということである．急勾配における補助機関車用の緩衝器としては，初圧を高くし，また，初圧位置でのばね定数を大きくして，緩衝容量のほとんど全部が急坂走行で使われるようにする検討が進められている．**表２**中のＳＨＤ93はこの目的に供されるのものである．

参考文献

(1)特許714800鉄道車両用緩衝器
(2)たとえば松井：最新の緩衝装置と設計実例，機械設計第15巻第11号Ｐ２～21，1971，10

第5章

制御システム

電車の動力制御

主電動機の制御

電車の主電動機としては，その特性面から直流直巻電動機がもっぱら使用されている．その特性は回路の抵抗などを配慮すると，次のように表わされる．

$$n=\frac{(V-RI)-rI}{K_0\Phi}=\frac{E-rI}{K_0\Phi}$$

$$T=K_2\Phi I=K_2K_1I^2$$

ここで，

E：端子電圧
V：電源電圧
R：外部直列抵抗
r：内部抵抗
n：回転数
T＝回転力
Φ：界磁極の磁束数
I：電機子電流
$K_1=\Phi / I$
K_0，K_2：定数

ところで，主電動機の制御には，主電動機に流れる電流を一定に保ち，回転力を一定に制御すること．そして，高速時には，さらに回転力を強めることなどの制御がある．

それぞれの目的に応じて，上記2式のうち変化させ得る値，R，E，K_1 を制御している．

外部抵抗Rまたは主電動機端子電圧Eを制御することは，主電動機の端子電圧を制御することにより，電流Iを一定に保ち，さらには一定の回転力を得ようとするものである．また，K_1を制御することは，主電動機の端子電圧が一定の場合に，界磁を分路して界磁強さを減じることによって電機子電流を増やすこと(E_0=

$K_0 v\Phi$ より，界磁強さが分路する以前と同じ強さになるまで電流が増える）が目的であり，一般には前記の主電動機電圧の制御が終了し，さらに高速まで大きな回転力を得たいときに使用される．また界磁強さを変える制御は，弱め界磁制御と呼ばれている．

電圧制御

主電動機の端子電圧を制御する方式としては，直流電車では抵抗制御，チョッパ制御などがあり，交流電車ではタップ制御，位相制御などがある．

(1)抵抗制御

直流電車の主回路つなぎの概念図を**図1**に示す．最初S_1だけを閉じ,他はすべて開として起動する．このとき速度はゼロなので，主電動機の逆起電力もゼロになり，主抵抗器Rによって制御された電流だけが流れる．電車の速度が上昇するにつれ，主電動機の逆起電力も上昇し電流が減少するので，それに対応して主抵抗器Rを減少させることによって，電流を一定に保ちながら加速することができる．

このように，主電動機に直列に接続した外部抵抗を徐々に減じていく制御を抵抗制御と呼んでいる．抵抗制御で主電動機端子電圧を電源電圧まで円滑に上げるには，適当な抵抗値および抵抗変化の段が必要である．もちろん，この抵抗変化の段が多いほど抵抗切換え時の電流変化は少なく，したがって回転力の変化による衝動も少ない．

しかし，現在車両に実用化されている抵抗体として，固有抵抗値そのものが可変になるものはないので，何群かの固定抵抗を用いてこれを電動カム接触器によって制御するのが一般的である．

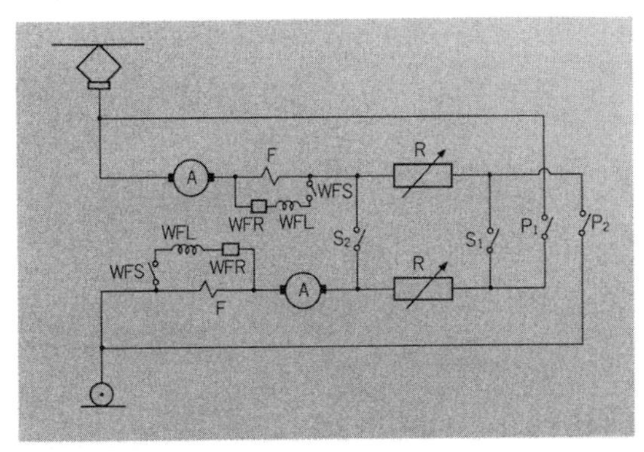

図1　直流電車の主回路簡略図

図２　直・並列制御併用による抵抗損失の低減

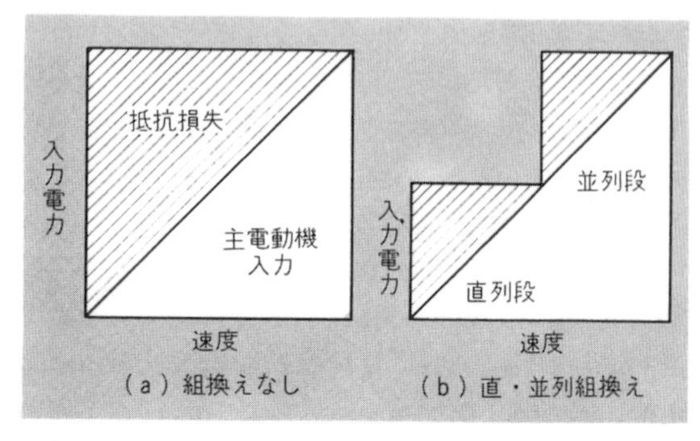

抵抗制御では，入力の一部は当然抵抗の発熱として消費されるから，この方法は制御効率が悪く走行速度の制御には使用せず，もっぱら起動時の電流制御にだけ使用される．また，起動時にも，抵抗器による電力損失を少なくするため，複数個の主電動機を持つ車両では，主電動機の組合わせによる直並列制御を併用するのが一般的である．

つまり，先述のようにS_1を閉じた状態で主抵抗器Rがすべて短絡されると，主電動機には電源電圧の半分ずつが印加される．その状態でS_2を閉じS_1を開放する．そして，主抵抗器Rを適当な値に設定してP_1，P_2を閉じると，主抵抗器Rと主電動機でブリッジが構成され，主電動機に流れる電流は変化しない．その状態でふたたびS_2を開放すれば，主電動機は直列から並列に切り換えられる．並列段にはいって速度がさらに上昇すると，それに応じて主抵抗器Rの制御を継続し，最終的にはRがすべて短絡され，主電動機には電源電圧が印加される．

主電動機の逆起電力E_0は速度nに比例するので，並

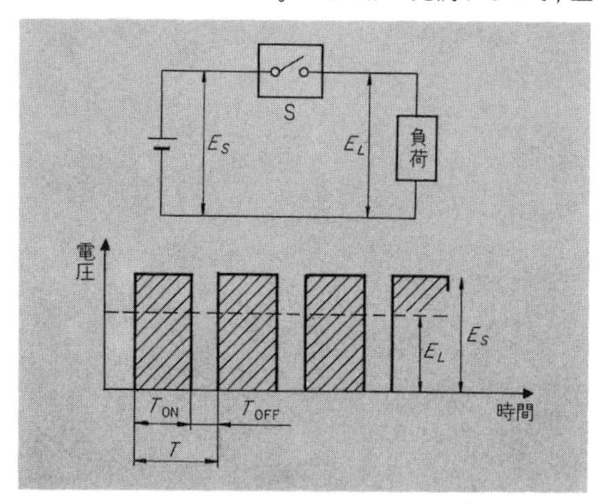

図３　チョッパ制御の原理

列段は直列段の2倍の速度になる．また，一定電流で加速した場合は，速度ゼロから直列最終段までと直列最終段から並列最終段までの時間はほぼ等しいので，主電動機入力エネルギーと主抵抗器で発熱損失するエネルギーの比は**図2**のようになる．**図2**から，直並列制御によって主抵抗器での発熱が50％も減少することがわかる．

(2)チョッパ制御

主電動機の端子電圧を制御する方法として，損失の多い直列抵抗方式ではなく，無損失で効率よく制御する方式として，サイリスタチョッパ制御が実用化されている．

図3に示す回路で，スイッチSをオン・オフすると，負荷に加わる電圧は，電源電圧E_Sと0との間を変化する方形波パルスになる．このときの負荷電圧の平均値E_Lは，

$$E_L=\frac{T_{ON}}{T_{ON}+T_{OFF}}\cdot E_S=\frac{T_{ON}}{T}\cdot E_S$$

となる．すなわち，スイッチSのオン時間比率を変化させることにより，負荷電圧を0からE_Sまで自由に，しかも無損失で変化させることが可能になる．

スイッチSを大容量サイリスタを用いて無接点で構成し，省エネルギー効果と保守の省力化を目的としたサイリスタチョッパ制御電車が，今後の傾向になってきている．

チョッパ使用の電車の主回路つなぎ概略を**図4**に示す．電車の場合は負荷が主電動機なので，電流の断続を防ぐための主平滑リアクトルMSLおよびフリーホイリ

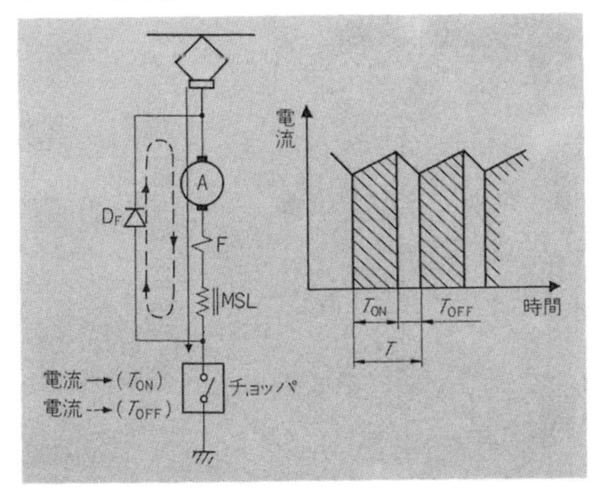

図4　チョッパ制御回路と電流波形

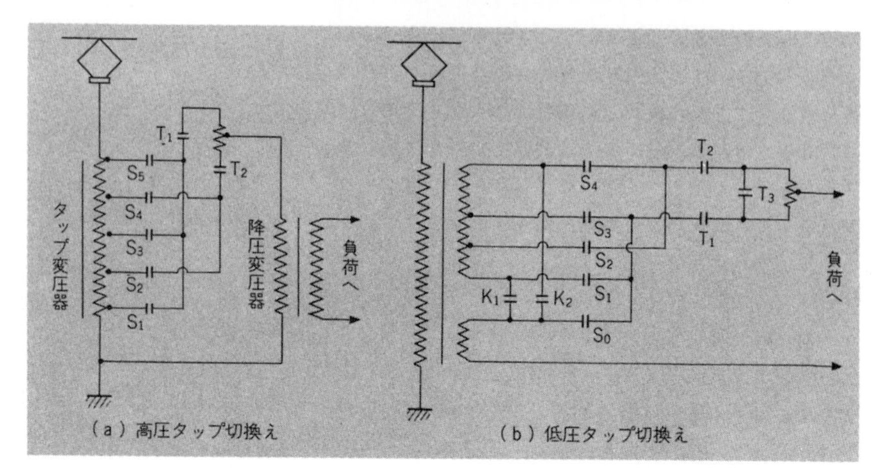

図5　タップ切換え方式

ングダイオードD_Fを図のように接続する必要がある．

(3)タップ切換制御

交流電車の場合，電源が交流なので電圧制御は変圧器を使用することによってきわめて簡単に行なうことができる．すなわち，変圧器の1次側または2次側に多くのタップを出しておき，そのタップを切り換えることによって電圧を制御できるわけである．

この電圧制御方式をタップ切換制御（**図5**）と呼んでいる．

変圧器の1次側（20kV）からタップを出す方式を高圧タップ切換え，2次側（約1000～2000V）からタップを出す方式を低圧タップ切換えといい，それぞれ一長一短がある．

高圧タップ切換方式は，高圧のため絶縁がむずかしいという欠点がある半面，コイルの巻数が多いので多くのタップを出すことができるし，電流も小さいので

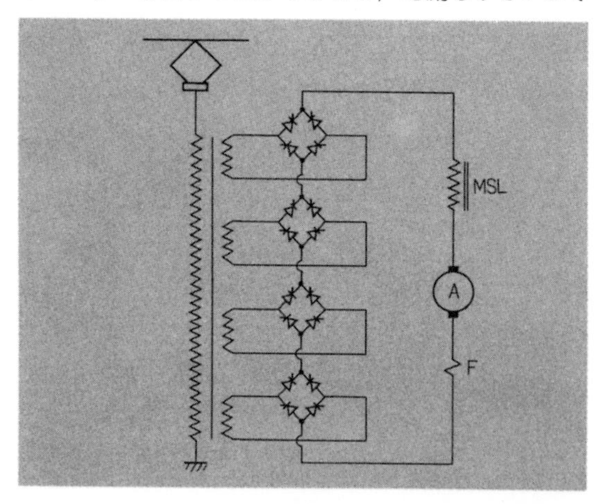

図6　位相制御方式

比較的小形の切換器でよいという利点がある．

一方，低圧タップ切換方式は，低圧である半面，電流が大きくタップの数も多くは出せないなどの欠点がある．このため，低圧タップ切換方式の場合は，タップをプラスマイナスに組合わせるなどして，多くの電圧段が得られるようにくふうをこらしている．また，電気機関車のようにパワーの大きいものでは，電流が大きすぎてそのままでは切換器が構成できないので，無電流で切り換える方式を採用している．性能的には低圧タップ切換方式のほうが有利であり，最近はもっぱら低圧タップ切換方式が用いられている．

(4)位相制御

サイリスタを使用して位相制御することによって，電圧を連続的に制御する方式がある．この方式は，タップ切換器などの有接点部分がなく，完全に無接点で構成されるという長所があり，また電力回生ブレーキも可能になるので，今後増えていくと思われる．

原理的にはサイリスタブリッジ1段で構成できるわけだが，サイリスタの耐圧の問題，および高調波電流の低減，力率の改善などの目的のために，サイリスタブリッジを数段縦続接続して構成するのが一般的である（**図6**）．

弱め界磁制御

弱め界磁制御は一般に，電圧制御が終わったあとさらに速度を上げたいときに使用される．その動作原理はすでに説明した通りであるが，**図7**に示すようにその方式には，界磁巻線からタップを出してそれを切り

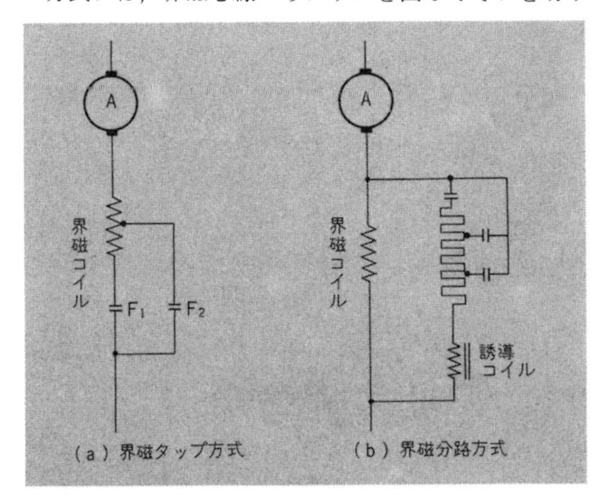

図7　弱め界磁制御方式

図8　界磁チョッパの制御

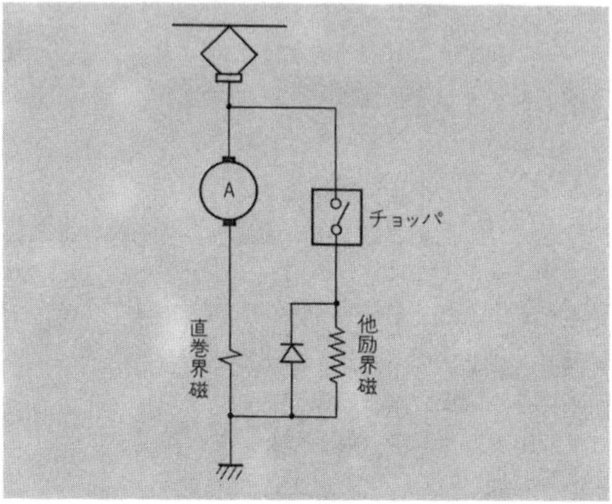

換える方式と界磁巻線に並列に分路抵抗器を接続して電流を分流させる方式の2種類がある．しかし，構造上の問題から最近はもっぱら分路抵抗器方式が使用されている．

電圧が急上昇した場合電流も急増するが，急増したぶんの電流はインダクタンスの大きい界磁巻線のほうには流れず，すべて分路抵抗のほうに流れてしまう．このため，瞬間的に過度の弱め界磁になって主電動機の整流が悪化するので，これを防止するために分路抵抗と直列にインダクタンスをそう入している．

前述のチョッパを使用して，界磁を連続的に制御できるようにした界磁チョッパ制御方式（**図8**）も実用化されている．

この方式によれば，界磁を強めることによって電力回生ブレーキがかけられるので，比較的安価な省エネルギー対策として使用拡大されつつある．

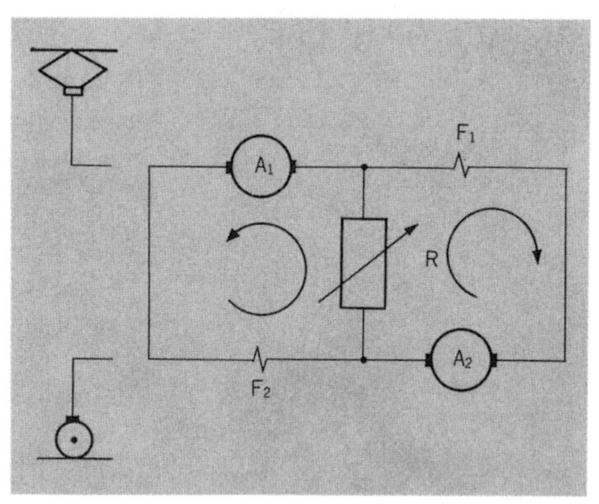

図9　発電ブレーキのつなぎ

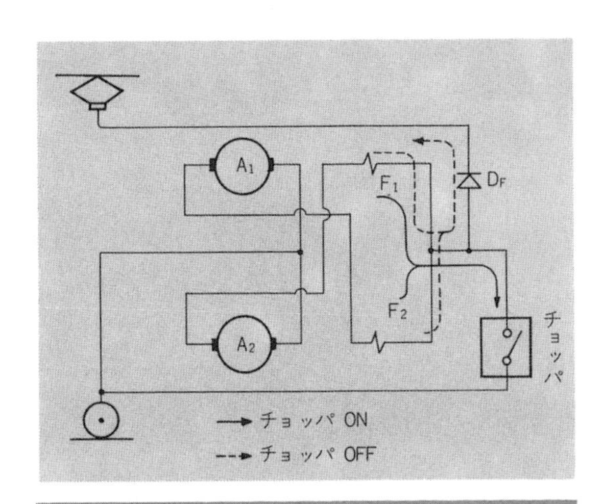

図10　回生ブレーキのつなぎ（チョッパ制御）

電気ブレーキ制御

電気ブレーキは主電動機を発電機として使用し，車両の持っている運動エネルギーを電気エネルギーに変換し，それを主抵抗器で発熱消費するか，電車線に返還して他の電車などで有効に消費するかによってブレーキをかける方式である．

前者を発電ブレーキ，後者を電力回生ブレーキと呼んでいる．

図9に発電ブレーキのつなぎ，**図10**にチョッパ制御による回生ブレーキのつなぎの概略を示す．電気ブレーキの場合，並列回路での横流を防ぎ平衡をとるために，交差界磁にするのが一般的である．

電気ブレーキは，空気ブレーキよりも安定した強力なブレーキ力が得られる．また，制輪子の摩耗も電気ブレーキにすることによって大幅に減少するので，最近の電車はほとんど電気ブレーキがかけられるようになっている．

電気機関車の動力制御

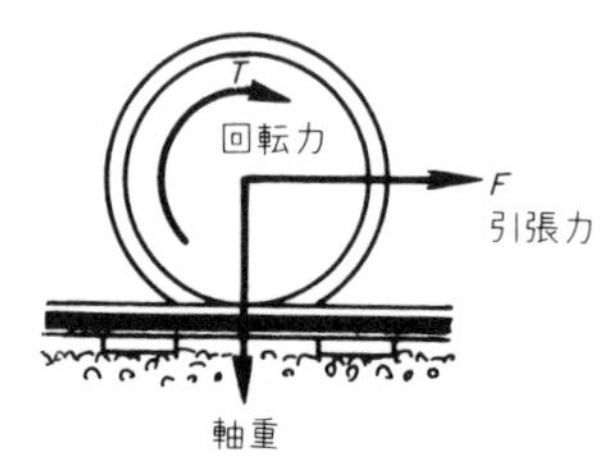

図1　レール面をころがる車輪

粘着性能

鉄道車両における粘着性能とは，車輪とレールの間でいかにすべらずに接触状態を保ちながら走行するか，この良し悪しのことである．主電動機の回転力が車輪に伝えられ，車輪がレール面上をころがろうとする状態を**図1**に示す．

車輪とレールとの間のころがり摩擦係数のことを車両では粘着係数とよび，一般にμで表わす．車輪にかかる車両の重量を軸重と呼びWで表わすと，この車輪とレールとの摩擦力により出すことのできる引張力の最大値（F）は式(1)で表わされ，これを粘着引張力という．

$$F=\mu\times W \cdots\cdots(1)$$

粘着引張力は，粘着係数μと軸重Wの積により決まり，この値以上の引張力を得ようといくら回転力を大きくしても，車輪は空転するだけである．粘着引張力を増すには粘着係数か軸重のいずれか，または両方を増すしかない．

車両重量を重くすれば軸重は増すが，レールに対する影響から，ある程度以上重くすることができない．

一方，粘着係数はレールや車輪踏面の状態，天候，車両速度などにより非常にばらつきがあり，制御方式によっても実際に期待できる粘着係数の値が変わってくる．機関車の目的は，客車や貨車などを引張ることであり，軽い機関車でいかにして多数の車両を引張らせるか，いいかえれば，いかにして粘着係数を大きく取るかが制御方式を決める大きな要因になる．

このため，直流，交流機関車それぞれに各種の制御方式が採用されている．参考までに国鉄で運転計画に使用している粘着係数の算式を式(2)，式(3)に示す．

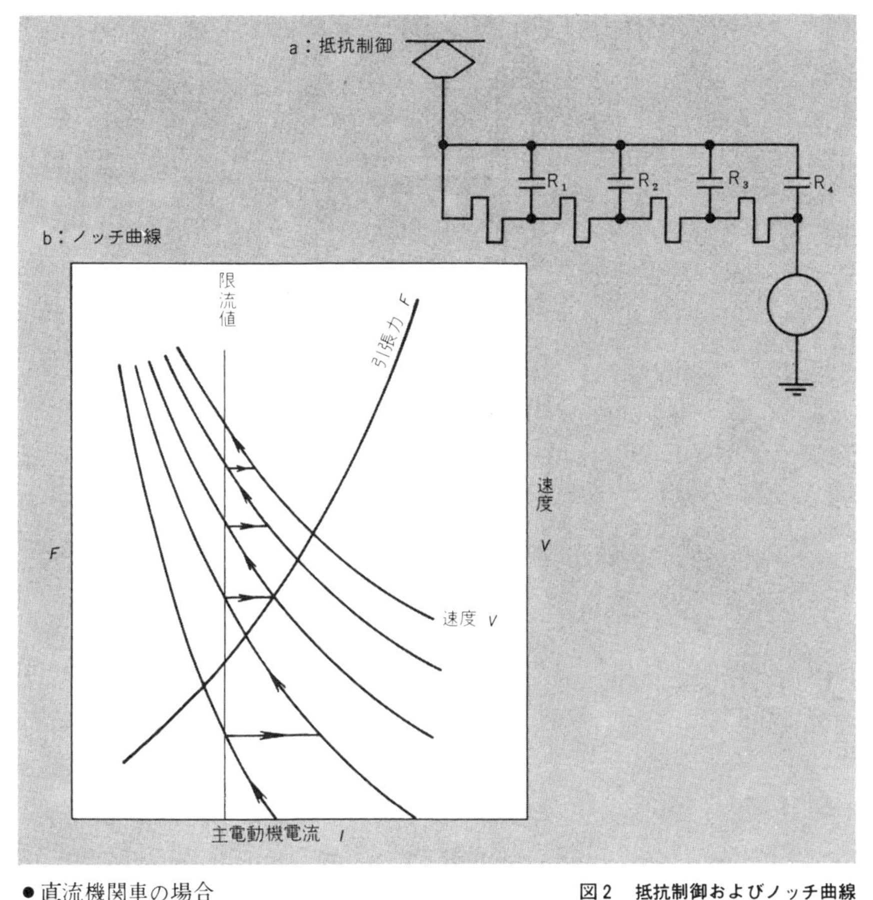

図2　抵抗制御およびノッチ曲線

● 直流機関車の場合

$$\mu = 0.265 \times \frac{1 + 0.403V}{1 + 0.522V} \quad \cdots\cdots (2)$$

● 交流機関車の場合

$$\mu = 0.326 \times \frac{1 + 0.279V}{1 + 0.367V} \quad \cdots\cdots (3)$$

ここに，V：速度（km/h）

動力の種類と制御方式

(1)直流電気機関車

直流電源から給電され，電源電圧が主電動機にそのまま印加されるため，絶縁の点から電圧は一般に3000V以下が用いられる．国内では1500Vが標準であるが，600Vや750Vのところもある．外国ではイタリア，チリ，ベルギーなどが3000Vを使用している．

直流車両の制御方式として従来から広く用いられているのが抵抗制御であるが，最近半導体を使用したチ

写真1　カム軸式抵抗制御器

ョッパ制御も使用されるようになった.

機関車では主電動機の個数は通常2個以上用いられるため，抵抗制御を行なう場合には，組合わせ制御，界磁制御を併用するのが普通である.

①抵抗制御

主電動機としては，特殊な場合を除きすべて直流直巻電動機が使用される．直流直巻電動機の起動は，電動機の端子電圧を徐々に上昇させることにより，過電流を防止しながら行なう必要がある．このため，一定の架線電圧に対して抵抗器と主電動機を直列に接続し，抵抗器を順次短絡して，電動機の端子電圧を上げていく．この制御を抵抗制御とよぶ.

図2に抵抗制御の例とノッチ曲線を示す．抵抗制御の途中ステップでは直列に接続されている抵抗の値で電動機の端子電圧が変化し，速度特性が変わる．これを図示したものをノッチ曲線とよび，**図2**(a)の抵抗制御に対応するノッチ曲線は**図2**(b)のようになる.

この(b)で，抵抗を短絡し次のステップに進段するたびに主電動機の電流が変化するが，そのピーク電流値における引張力が粘着引張力をこえると，車輪は空転してしまう．したがって，粘着引張力をこえないように抵抗制御のステップ数を決め，限流値を設定する必要がある．抵抗制御のステップ数を増やせば，同じ粘着引張力に対して限流値を上げることができ，機関車としての引張能力が向上する.

抵抗器を短絡するためのスイッチとして，単位スイッチ（電磁空気操作スイッチ）や電磁接触器を用いる方法と，カム接触器とカム軸を使用した方法があり，いずれも制御信号により抵抗器を順次短絡する．カム軸

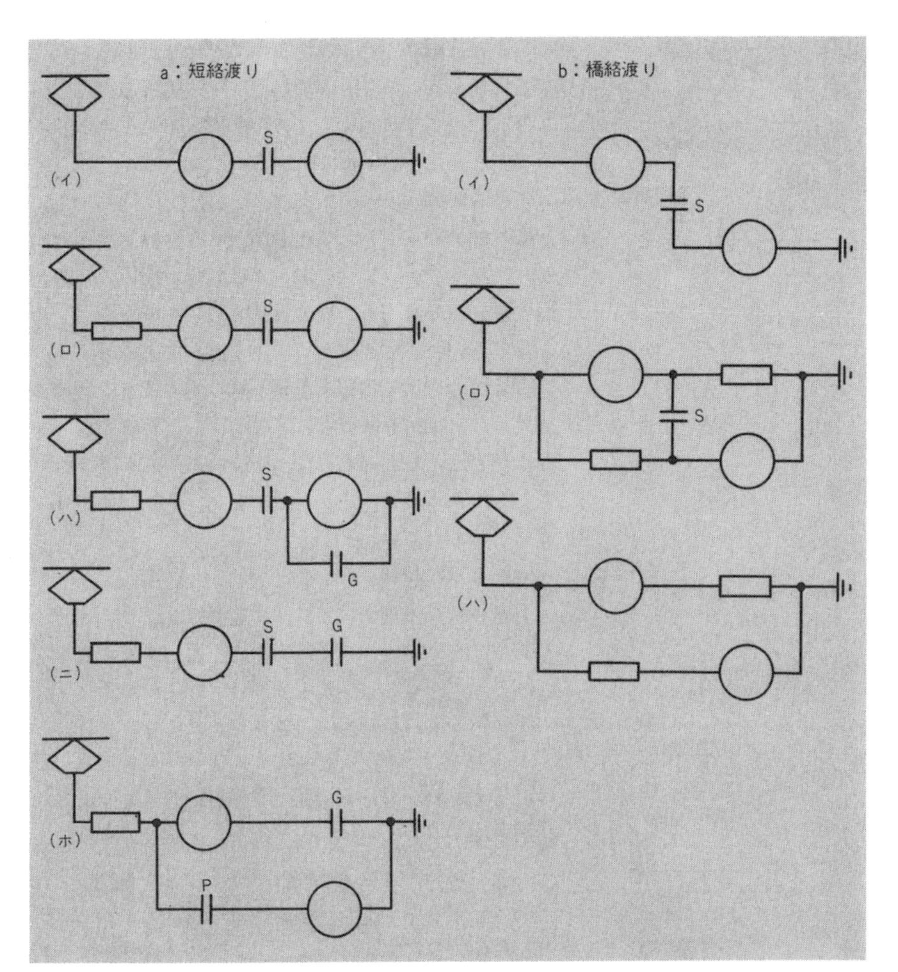

図3　組合わせ制御の渡り方式

方式（**写真1**）は，接触器の投入順序がカム片により機械的に決まるので構造が簡単になり，重連運転や自動進段に適している．

②組合わせ制御

一般に2個以上の主電動機を持つ車両では，抵抗器による起動時の電力損失を少なくするために，起動時に電動機を直並列に組合わせる，組合わせ制御を用いる場合が多い．主電動機の接続を直列から並列に切り換えるとき，過渡的な接続状態を渡りという．渡りには開放渡り，短絡渡り，橋絡渡りの3方式がある．

開放渡りは，主電動機回路を開放して接続換えを行なうために引張力の変化が大きく，機関車にはほとんど用いられない．短絡渡りは，渡り中に主電動機の一部が短絡される方式で，**図3**(a)に例を示す．

橋絡渡りは，渡りの途中で主電動機は開放も短絡もされずに，**図 3**（b）に示すようにブリッジ回路を構成して切換えを行なうもので，渡り中の引張力の変化は3方式のうちで最も小さく，勾配区間を走行する機関車に主として用いられる．

③界磁制御

抵抗制御が完了し，主電動機の特性に従って走行中，さらに速度を上げる目的で，界磁制御が用いられる．

界磁制御とは主電動機の界磁の磁束を減らすことであり，そのために界磁コイルからタップを出し，タップの切換えにより界磁の巻数を減らす方式と，界磁に並列に分路抵抗を接続し，界磁に流れる電流を減らす方式がある．最近のように，界磁制御のステップ数が多くなると後者の方式が有利になり，タップ制御はあまり用いられない．

④チョッパ制御

半導体技術の進歩により，大容量のサイリスタやダイオードを高電圧，大電流の回路に適用することが可能になり，それにより直流車両の新しい制御方式として直流チョッパ制御が使用されるようになった．

この方式の特徴は次の通りである．

(a)主電動機の端子電圧が，ゼロから電源電圧まで連続的に変えられるので，ステップレス制御が可能になり，抵抗制御のような進段時の電流急変がなく，また制御の応答も早くなり，粘着性能が向上する．

(b)自由に走行できるステップが任意に選定でき，抵抗制御のような制限がない．

(c)抵抗器による電力損失がない．

(d)無接点化により保守性，信頼性が向上する．

（チョッパ制御については「電車の動力制御」の項参照）

(2)交流電気機関車

交流車両では，電気方式や使用する主電動機の種類により制御方法が異なるが，主電動機については交流を直流に変換して給電する直流電動機と，交流のまま給電する交流整流子電動機や，特殊な例としては誘導電動機などが用いられる．わが国では，商用周波による交流電化であり，電圧は在来線が 20kV，新幹線が25kVを採用している．また，制御は整流器により交流を直流に変換し，直流直巻電動機を駆動する方式を採用している．

交流車両の制御上の最も大きな特徴は，変圧器のタ

写真２　タップ切換器(左)と整流器(右)

ップを変えることにより主電動機の端子電圧が変えられることであり，そのため直流車両で用いられるような抵抗制御，組合わせ制御などは一般に使用しない．

制御方式としては，タップ制御と連続位相制御に大別される．

①タップ制御

主変圧器の１次側（高圧側）にタップを設ける高圧タップ制御と２次側（低圧側）にタップを設ける低圧タップ制御がある．変圧器の１次巻線は巻線数が多く，電流も比較的少ないので高圧タップ制御ではタップを多く出すことができ，絶縁を考慮すれば容量の大きなものに適する．

低圧タップ制御は，巻線数の少なく大電流が流れる２次巻線からタップを出すことになり，タップ数に制限がある．したがって，こうしたタップ制御のほかに，タップ間を，連続的に制御する補助手段を併用するのが一般的である．高圧タップ制御と低圧タップ制御はそれぞれ一長一短があるが，制御のしやすさの点から，最近ではもっぱら低圧タップ制御が使用されている．

さらにサイリスタの位相制御を併用することにより主電動機の端子電圧を全電圧まで連続的に制御できると同時に，タップの切換えが無電流で行なわれるため，接点の損耗を防ぐことができる．**写真２**にタップ切換器および整流器を示す（タップ制御については，「電車の動力制御」の項参照）．

図4　主回路簡略つなぎ図（連続位相制御）

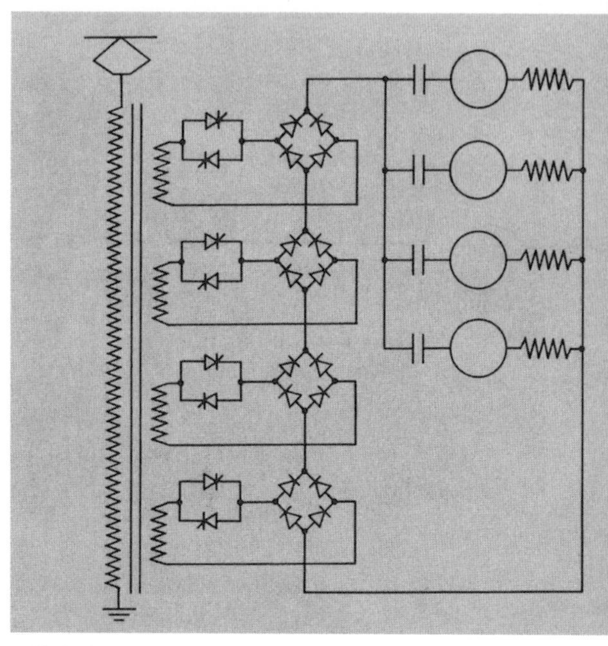

②連続位相制御

この方式は，変圧器の巻線のタップ制御は行なわずに全電圧をサイリスタにより位相制御するもの．図4に主回路簡略つなぎ図を示す．この場合，全電圧をいっぺんに位相制御をすることは，高調波電流が大きくなること，力率が悪くなること，などの問題が生じるので，図に示すように2次側巻線を分割して1組ずつ位相制御を行なうのが普通である．

⑶交直流電気機関車

車両としては直流機関車を基本とし，それに整流装置を付加したものが一般的である．したがって，直流区間はもちろん，交流区間でも直流機関車と同様に抵抗制御，組合わせ制御，界磁制御などが用いられ，性能上は直流機関車と同等と考えてよい．

制御の特徴

前項で機関車の種類とその制御方式について述べたが，それら以外に主として粘着性能を向上させるために，次のような機関車独得の制御が行なわれている．

⑴バーニヤ制御

図2からわかるように，抵抗制御方式では抵抗短絡のステップ数を多くしてノッチ曲線を密にすれば進段時の電流変化が小さくなり，粘着性能が向上する．し

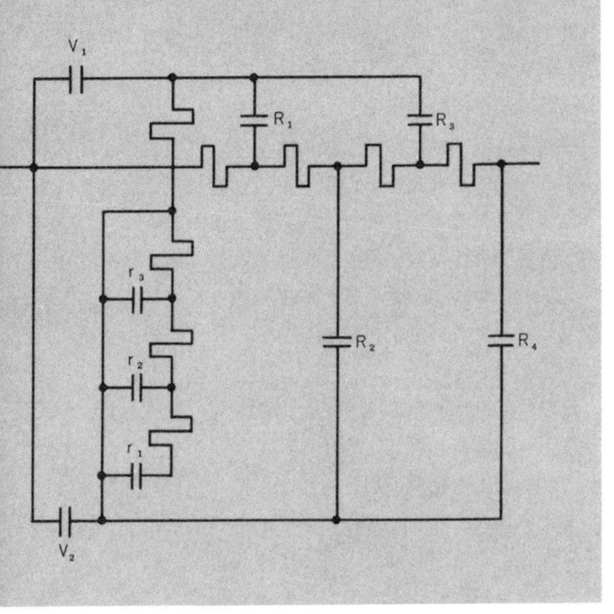

図5　バーニヤ制御

かし，抵抗短絡用のスイッチの数も増加し制御装置が大形化するので，ステップ数を増やすのには限度がある．この問題を解決するために用いられるのがバーニヤ制御で**図5**に例を示す．

つまり，Rスイッチによる各抵抗短絡のステップに対してrスイッチによる小抵抗の抵抗制御を付加する．これにより，Rスイッチの各ステップの中間にrスイッチによる4ステップがそう入される．したがって，rスイッチを併用すると，Rスイッチだけのステップ数の5倍のステップ数が得られる．

この方式をバーニヤ制御といい，粘着引張力に近い大きな引張力が必要なときに用いられる．

(2)軸重移動補償

機関車では，引張力の発生する位置（レール面）と伝達装置（連結器）の相対的な位置関係から，機関車に対して回転モーメントが生じ，進行方向前側の軸の軸重が軽くなり，空転を起こしやすくなる．この軸重移動量を小さくするために車体側で種々のくふうがなされているが，発生した軸重のアンバランスに応じて引張力を加減する電気的軸重移動補償も行なわれる．

通常，軸重の軽い軸の主電動機の界磁を起動時に弱めて引張力を減少し，空転の発生を防止する方法が取られる．チョッパ制御を使用し，主電動機をいくつかの群にわけて制御する場合には，軸重のほぼ同じ主電動機を一群とし，限流値をかえて引張力を加減することもできる．

(3)空転検知と再粘着制御

機関車は，一般に粘着引張力いっぱいの引張力を出して走行するため，空転が生じたらすみやかにこれを検出し，再粘着をはかることが必要である．

交流機関車では，主電動機は通常並列に接続されているため，車輪が空転すると電流が急激に減少して引張力も減少するので，再粘着しやすい特性を備えている．

一方，直流機関車では主電動機が直列に接続され，あるいは抵抗器が直列に接続されているため，空転時は空転した主電動機の端子電圧が上昇し，空転速度がますます大きくなり，そのままでは再粘着しにくい性質を持っている．したがって，直流および交直流機関車は，通常空転検知と再粘着の手段が必要になる．

空転を検知する方法としては，

(a)車軸端に速度発電機を備え，各軸の回転数を比較する．

(b)主電動機の端子電圧を比較する．

(c)主電動機の電流を比較する．

などが用いられる．

また，再粘着の手段としては，

(a)砂まきを行ない，車輪とレールの間に粘着状態を良くする．

(b)進段を止める，または戻す．

(c)主電動機の電機子電流を分流し，引張力を減少させる．

(d)空気ブレーキを付加する．

(e)主電動機回路をしゃ断する．

などがあり，普通はこれらを組合わせて用いる．

(4)勾配抑速ブレーキ

長い勾配区間を走行する機関車は，下り勾配で速度を制限するために抑速ブレーキを使用する．

抑速ブレーキとして空気ブレーキを使用することは，ブレーキシューの摩耗，タイヤの過熱などの問題があり，最近の機関車は抑速用の電気ブレーキを備えている．電気ブレーキの方式として，発電ブレーキと回生ブレーキがあるが，いずれも主電動機を発電機として作用させ，運動エネルギーを電気エネルギーに変換するもので，前者はそのエネルギーを抵抗器に消費させて熱として放散させ，後者は架線に電力を返還する方式である.

発電ブレーキに使用される抵抗器の容量はぼう大なものになるため，送風機により強制的に冷却される.また，回路上は主電動機ごとの独立した発電ブレーキ回路を構成し，滑走時に再粘着をはかるとともに，他の健全な主電動機に影響を及ぼさないようにして，滑走時のブレーキ力低下を防いでいる.

回生ブレーキは,抵抗器が不要な代わりに回生した電力を吸収する負荷が必要であり，負荷がない場合はブレーキ力が作用せず，その結果，空気ブレーキを使用することになり，この点で発電ブレーキに比較して安定性に欠ける.

ディーゼル動車の動力制御

速度制御の機構

(1)動力伝達方式の分類

ディーゼル動車は，動力発生機としてディーゼル機関を積載した旅客車をいい，動力伝達方式により，機械式，液体式，電気式に大別される．速度制御方式は動力伝達方式により異なるが，わが国でもっとも多く用いられている液体式の場合について述べる．

液体式とは，変速機に液体変速機（ディーゼル動車の場合は液体機械式変速機）を利用した動力伝達方式で，歯車式変速機と異なり，荷重に応じ出力軸のトルクと速度が自動的に変化するので，運転は円滑静粛であるし，自動変速のため操作も容易である．歯車式は速度段の切換えが必要で，そのときトルクの中断があるためショックを生ずる欠点があるし，2両以上の高速運転には特別の制御装置が必要である．液体機械式変速機の場合は，機関の燃料制御と直結切換えを電気的に操作するだけで，多重連運転が容易にでき，重量が軽いことと相まってディーゼル動車発展の要因とな

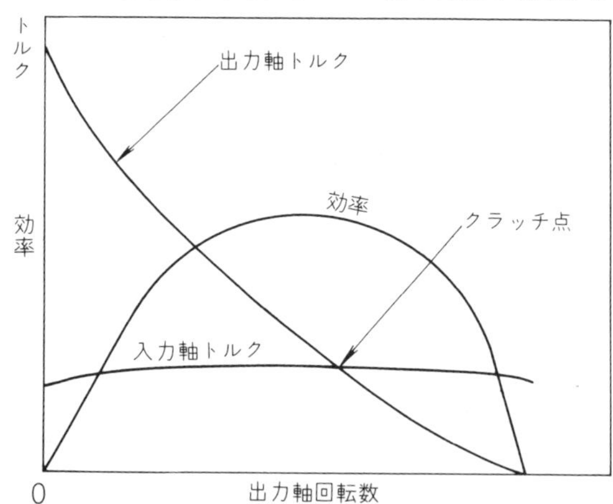

図1　液体変速機の変速特性

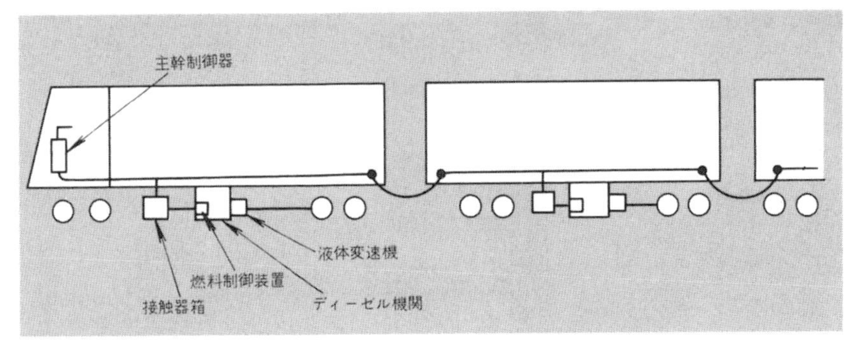

図2　重連運転の制御系統

った.

(2)燃料制御装置

ディーゼル機関の出力制御は，液体機械式変速機が直結機構を持つことから，ノッチが燃料噴射量を規定する最高最低調速機を使い，燃料ポンプのラックのストロークを調整している.

この制御には，電磁コイルと空気または油圧シリンダを組合わせた燃料制御装置を用いている．これらは運転室に設けられた主幹制御器のノッチ扱いに応じて電磁弁を動かし，リンク装置を介して燃料ラックを動かす方式で，各車両に積載され，それぞれの機関を同期的に制御できる.

(3)液体変速機の運転

液体変速機の変速特性は，**図1**に示すように，出力軸回転数が小さいときにはトルクが大きく，回転数の増大にともなって連続的にトルクが小さくなる．出力軸トルクが入力軸トルクと等しくなる点をクラッチ点と呼び，高速運転が多いディーゼル動車の場合には，クラッチ点以上の運転速度域は直結運転をする.

(4)運転制御機器

ディーゼル動車の速度制御は，**図2**に示すように運転室に設けられた主幹制御器により，10数両の重連運転も可能である.

この主幹制御器は機関出力の制御を行なう機器で，構造は**図3**に示すように，主ハンドルは機関燃料制御用で「停止」，「切」，「1ノッチ～5ノッチ」の7位置があり，変速ハンドルには「変速」，「中立」，「直結」の3位置を設けてある．主ハンドルの軸には主円筒が固定され，ハンドルを回すと主円筒の接触片がそれぞれの接触指に接触し，**図4**に示すように1～5ノッチと順次回路の接続を変えて機関の出力を制御している.

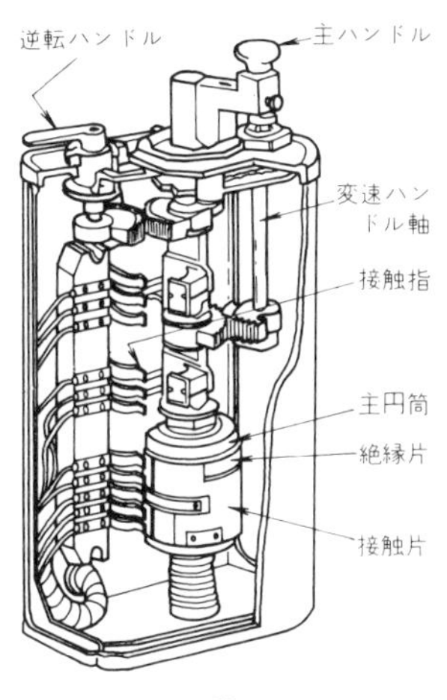

図3　主幹制御器

図4　主幹制御器つなぎ線図

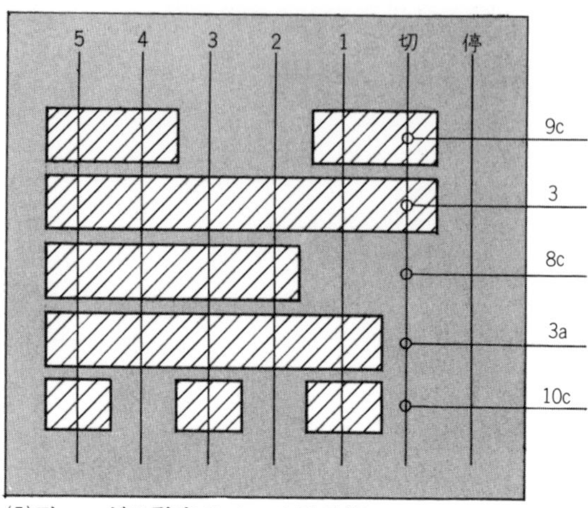

(5)ディーゼル動車のノッチ別性能

国鉄制式の一般形キハ40，47形式車のノッチ別性能は図5に示すとおりである．

燃料制御装置

燃料制御装置の構造については，前に述べたように電磁コイルと空気または油圧シリンダを組合わせたものが使用されているが，これらの車両に積載されているDMF15HSA形ディーゼル機関の制御には，油圧シリンダが用いられている．この油圧シリンダに電磁コイルが並立して取付けられ，それぞれのプランジャの

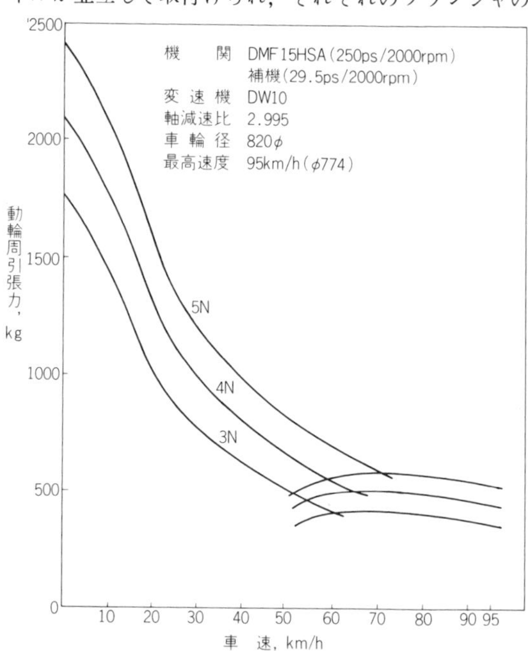

図5　動輪周引張力曲線

動きを組合わせ，この動作をレバー機構でつなぎ油圧シリンダ内のピストン作動棒を動かす．この作動棒の動きがパイロットモーションとなって，最終的に燃料噴射ポンプのレバーを作動させる構造になっている．

機関の始動時には，この燃料制御装置を，特別に早く動かす必要があるので，油圧ポンプから潤滑油が直接この装置に送られるようにしている．この送られてきた潤滑油は，ろ過器でろ過された後，ピストン周囲の溝部を潤滑し，その後，ピストン作動棒の溝部を満たすようになっている．

運転室の主幹制御器の主ハンドルを操作してノッチアップすると，レバー機構の動作によりピストン作動棒が動くが，この動きに応じて圧油がピストンおよびピストン棒を移動するように，燃料制御装置の内部が設計されている．また，ノッチを低ノッチあるいは停止にノッチダウンすると，ノッチアップの場合と反対にレバー機構が動作し，そこで，圧油が制御装置より排油され，ばねの力でピストンはノッチダウンにみあっただけの位置に移動する．

リンク機構

リンク機構は，燃料制御装置と燃料噴射を連絡するもので，**図6**のように，燃料制御装置の動きを燃料ポ

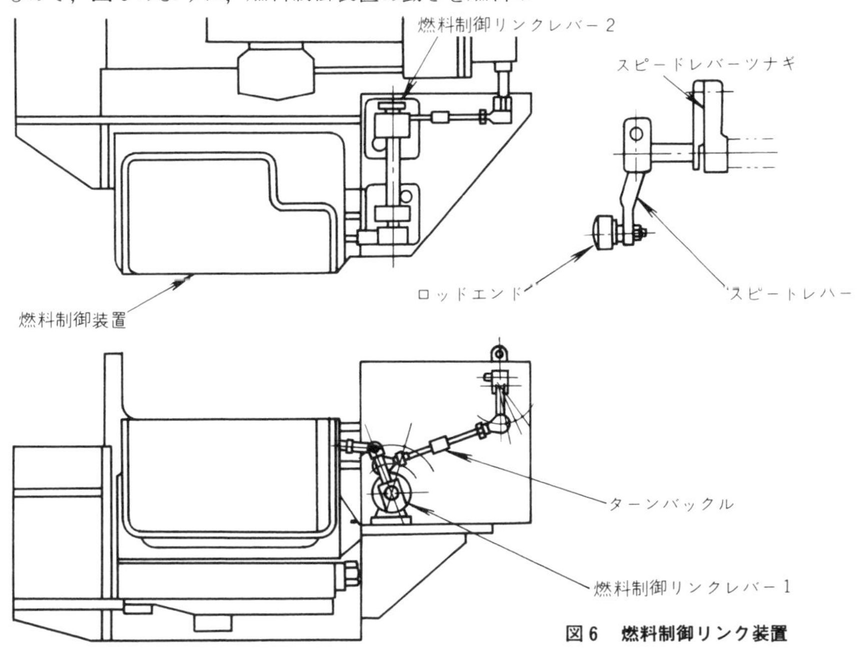

図6　燃料制御リンク装置

ンプに伝えるものである.

燃料制御回路

燃料制御を行なうための電気回路については，これまでに，いくつかの経過を通って現在に至っているが，ここでは国鉄一般形キハ40，47などに採用されている燃料制御回路について説明する（図7～図10).

(1)機関始動時の燃料制御回路

運転準備の各動作を行ない，配線用しゃ断器類を投入し，主幹制御器（50）の逆転ハンドルを「中立」，変速ハンドルを「中立」，編成車両中，前位運転台の切換えスイッチ（58）を「前」位置，最後部の車両を「後」位置にすると，各車両の温度ヒューズ（92）が正常であれば，駆動機関部では火災検知継電器（FrR5）は働かされていない．このため，回路（1）で温度ヒューズ補助継電器（81－1，82－2）は働かされている.

なお，(RVOTR3）は逆転装置油温高継電器を示し正逆転クラッチが，運転時に何らかの原因で，異常高温になった場合の保護回路である.

次に機関始動スイッチ（355）を始動位置にすると，始動補助継電器（AR12）の動作により機関が始動され，機関油圧が立上がり0.8kg/cm^{2}以上になると機関油圧スイッチ（OPS）が動作し，回路（2）により機関油圧継電器（OPR1）が働かされ，この（OPR1）により（OPR2)，(OPR3)，(OPR4）が動作し，自己保持する〔回路(3)〕.

(OPR2～4）は（OPS）の支配下に置かれているが，(OPS）の油圧の変動に対するバタツキを防止するため，(OPR1）が消磁してから2秒経過しないと自己保持回路は解けないつなぎとしている〔回路(4)〕.

機関油圧継電器（OPR1）により油圧補助継電器（80）が，回路（5）で働かされて自己保持する．なお，(AR11）は予熱補助継電器である．同時に，機関冷却水温度が98℃以下であり，変速機温温が 125℃以下ならば，水温継電器（68)，油温継電器(OThS）はともに作用しないので，回路（6）により水温補助継電器（76）が動作している.

(RVSR）は車両が走行中，変速機に何らかの故障が生じ，逆転クラッチを圧着しているシリンダの圧力が低下すると，クラッチにスベリが生じて破損するお

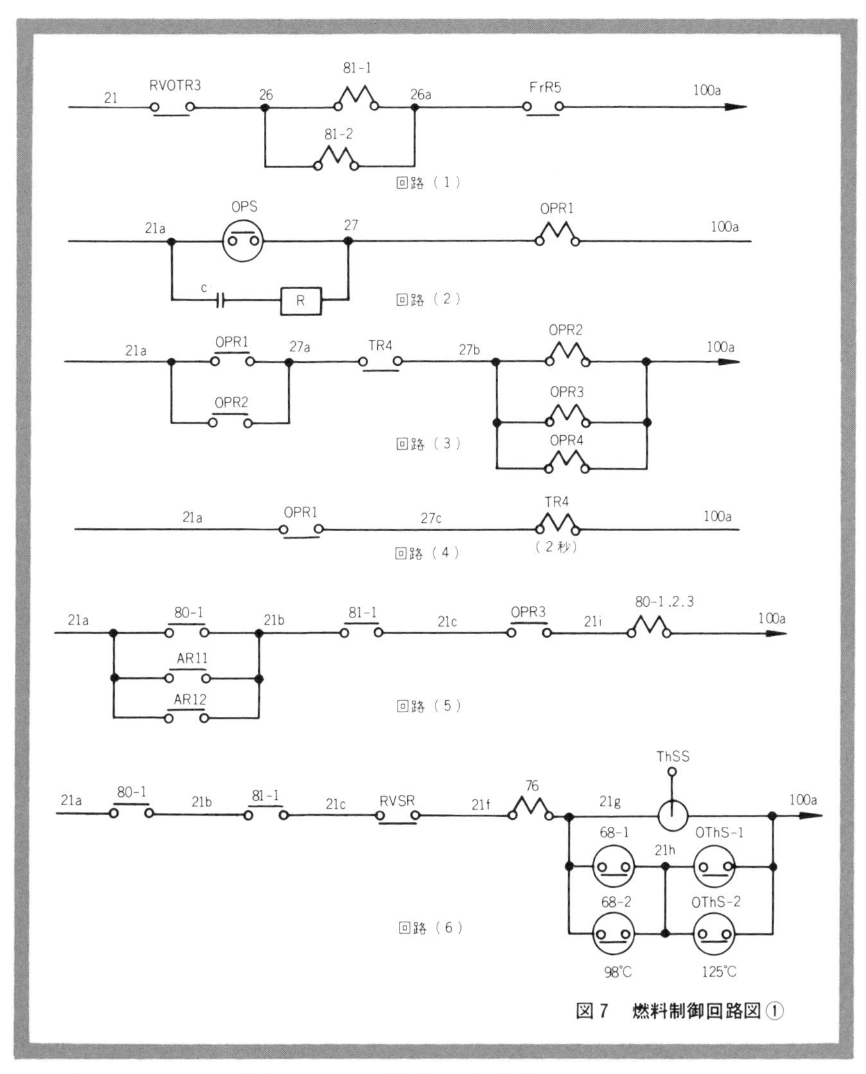

図７　燃料制御回路図①

それがあるので，その保護のための逆転機はずし継電器である．また，（ThSS）は（68）および（OThS）が故障したときに使用する温度短絡スイッチである．

機関空回転継電器（69）は働かされず機関補助継電器（59－１），（59－２）は回路（７）により働かされている．

したがって回路（８），（９）で，機関制御補助継電器（AR９）が働かされ，その結果，燃料制御電磁コイル（FMC－１）だけが働かされている．

回路（８）の（EHOSR）は，機関を運転台で行なう総括始動と，床下で行なう単独始動の切り換えを行なうための機関始動操作継電器で，回路（９）の（369）

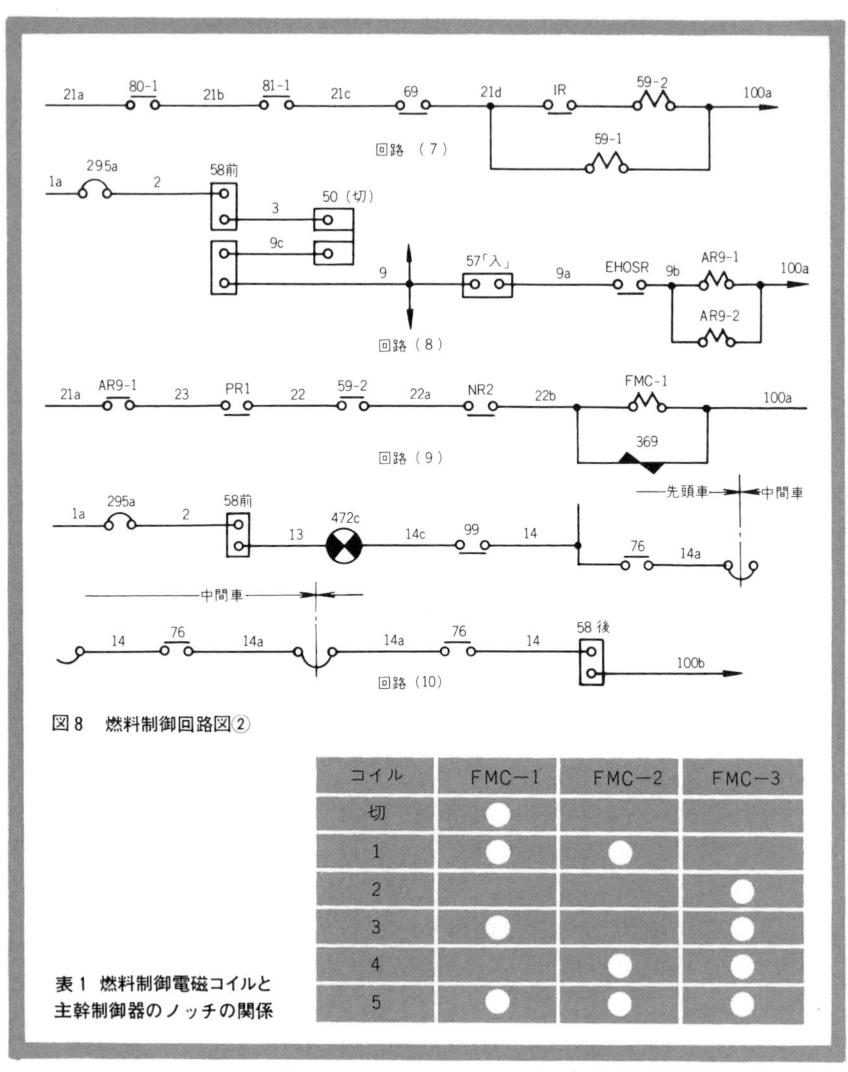

図8　燃料制御回路図②

表1　燃料制御電磁コイルと主幹制御器のノッチの関係

コイル	FMC−1	FMC−2	FMC−3
切	●		
1	●	●	
2			●
3	●		●
4		●	●
5	●	●	●

は（FMC−1）のサージ電圧を吸収するためのバリスタである．

機関が始動しアイドル運転を始めると水温補助継電器（76）の接点で，回路（10）により運転台では，「機」の表示灯（472C）が点灯し，編成中のすべての機関が運転していることが示される．

燃料制御電磁コイル（FMC）と主幹制御器（50）のノッチの関係を**表1**に示す．

(2)変速運転時の燃料制御回路

主幹制御器（50）の変速ハンドルを変速位置にして主幹制御器のノッチを上げると，変速指令が出され変速電磁弁が動作して変速運転になる．なお，この電気

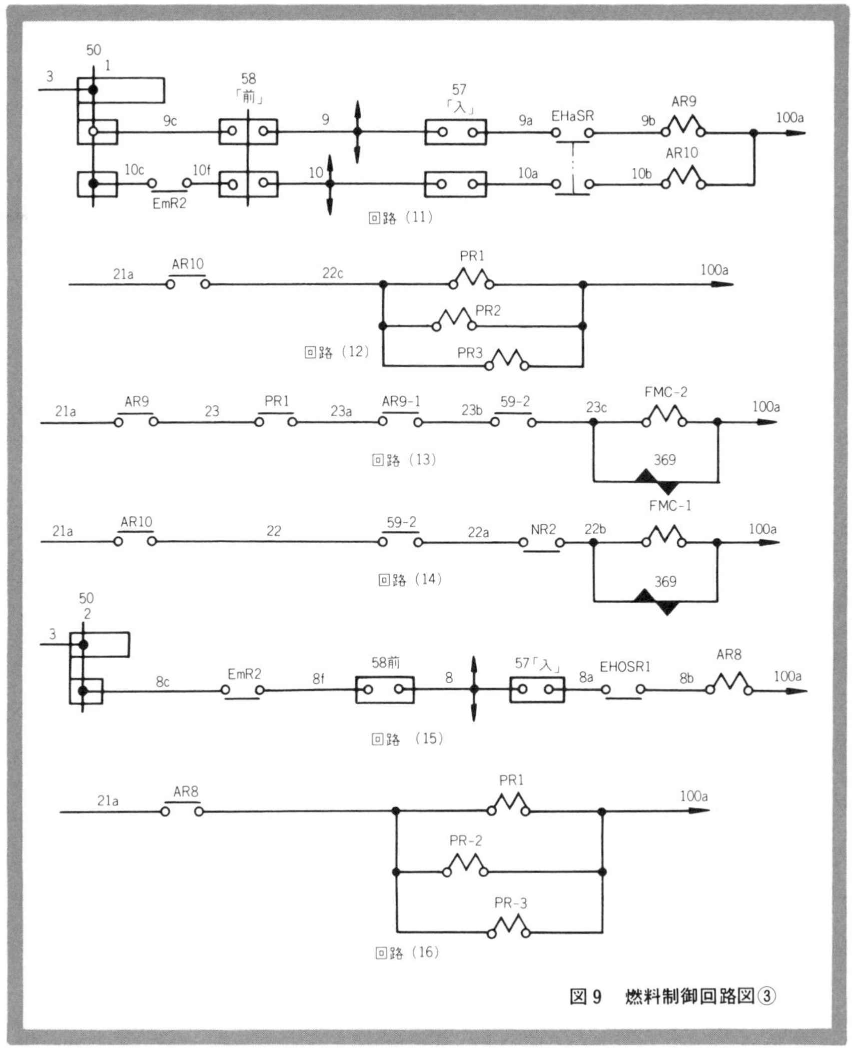

図9　燃料制御回路図③

回路の説明については省略する．主幹制御器が1ノッチの場合には，回路（11）が働かされる．

（E_mR2）はATSが働いて非常ブレーキが働いたときにだけ，機関をアイドル回転に引き下げるための非常継電器である．

燃料制御補助継電器（AR 9），（AR 10）と回路（12）により力行継電器（PR1，2，3）が働かされる．

力行継電器（PR 1）が動作すると，回路（13），（14）に示すように，燃料制御電磁弁は（FMC－1）および（FMC－2）がともに働かされて，機関は1ノッチ相当の燃料噴射で運転される．主幹制御器が2ノッチならば，回路（15）が働かされる．

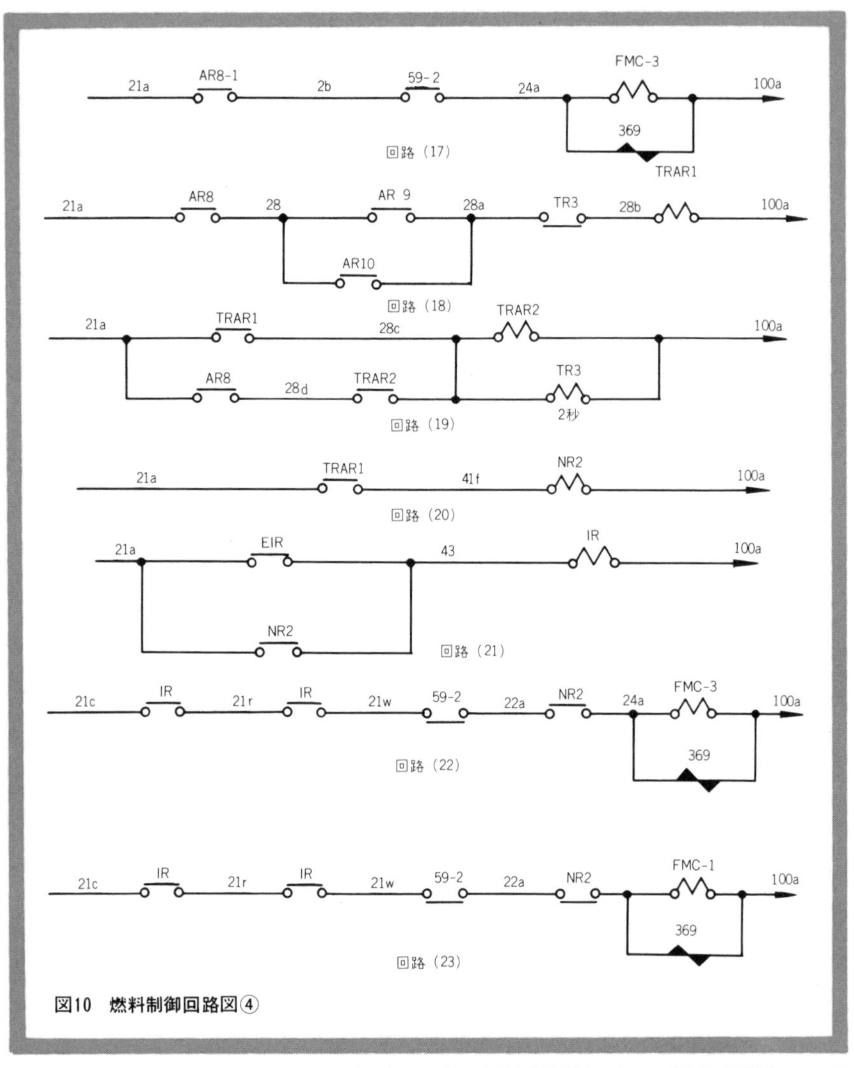

図10　燃料制御回路図④

（57）は制御回路開放器を示し，編成車両中の，どれかの車両に機関不具合が発生した場合，その車両の機関だけを単独に停止させ，他の車両は正常に運行させるために使用するものである．

燃料制御補助継電器(AR8)により力行継電器(PR)は1ノッチの場合と同様に回路（16）が引き続き働かされる．したがって回路（17）により燃料制御電磁弁(FMC－3)が働かされる．この結果，機関は2ノッチ相当の燃料噴射で運転される．

しかし，主幹制御器（50）のノッチを，いきなり3ノッチ以上に置いた場合は，回路（18）により限時継電器補助継電器（TRAR 1 ）が働き，回路（19）により限時継電器補助継電器（TRAR 2）が働かされ，接点（AR 8）を通して自己保持する．

同時に限時継電器（TR 3）が働かされて限時時間を計数する．一方，接点（TRAR 1）により2ノッチ指定継電器（NR 2）が，回路（20）により働かされる．このため，機関は主幹制御器のノッチのいかんにかかわらず2ノッチとなる．回路（19）で計数を始めた限時継電器(TR 3)の限時時間2秒が経過すると，(TR 3)が動作して回路（18）は，電源を断たれて消磁する．したがって，回路（19），（20）も消磁して燃料制御電磁弁は運転台の主幹制御器の指示するノッチに移行する．

(3)直結運転時の燃料制御回路

運転台で主幹制御器（50）の変速ハンドルを，直結に切り換えて主幹制御器のノッチを上げると，直結指令継電器（AR 6）が働かされる．

直結指令が出されると直結動作は，そのときの速度比により2ノッチ指定継電器（NR 2）が働かされるか，機関空回転指令継電器（EIR）のいずれかが働かされる．これらの一連の動作についての，電気回路の説明は省略するが，いずれにしても，(NR2)または(EIR)のどちらかが働かされることにより，機関空回転継電器(IR)が働かされる〔回路(21)〕．なお，速度比とは，変速機の入力軸と出力軸，との回転比のことで，次の式で表わされる．

$$e = N_2 / N_1$$

ここで，e：速度比

N_1：変速機入力軸回転数＝機関回転数

N_2：変速機出力軸回転数∝車速

機関空回転継電器（IR）の動作によって，機関補助継電器（59－2）は消磁し，燃料制御電磁コイル（FMC）は主幹制御器の支配から脱して，機関は(NR 2)が動作したときはアイドルになり，また，(EIR）が動作したときはアイドルになる．

直結動作が完了すると（EIR），（NR 2）とも電源を断たれ，その結果，（IR）は消磁し，機関補助継電器（59－2）が励磁する．このため，機関燃料制御電磁弁は，運転台の主幹制御器の指示に従った位置をとり，機関はそれに呼応した燃料噴射で運転される〔回路(21)，(22)〕

自動列車停止システムと自動列車制御システム

鉄道では安全確保のため，列車の進路および間隔に関する情報を信号機で列車乗務員に知らせ，乗務員はそれに従って列車の運転をしている．しかし，旅客や貨物の輸送量増大にともない，列車の高速化，列車と

表1　各社のＡＴＳ，ＡＴＣシステム

情報伝達	形式	情報処理	速度照査	社線名		区間
点制御	打子式		地上	営団地下鉄	銀座線	浅草・渋谷
					丸の内線	池袋・荻窪
						中野坂上・方南町
				名古屋市	1号線	中村公園・藤ケ岡
	地上子	単変周	なし	国鉄(ATS-S)	ほぼ全線区	
			地上	名鉄	本線	新岐阜・豊橋
				南海	南海本線	難波・和歌山市
				京阪	京阪本線	三条・淀屋橋
		多変周	地上	京王帝都	京王線	新宿・八王子
				小田急	小田原線	新宿・小田原
				近鉄	名古屋線	名古屋・伊勢中川
			車上パターン	東武	伊勢崎線	浅草・伊勢崎
	軌道回路	商用周波	なし	国鉄(ATS-B)	東京・大阪近郊通勤電車区間	
			地上	京成	本線	上野・成田
				京浜急行	本線	泉岳寺・浦賀
				東急	東横線	渋谷・桜木町
連続制御	軌道回路	高周波	地上	阪神	本線	梅田・元町
				阪急	京都線	梅田・神戸三宮
			車上パターン	西武	池袋線	池袋・吾野
			地上	営団地下鉄	日比谷線	北千住・中目黒
					東西線	中野・西船橋
				大阪市	1号線	我孫子・江坂
				北大阪急行	南北線	江坂・中央千里
				東京モノレール		浜松町・羽田
				営団地下鉄	千代田線	綾瀬・代々木上原
					有楽町線	池袋・銀座1丁目
				横浜市	1号線	上永谷・関内
				名古屋市	2号線	大曽根・名古屋港
				大阪市	5号線	新深江・野田阪神
				札幌市	南北線	北二十四条・真駒内
					東西線	琴似・白石
				神戸市	西神線	名谷・新長田
				国鉄(ATC)	常盤線	綾瀬・我孫子
					総武線	東京・錦糸町
					東海道線	東京・品川
				国鉄	新幹線	東京・博多

列車の間隔（時隔）の短縮による輸送力の向上がはかられてきた．

そのため乗務員の注意力だけに頼るシステムでは，信号確認などによる操作ミスが大事故に結びつく危険性が大きくなってきた．そこで，乗務員のバックアップシステムとして自動列車停止（ATS＝Antomatic Train Stop）システムが採用されるようになった．

一方，東海道新幹線のように高速で走行し,200km/hからのブレーキ距離が約2000mになるものでは，地上に信号機を設置し，それに従って乗務員がブレーキを操作することが物理的に非常に困難である．また，大都市の地下鉄道のようにトンネル内でしかも急曲線が連続し，見通しの悪いところでも，地上信号機を使用

使用開始	動作ブレーキ	確認扱い	電源投入	備考
昭和14.1	非常ブレーキ	なし		
37. 1				
37. 3				
44. 4				
41. 4	非常ブレーキ	あり	手動投入	確認扱後の運転に対する保安はない
40. 12	非常ブレーキ	なし	常時投入	
43. 4				
42. 11	常用ブレーキ			
43. 4	常用ブレーキ（低速域では非常ブレーキ）	なし	常時投入	常用ブレーキ動作の場合照査速度以下で自動緩解．
45. 4				
42. 12	非常ブレーキ	あり（停止信号を越え運転する場合）		
43. 3	非常ブレーキ	なし	自動投入	照査速度以下で自動緩解
40. 7	非常ブレーキ	あり	手動投入	
45. 10	45km/h以上常用ブレーキ，25km/h以下非常ブレーキ	あり	手動投入	照査速度以下で自動緩解．京成はY.R連続速度照査．京浜はY.YY.R連続速度照査．
43. 4				
43. 4	非常ブレーキ			
43. 3	常用ブレーキ（停止信号以外は照査速度以下で自動緩解）	あり	自動投入	地上信号方式による自動列車制御装置に相当．
43. 2				
43. 3	非常ブレーキ	あり		
36. 3	常用ブレーキ			一部編成にATOを設備
39. 12				大阪市交2，3，4，6号線も1号線と同じシステム
45. 2				
45. 2	常用ブレーキ			横浜市交通局3号線も1号線と同じシステム採用 名古屋市交通局3，4号線も2号線と同じシステム採用
39. 9				
44. 12				
49. 10				
47. 12				
46. 12				
45. 3				
46. 12				ATOを設備
51. 6				
52. 3				
46. 4				
47. 7				
51. 10				
39. 10 〜 50. 3	常用ブレーキ（30信号より上位の信号に対しては，自動緩解機能あり）	30信号以下の信号に対し，ブレーキ緩解のためには，確認扱いを要する	常時投入	

したシステムは問題が多い．このような条件下で使用するものとして，車内信号方式の機械優先システムである自動列車制御（ATC＝Automatic Train Control）システムが採用されるようになった．**表1**に各社のATS，ATCシステムを示す．

ATSシステム

⑴種類

ATSシステムで，地上から車上への情報伝送は，軌道回路などを用いた連続制御式と，情報伝送用地上子を特定の地点に設ける点制御式の2方式がある．また，列車の速度照査を行なうものとそうでないものとがある．

国鉄のATSシステムは，軌道回路を用いたB形，地上子を用いたS形および現在開発中のP形がある．

⑵ATS-S形

昭和41年から全国的に使用を開始した．採用時期が早く，当時は国鉄のようにブレーキ性能の異なる多種類の列車を運転している線区に適合する速度照査式ATSの技術が未開発であり，工期的問題もあって，従来から使用していた車内警報装置に，非常ブレーキ動作機能を付加したにとどまっている．

①動作　**図1**に示すように，信号機の手前約600mの地点に地上子を設置する．信号機が「停止（R）」以外の信号を現示しているときは，この地上子上を車両が通過しても警報は発生しない．

停止信号を現示しているときにこの地上子上を車両が通過すると，車上で赤色灯点灯とベル鳴動による警報を発し，乗務員の注意を喚起する．警報発生後5秒以内に乗務員が「確認扱い」，すなわち，ブレーキ弁操作によるブレーキをかける旨の意志表示をし，「確認スイッチ」を押せば，警報ベルは停止する．警報発生後5秒以内に乗務員が確認扱いをしなければ，非常ブレーキが動作し，車両を停止信号機の手前に停止させて，安全を確保する．

②動作原理　車上装置の構成は**図2**のようになっており，車上子と受信器内の発振増幅部との閉ループ回路で発振器を形成し，常時105kHzで発振している．帯域ろ波部は105kHzの周波数だけを通す特性であるため，主継電器MRは常時励磁になっている．

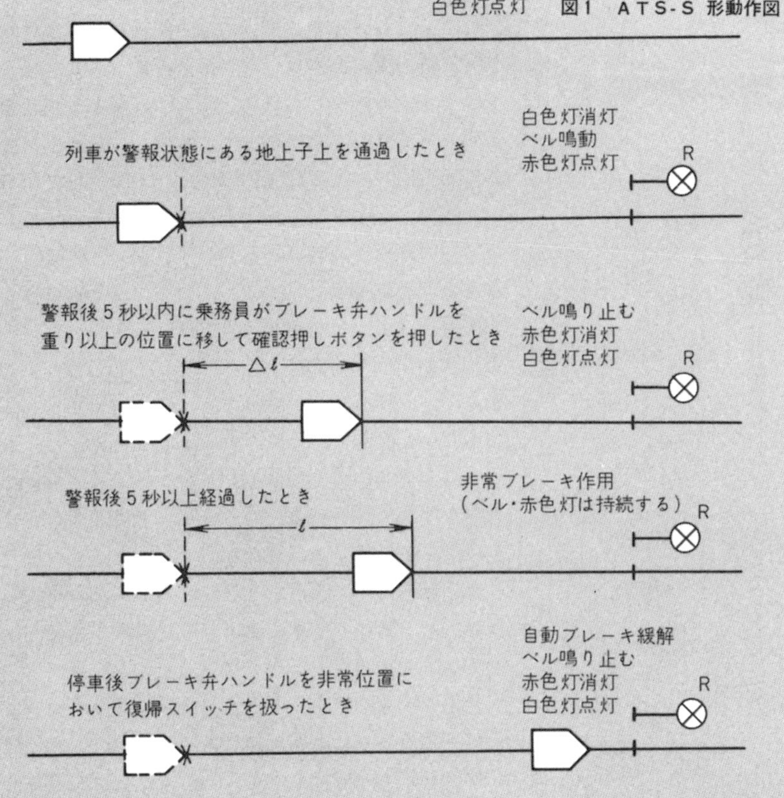

図１　ＡＴＳ-Ｓ 形動作図

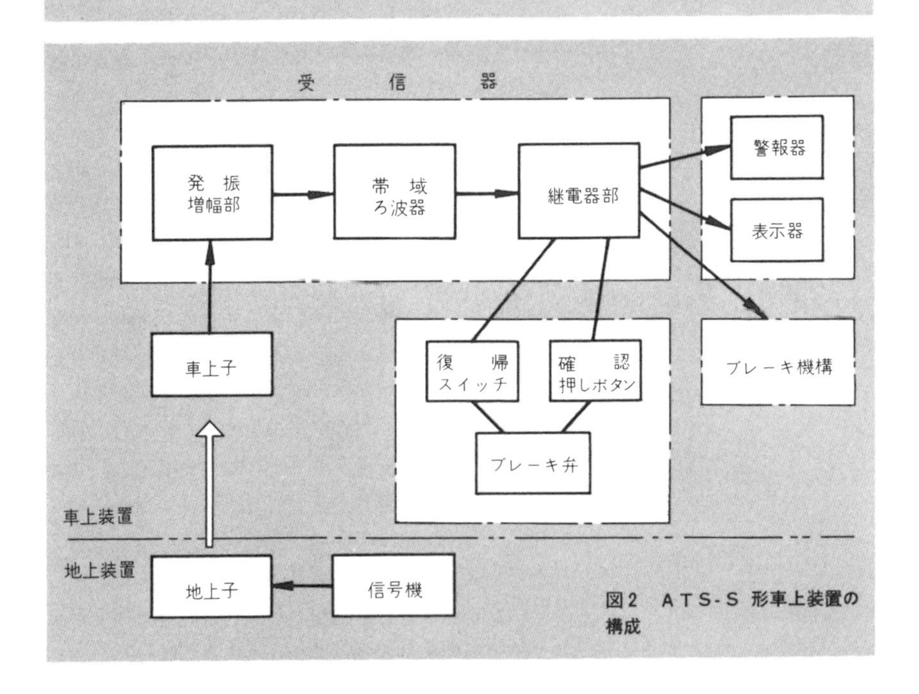

図２　ＡＴＳ-Ｓ 形車上装置の構成

地上子はコイルとコンデンサから成っており，常時は接点により開放されているが，停止信号現示の条件で閉回路が構成される．閉回路を構成している地上子上を車上子が通過したとき，地上子と車上子の電磁結合により，受信器の発振条件が変化し，発振周波数は130kHzになる．この作用を変周といっている．

変周により発振周波数が105kHzから130kHzになるので主継電器は消磁し，警報を発する．主継電器の消磁時間は列車速度に左右されるので，補助継電器と時素継電器により，主継電器の消磁を記憶し，5秒の時素をつくっている．

(3)ATS-P形

ATS-S形およびB形の採用により，信号冒進事故は大幅に減少した．しかし，これらのシステムでは乗務員の操作状態のいかんにかかわらず確認扱いを必要とし，しかも確認扱い後のバックアップにやや問題があり，確認扱い後の事故がクローズアップされてきた．このため，国鉄では昭和49年から速度照査式ATS-P形の開発を進めている．

①方式　地上から車上への情報伝送方式は，S形と同様の地上子によるものである(点制御)．速度照査は車上で列車種別と地上からの情報に応じた速度一距離パターンを発生し，そのパターン速度と列車の速度を比較し，列車速度がパターン速度を越えたとき非常ブレーキを動作させる「車上パターン」方式である．

②動作

ⓐ停止パターンの発生：信号機の手前約600mに地上子を設置し，停止信号を現示しているときに，この地上子上を車両が通過すると，**図3**(a)に示すように車両はS_6信号を受信し，P_6パターンが発生する．このパターン速度と列車速度を比較し，列車速度がパターン速度以下なら，非常ブレーキは動作しない．列車速度がパターン速度を越えれば非常ブレーキが動作する．

信号機の現示変化に追従するため，そして勾配区間などでパターンを補正するため，400，200および100m地点のいずれかを適当に選定し，地上子を設置している．

ⓑパターンの消去：信号現示が「停止」から「注意」などに変化したときは，**図3**(b)のようにS_F信号を受信し，パターンは最高速度照査パターンに移行する．

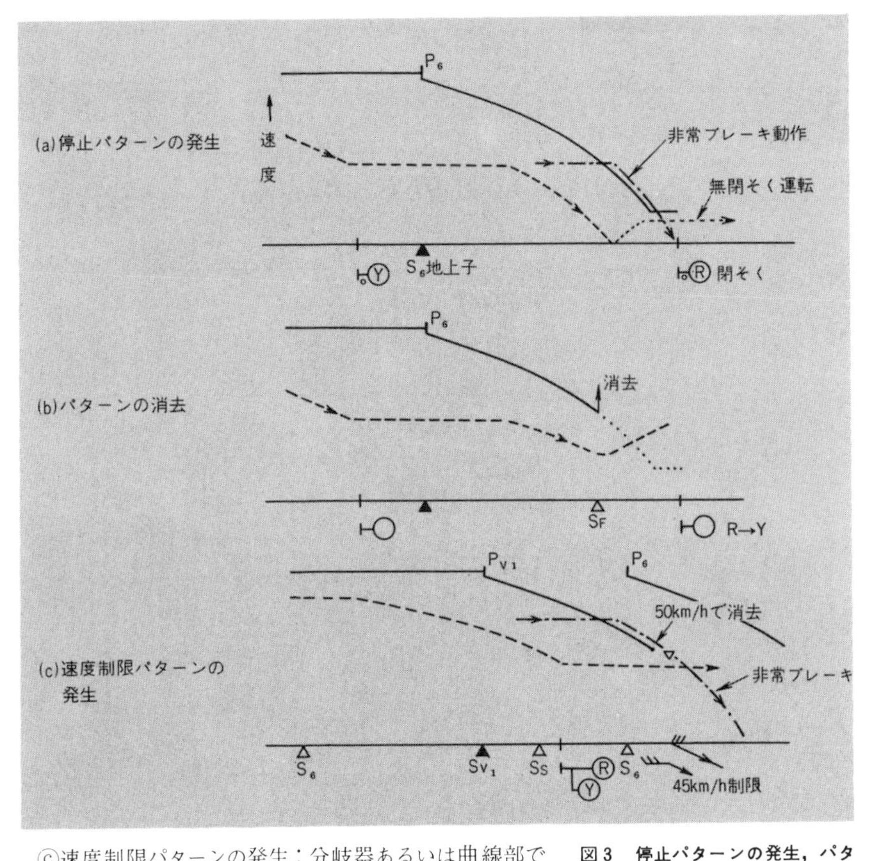

図3　停止パターンの発生，パターンの消去，速度制限パターンの発生

ⓒ速度制限パターンの発生：分岐器あるいは曲線部では速度制限をともない，速度制限の超過防止が重要である．そのため，**図3**(c)に示すようにS_{V1}, S_{V2}信号により，終端速度50および90(85)km/hの速度制限パターンを発生し，速度照査を行なっている．S_{V2}信号により90または85km/hのパターンが発生するが，90km/hはばね下重量の小さい電車および気動車列車に適用し，85km/hはその他の列車に適用する．

ⓓ30km/hパターンの発生：構内入換えの場合には，信号のいかんにかかわらず，30km/hパターンを発生し，速度照査を行なう．入換パターンへの切換えは手動スイッチによる．

ⓔ最高速度照査：ⓐ, ⓒ, ⓓのとき以外は，最高速度照査を行なっている．

ⓕ後退検知：上り勾配途中で停止し，自然に退行した場合は，後退検知機構により直ちに非常ブレーキが動作する．

③装置の構成　装置の構成を**図4**に示す．情報数

図4　ATS-P 形車上装置の構成

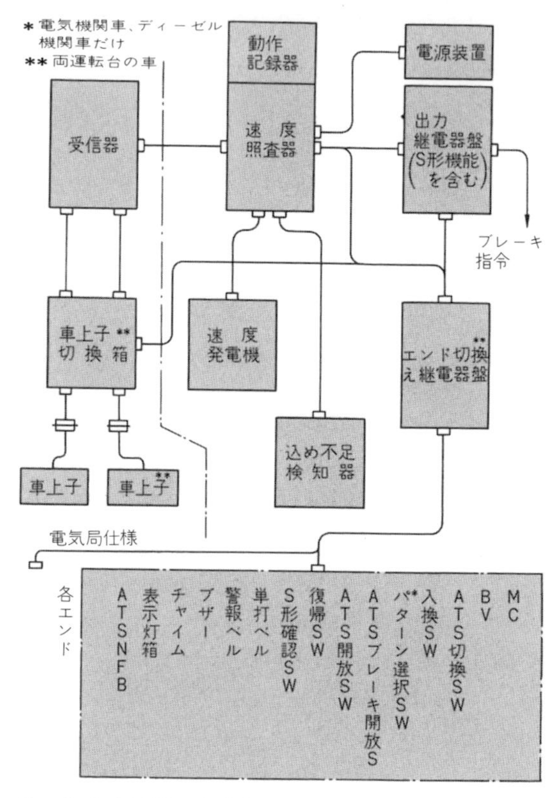

増のため受信器の常時発振周波数は74 kHzとし，変周周波数を82から130kHzにした．

地上からの情報は受信器で解読され，速度照査器にはいる．速度照査器には，車軸に取り付けた速度発電機からの速度入力もはいる．速度入力を積分した距離に対応した照査パターンが発生し，パターン速度入力の比較を速度照査器内で行ない，非常ブレーキ指令を出力継電器盤に出す．演算はすべてＩＣによるデジタル演算である．

信号受信，パターンの発生および乗務員操作の状態などを記録するために，半導体記録素子を用いた記録器を設けている．この記録器は従来のプリンタ方式あるいはテープレコーダ式のものに比べ，可動部分がないので信頼性の向上，日常保守の省力化および小形化に成功している．

④パターンの種類　国鉄では，ブレーキ性能の異なる多種の列車が運転されており，しかも同じ列車でも編成長や積荷条件によって異なる．これらの条件を完全に満足するには無限数のパターンが必要になるが，

装置の小形化と共通化をはかるため，原則として安全側になる条件で列車の最高速度別に，**図5**に示すように7種のパターンに集約した．同時にパターン形状の信頼性を高めるため，従来のCRの充放電特性を利用したパターン発生回路に代えて，ROM（読出専用記憶素子）を用いた回路を採用している．

ATCシステム

現在使用されているATCシステムには，車内信号機械優先方式のものとバックアップ方式のものと2つある．国鉄で現在使用しているのは，帝都高速度交通営団の東西線との相互乗入れ用車両に積載しているATC 3形を除いて，すべて前者に属する．ここでは，山手線などで現在工事がすすめられているATC 6形

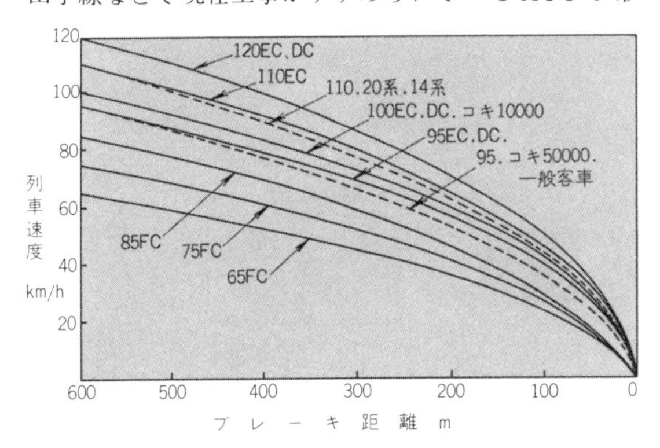

図5　パターンの形状

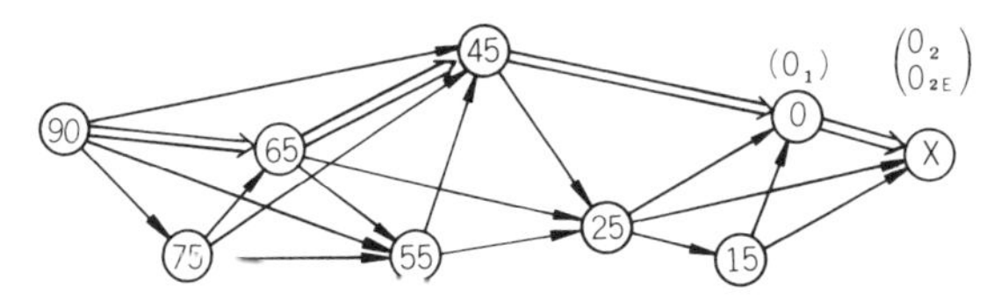

図6　ATCの信号現示系

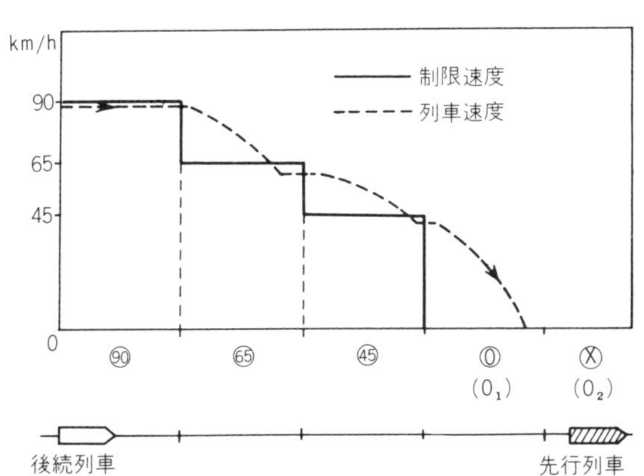

図7　ATCブレーキ動作例

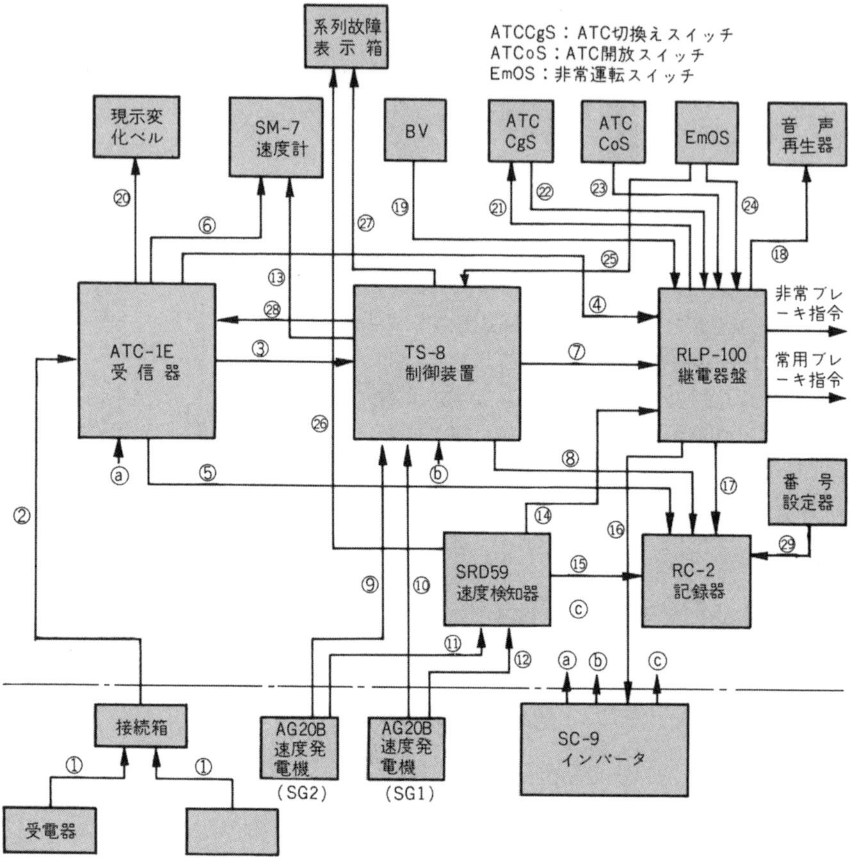

図8　ＡＴＣ６形車上装置の構成

を主体に解説する．

①動作　従来の「進行」「注意」「停止」などから成る信号現示系（列車進路の開通状態を示すことからルートシグナルという）に対し，ATCでは列車の走行速度を直接指示する現示系（スピードシグナルという）を採用している．ATCの信号現示系の例を**図６**に示す．

レールは数十～数百ｍごとに電気的に分割され（セクションという），それぞれのセクションに速度信号が設定される．列車が１つのセクションにあるとき，その後のセクションには**図７**の例に示すような速度信号が設定される．これらのセクションに後続列車が進入したときのブレーキ動作を**図７**に示す．この図では，ブレーキはすべて常用ブレーキ（乗務員が常時操作するブレーキ程度の減速度を持つブレーキ）であり，列車が所定の速度以下になれば，自動的に緩解する．この点がATSの動作と異なる．ただし，O_2およびO_{2E}信号を受信すれば非常ブレーキが動作する．

②信号の伝送　ATC信号は，レールを伝送路とするセクション単位の軌道回路に流す高周波電流により伝送される．信号電流は約3kHzの搬送波を10～77Hzの変調波で振幅変調したものである．

搬送波は2850，3150，3450および3750Hzの4種類で，列車の進行方向によって割り当てられた各2周波を隣接軌道回路ごとに交互に使用する．

③装置の構成　ATC 6形車上装置の構成を図8に示す．軌道回路に流れる信号電流を，レール面上に位置する左右2個の受電器で電磁誘導作用により受電し，接続箱を通して受信器に入力する．受信器では，搬送波に乗っている信号波を取出し(復調)，周波数によって選択して，その信号に対応した出力継電器を動作させる．この継電器の動作を，信号情報として制御装置に入力すると同時に，速度計のパネルに信号を現示し，また信号変化時には現示変化ベルを鳴らせる．

制御装置では，信号に対応して一定の周波数（パターン周波数f_P）を発生させ，これと速度発電機から入力される速度周波数（f_V）を比較し，$f_P < f_V$（制限速度＜列車速度）の場合は常用ブレーキ指令，$f_P > f_V$（制限速度＞列車速度）の場合は常用ブレーキ緩解指令を出力する．また制御装置は，列車の自然退行および受信器，制御装置の故障を検出し，非常ブレーキ指令を出力する機能を兼ね備えている．

速度検出器は，記録器へ速度情報（速度帯）を与えるとともに，速度発電機と車軸との結合部の損傷による不回転を検出する機能を持っており，この場合も非常ブレーキになる．

継電器盤は，制御装置，速度検出器，その他機器からの情報あるいは条件を集め，これらを突き合わせてその条件に応じて常用あるいは非常ブレーキ指令を出力する．この指令によって車上ブレーキ装置が制御され，列車速度は自動的に制御される．音声再生器は，ATSとATCとの切り換わり地点において，車上装置の切り換えを音声によってうながす装置である．記録器は，上記車上装置の動作を記録印字する．

＊　＊　＊

ATSとATCとの明確な区分は困難であるが，ここでは国鉄の分類に従ったことを付記しておく．

参考文献

(1)国鉄車両設計事務所：ATS車上装置説明書，1965
(2)国鉄：ATS専門委員会資料，1977
(3)永瀬他：パターン付ATSのパターン設定の一方法(第1報)，第13回鉄道におけるサイバネティクス利用国内シンポジウム（以下「サイバネ」という）論文集，1976
(4)永瀬，佐藤他：パターン付ATSのパターン設定の一方法(第2報)，第14回サイバネ論文集，1977
(5)永瀬，佐藤他：パターン付ATSのパターン設定の一方法(第3報)，第15回サイバネ論文集，1978
(6)永瀬，佐藤他：パターン付ATSのパターン設定の一方法(第4報)，第16回サイバネ論文集，1979
(7)国鉄車両設計事務所：ATC装置（ATC6形）説明書，1979
(8)日本鉄道運転協会：ATCの各種方法と適用方に関する研究報告書，1979

自動列車運転システム

鉄道における自動運転システムの導入は国内外共に増加しており，とくに新設される地下鉄では自動運転システム(ATO＝Automatic Train Operation system)を標準装備する場合が多い．

日本における ATO の開発は，昭和35年10月の名古市交通局地下鉄での走行試験に始まるといわれており，以来，犬山モノレール，万博会場モノレール，営団地下鉄日比谷線，大阪市地下鉄，新幹線，さらには国電中央線・山手線などで ATO 実用化のための研究開発がなされてきた．

次いで，昭和46年に開業した横浜市地下鉄向け試作 ATO 装置は，高性能と高信頼性を持つ初の全デジタル化された ATO 装置である．

この横浜市地下鉄向け ATO 装置をもとに開発されたのが，昭和51年 6 月に開業した札幌市交通局東西線 ATOであり，これが国内の実用ATOの 1 号機である．次いで昭和52年 3 月に開業した神戸市交通局地下鉄にも ATO が設備されており，ともに営業運転に実用されている．これらの最近の ATO の動向は，単に走行と停止の自動化にとどまらず，地上装置までも含めたシステム化であり，伝送系を介して結合することにより，低い運転経費，省電力運転および最大輸送量をめざした高性能なシステムを目的としている．

ATOシステムとは

(1)システムの概要

ATO システムは，信号保安設備 (ATC)，運行管理システム，対列車情報伝送装置などと有機的な連係をとることにより，列車の駅間における走行制御と駅部での停止制御との自動化を可能にするものである．ATOシステムは，地上側で地点情報を発信するATO地

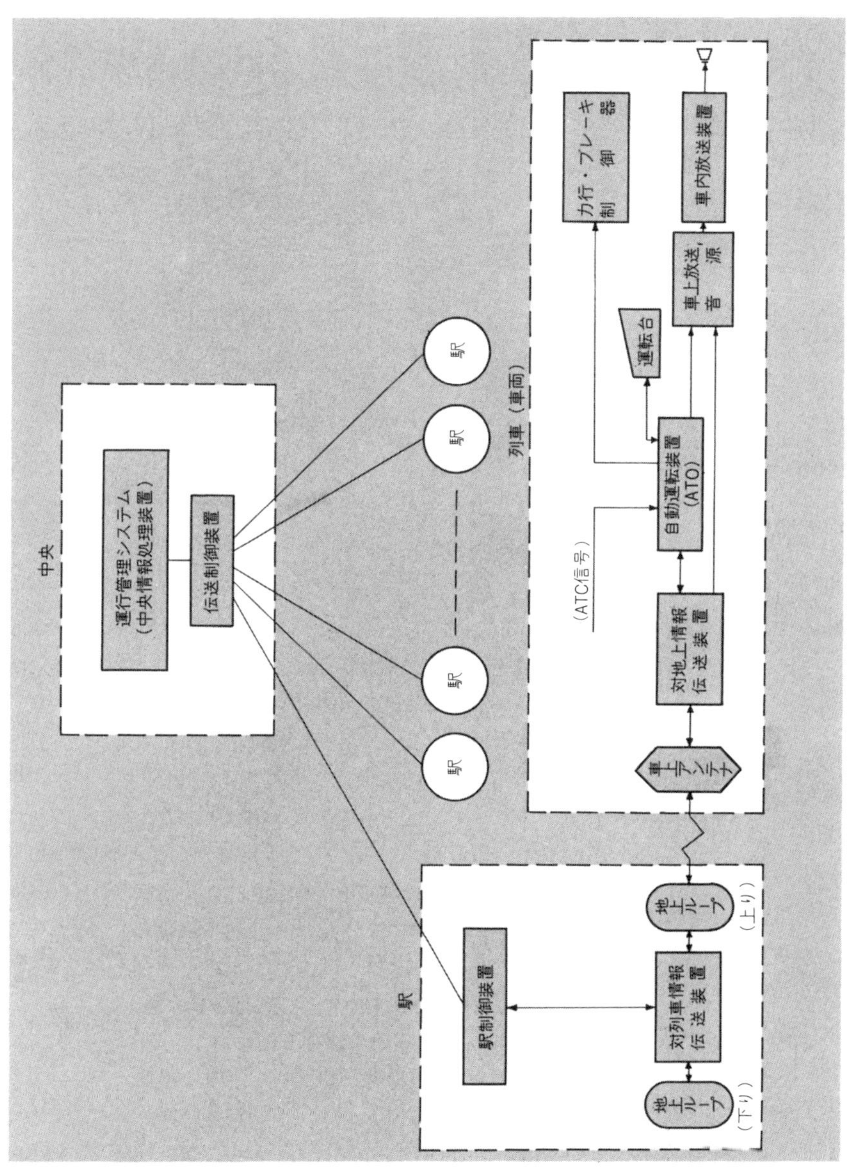

図1　ATOシステムの構成

上装置と車上において力行ブレーキ制御を行なうATO車上装置とからなるが，ここでは主として車上の装置と機能について述べる．

車上ATO装置は，ATC信号や駅情報にもとづいた基準目標速度を設定し，それにより駅間での定速度制御を行なう．また，駅停車に際しては定位置停止用の地点情報を受け，定位置停止制御を行なう．この定位置停止制御は，車上で距離——速度パターンを発生する車上パターン方式による場合が多い．停止後，車上

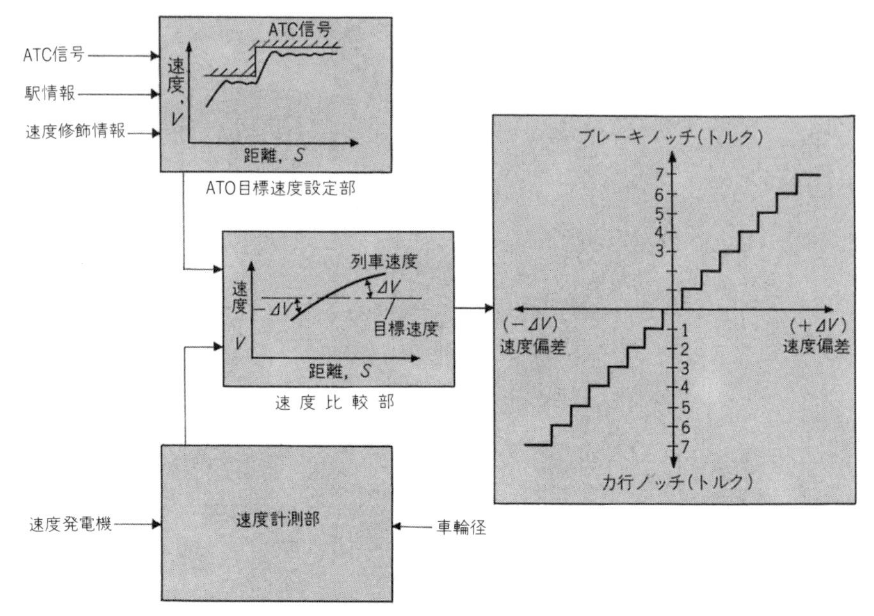

図2　駅間走行制御ブロック図

ATO装置は運行管理システムによる次のような時間管理を受ける．出発時刻になると，車上ATO装置は対列車情報伝送装置から出発許可情報を受け，表示や警音で乗務員に知らせる．ホームにおける乗降客の安全を確認した後，乗務員のドア閉および出発押しボタン操作により，次駅への走行を開始することができる．

また，最近のATOでは，駅で受信した駅情報をもとに，列車の駅接近，駅発車時など列車の動きにあわせ，車内乗客に対する案内放送を自動的に行なう機能も持っている．

図1にATOシステムの構成を示す．

(2)ATOシステムの機能と動作

ATOは乗務員の出発押しボタン操作により列車を自動的に加速し，定められた目標速度に追従しながら駅間走行を行なう定速運転制御，および地上からの地点情報によりホームの定位置に列車を自動的に停止させる定位置停止制御を行なう．

①出発制御　出発制御は，乗務員の出発押しボタン操作により行なう．誤操作を避けるために，2個の押しボタンを操作する構成にしている場合が多い．

②駅間走行制御　駅の所定停止域内での停止中，駅制御装置から出発許可指令を受け出発押しボタンが操作されると，出発条件が満たされていれば車両性能に従って加速し，その後目標速度に追従した定速運転を

行なう．このためATO装置の内部では，目標速度を発生するとともに列車速度（速度発電機による）を取り込んで基準速度と列車速度との偏差を検出し，その差に比例した力行またはブレーキノッチ数を車両の制御装置に与え，目標速度と列車速度との差をなくするように列車速度の制御を行なう．

図 2 に駅間走行制御ブロック図を示す．

③定位置停止(TASC)機能　列車が駅に接近すると，軌道に敷設された地点情報地上子により地点信号を車上受信機が受信し，車上ATO装置に伝達する．ATO装置は，この地点情報により停止制御パターンを発生し，プラットホームの定位置に列車を停止させる．

ⓐパターン発生：制御方式は，ATO用地点通過時車上ATO装置が停止制御パターンを発生する車上パターン方式が多い．ATO装置は，第1地点情報 P_1 を受信すると第1パターンを発生する．次に，第2地点情報 P_2 を受信するとパターン積算距離の補正を行なう．さらに，停止目標に近づくと，第3地点情報 P_3 を受信し，低い減速度の第2パターンに切り換え，停車時の乗心地の改善や停止精度の向上をはかる．**図 3** に定位置停止パターンを示す．

ⓑ追従制御：追従制御も定速運転制御と同様に比例制御方式で，前記のようなパターンが発生されると，この目標パターンと列車速度との差を検出し，この速度差に比例したブレーキ出力ノッチ指令を出力する．**図 4** に定位置停止制御ブロック図を示す．

(3) ATOによる制御例

図 5 に，ATOによる駅間速度制御および定位置停

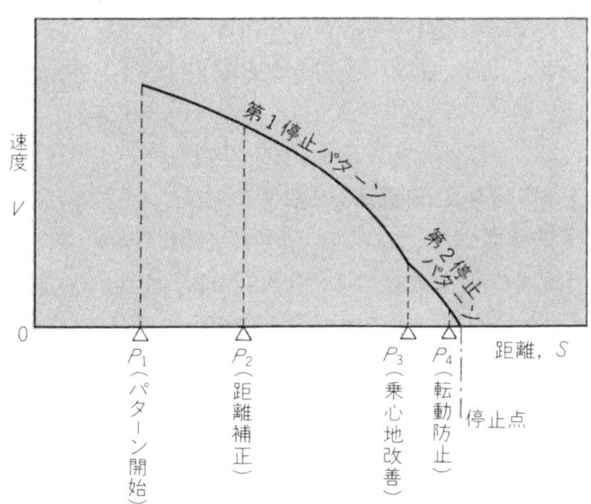

図 3　定位置停止パターン

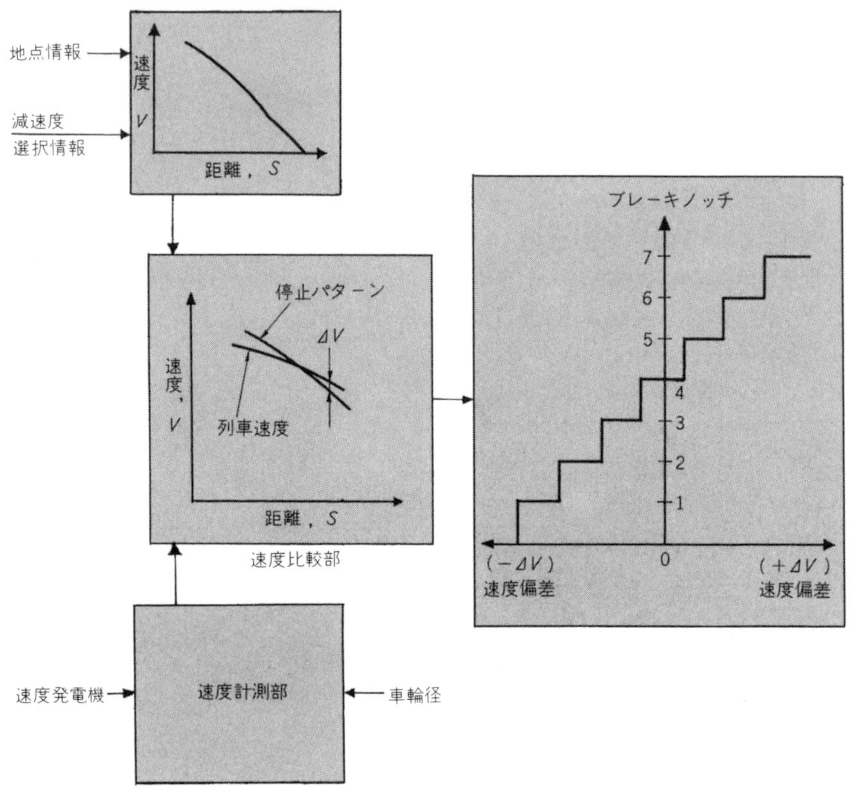

図4　定位置停止制御ブロック図

止制御の例を示す．

①出発制御　対列車情報伝送装置から出発許可および駅情報を受け，発車押しボタンを操作すると，ATO演算部より力行ノッチ指令が出力され，列車は加速する（**図5**の①，②）．

②定速運転制御　列車がATO目標速度に近づいて比例制御帯に進入すると，以後ATO目標速度と列車速度に比例したノッチが指令され，絞り力行が行なわれる．なお，急な下り匂配がある区間では，走行速度が上昇ぎみになるので，目標速度（V_p）を**図5**の点線のように低下させる（③，④）．

③恒久的なATC速度制限区間の制御　恒久的ATC速度制限区間では，ATC信号が低下する前にATCから減速パターン（⑦）を発生し，乗心地のよい減速制御を行なった（⑥）後，ATC制御領域（⑨）に進入させる．制限速度以下に減速した後は，ふたたび新しい目標速度に追従し走行する（⑩）．

④定位置停止制御　P_1地点情報を受信すると，停止パターン（⑪）をATO装置内に発生する．一方，図の例

のようにATC制限速度が解除されると，ATOの目標速度は再上昇して再加速を行なう（⑫）．すでに列車が定位置停止領域に進入していても，定位置停止パターンに対し一定の差速度まで接近しないと，今まで通りの定速運転制御を継続する（⑬）．

次いで，定位置停止パターン（⑮）に対し一定の差速度の地点（⑭）にくると，ATO装置の演算は定位置停止制御に切り換えられ，以後第1停止パターン（⑮）に追従し減速制御される（⑯,⑰）．P_2点では，P_1点から積算した距離の補正を行なう．さらにP_3点にくると，低い減速度の第2停止パターン（⑱）を発生して高精度を維持し，かつ乗心地よく定位置に停止させるための減速を行なう．停止目標点の直前に設置されたP_4地点情報を通過すると，以後一定のブレーキが指令され，定位置に停止させるとともに転動を防止する（⑲）．

ＡＴＯ車上装置

(1)ATO車上装置の構成

ATO装置は，駅間での列車の走行制御や駅での定位置停止制御を自動化し，効率向上をはかるものである．このATOには高度な信頼性が要求されるが，最終的な安全の確保はATCによって確保されるため，ATCのような厳密なフェイルセーフ性能は必要とされない．そのためマイクロコンピュータの適用が可能であり，マイクロコンピュータの特徴である小形化と高信頼化とを利用することができる．

図6にATOの車上装置構成図を示す．**図6**で，入出力信号のレベル変換と速度入力パルスの波形整形以

図5　ＡＴＯ運転説明図

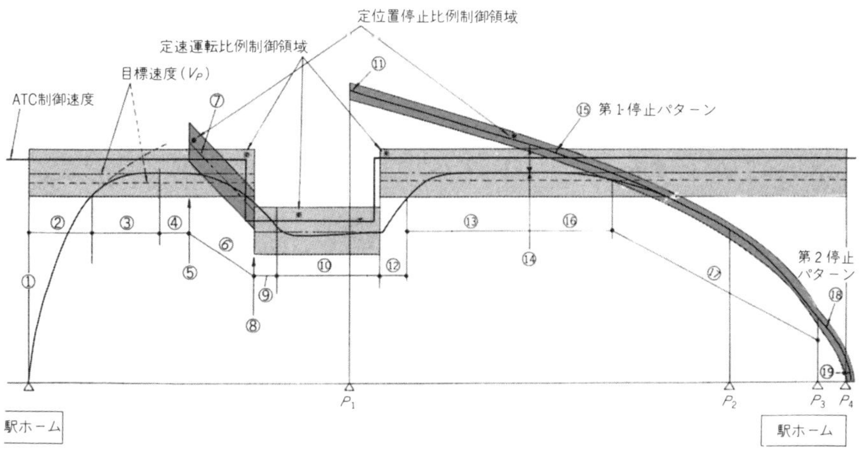

定位置停止比例制御領域
定速運転比例制御領域
目標速度（V_P）
ATC制御速度
⑮ 第1停止パターン
第2停止パターン
駅ホーム
P_1
P_2
P_3
P_4
駅ホーム

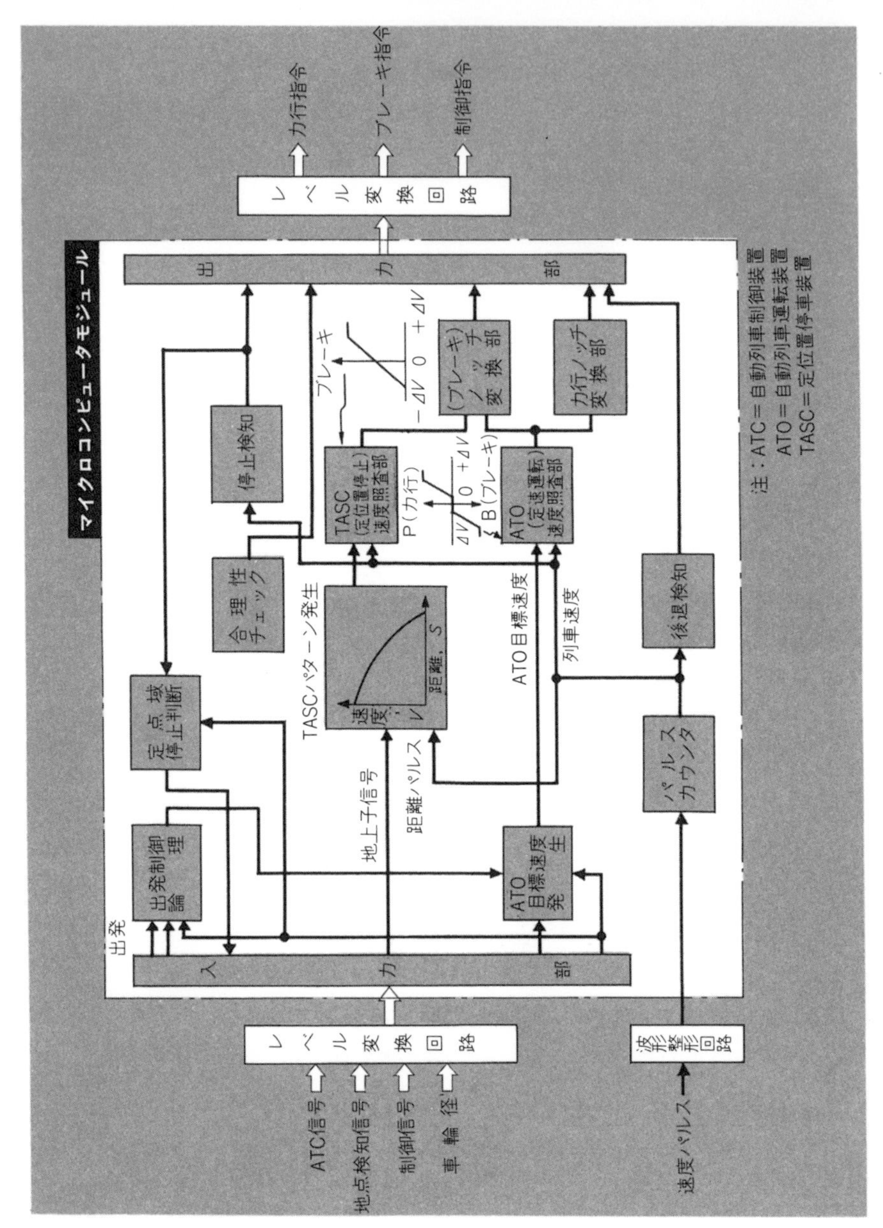

図6　ATO車上装置構成図

外はすべてマイクロコンピュータが処理する．

(2)ATO車上装置の機能とソフトウェア

ATO車上装置の機能を分類すると，運転制御に直接かかわる機能と，データ伝送や車内放送制御，ドア制御など運転制御に直接かかわらない制御とに2分される．われわれは前者をDriving Control（DVC），後者をNavigation Control（NVC）と呼んでおり，各制御の主な機能を**表1**に示す．これらDVCとNVCの各

表1　ＡＴＯ車上装置の機能

機　能		内　容
DVC制御(操縦)	速度検出	速度パルスカウンタの値を取り込み，前回取り込んだ値との差を求め，車輪径スイッチに応じた車輪径補正を行なって列車速度を求める．
	駅間走行制御	ＡＴＣ信号もしくは中央からの速度指令を基準とし，この信号以下に走行すべき目標速度を設定し，この目標速度に追従すべく制御する．
	駅停止制御	車上で停止パターンを発生させ，この停止パターンに列車を追従させ，駅の所定位置に停止させる．
	力行・ブレーキ指令	駅間走行制御系と駅停止制御系で決定される力行・ブレーキ指令の二者の低位優先を行ない，出力する力行ブレーキ指令を決定する．
	出発制御	出発条件が整ったこと（機器正常，ドア閉出発指令など）を確認して列車を出発させる．
	停止制御	停止検知および停止時の転動防止ブレーキ制御を行なう．
NVC制御(管制)	ドア制御	駅停車時のドアの開閉を制御する．列車が駅のプラットホームの定位置に停止したことを検知してホーム側ドアを開き，運行管理システムからの出発指令を受信したらドアを閉じる．
	車内放送	車内自動案内放送の制御を行なう．
	情報伝送	運行管理システムとＡＴＯ装置間の情報(運行情報の授受など)伝送制御を行なう．
	モニタ	車載機器の動作状態を監視，記録する．
	試験	自動試験装置(ＡＣＴ)の指令により自己診断を行ない，結果をＡＣＴに転送する．
	異常処理	機器故障などの異常の発生を検知し，故障機器の切離し，バックアップ処理，非常停止などの処理を行なう．

制御はそれぞれ独自に機能できるように構成されていて，他方の故障に対してもその基本機能を果たせるようにしている．

たとえば，データ伝送機能（NVC制御）が故障しても，運転制御（DVC制御）は可能であり，反対に運転制御が故障した場合には車内放送や情報伝送は可能なように構成することを基本にしている．

また，各制御内のそれぞれの機能についてソフトウェアをブロック化し，ブロックを構成する基本的機能をモジュール化し，モジュールの組合わせにより容易にATOの機能が編集できる体系とした．**写真1**にATO車上装置本体外観を示す．

今後の動向

ATOシステムの機能は，安全をATC装置で確保しながら，定められた所定のパターンで運転をすることだが，その機能は次のような項目で評価される．

①列車の運転時間間隔を小さくできること

写真1　ATO車上装置本体外観

サブシステム 機能	車　　両	A T C	A T O	信号装置	情報伝送送置	運行管理システム
列車保安	電空ブレーキ能力，機械ブレーキ能力	フェイルセーフ性，信頼度	信頼度	フェイルセーフ性，信頼度	――	ソフトウェア信頼度
乗心地制御	機械ブレーキと電気ブレーキのラップ	ATCブレーキ時の減速度の検討	制御方式	――	――	ATCにひっかからぬような群制御
定位置停止制御	ブレーキとATOのインタフェース，ブレーキの応答	――	最適のパターン追跡制御	ATC指令と定位置停止パターンの関係，信頼度	位置情報の車両への伝達	――
定速運転制御	ATOとのインタフェース	速度割付け	指示速度急変に対する考慮	――	ブロック情報の車両への伝達	走行モード(F.N.S)の指令
車両機器モニタ	適切な異常検出	――	モニタ機能	――	地上への情報伝送内容と地点	情報の処理
列車進路制御	――	――	――	優先論理	信頼性	優先論理，制御性，ソフトウェア信頼性
列車群制御	――	――	走行モードに追従した制御機能	――	車両への適切な伝達	列車群制御機能
乗客サービス	客設備の向上	――	車内での案内	――	案内放送表示設備	放送表示の適切さ
運転時間間隔の短縮	高加速高減速	――	信号への即応性と高精度な追従	適切なブロック分割	送受信の場所と方法	端末駅などの制御

表 2　各サブシステム設計上の注意事項

②ダイヤの乱れを早く解消できること

③各列車の運転時間間隔や混雑度にアンバランスを生じないこと

④列車の加減速のひん度を少なくし，乗心地を良くすること

ATOシステムの導入は，これらを向上させるために有効な手段である．ATOシステムは種々のサブシステムの集まりであり，そのなかには新しい技術もあり，また歴史をもつ技術もある．

これらを含むシステムを構成する場合には，各サブシステムがその機能，信頼度，フェイルセーフ性などについて，バランスがとれているかどうかがよく検討されなければならない．

鉄道にとって，最も重要なのは安全であることはいうまでもない．従来から鉄道で広く用いられている固定閉塞方式の信号装置は，不連続制御であること，位置だけの情報による制御であることなどの理由で，連続的制御で位置と速度の情報により制御される移動閉塞方式に比べると制御性に限度がある．

しかし，現在他の方式でこれにまさる安全性を得ることはむずかしく，また，実用上でも，十分な制御性

をもっているので，固定閉塞方式によっている現状である．いずれにせよ，すべてのサブシステムが電子技術により急速な進歩をとげ，また機能の有効な分担を行なうことにより，より高度なシステムへ発展させることが期待されている．

列車制御システムの各機能に対し，それぞれのサブシステムはどのような点に注意して設計されなければならないかを**表 2** に示す．太ワクで囲んだ薄墨部分は，とくに重要な項目である．

全体のシステムレベルを上げるためには，これらの事項に注意し，他のサブシステムとの関連に留意して計画されることが必要である．

＜参考資料＞

初版製作スタッフ

編者	「応用機械工学」編集部
レイアウト	小和田勲
扉イラストレーション	真鍋　博
編集長	辻　修二
発行人	三澤　三郎
印字	新生写植
製版	原口工芸
印刷	千代田平版社

2018年1月1日　復刻版第1刷発行

鉄道車両と設計技術　復刻版

（定価はカバーに表示してあります）

NDC：536

編　　者　「応用機械工学」編集部
発 行 者　金　井　實
発 行 所　株式会社 大 河 出 版
（〒101-0046）東京都千代田区神田多町2-9-6
TEL (03)3253-6282(営業部)
(03)3253-6283(編集部)
(03)3253-6687(販売企画部)
FAX (03)3253-6448
http://www.taigashuppan.co.jp/
info@taigashuppan.co.jp
振替 00120-8-155239番
印　　刷　三美印刷株式会社

ISBN 978-4-88661-354-7　C3053

切削の本
ごく普通のサラリーマンが書いた
機械加工お助けマニュアル

ISBN978-4-88661-727-9
A5判　162頁　定価2000円（税別）

大河出版
〒101-8791 東京都千代田区神田多町2-9-6
TEL03-3253-6282 FAX03-3253-6448
info@taigashuppan.co.jp